管理經濟學（第三版）

主　編◎張曉東
副主編◎劉海宴

財經錢線

第三版前言

寒暑往復，這本《管理經濟學》從 2009 年第一版問世到現在將近七個年頭，得到了越來越多高校的認可和讀者的喜愛。

這次修訂，仍然不改初衷，本著幾個原則：

一是精實。作為管理人才的培養者本身必須堅守精益管理和「最優化」的思想，杜絕一切浪費。讓學生、讓教師在管理經濟學有限的學習時間裡獲得最大的「產出」。本書簡明扼要地介紹管理經濟學的基本理論和方法，剔除複雜的公式和圖表，深入淺出將深奧問題分析得通俗易懂，通過精心選編的大量現實案例提高學生的分析決策能力，最終使學生能夠用經濟學的方法思考企業決策。

二是新穎。管理經濟學是管理專業的基礎性應用科學，有很強的時代背景。本書杜絕陳舊過時的案例與分析方法，重點突出當下的時代特點。在案例編寫與應用分析中立足於「互聯網+」「工業 4.0」「電子商務」「經濟全球化」等實現背景與未來趨勢。教材的結構和主題既包括了傳統的核心內容，又在許多新的方面有所擴展，反應出現代管理工具和方法的最新趨勢。

三是有趣。所有內容，不論是理論、方法，還是決策，都以大量事實為依據，以具體環境為背景，用大量市場經濟實例來說明主題，增加學生的學習興趣。如此不僅使抽象的理論與概念生動易學，而且能使學生瞭解管理實際，為今後的實際工作提供指導。

本書內容全面，既包括傳統教材的核心內容——市場供求與均衡、彈性分析、消費理論與應用、生產理論與應用、成本理論與應用、市場結構、產品與服務的定價、市場失靈與政府規制，又在許多新的方面有所擴展——把最新的博弈論與信息經濟學在管理中的決策和思考方法在《博弈論與企業策略》一章中進行了生動而細緻的講授，把企業在國際經營中所遇到的重要決策問題提煉形成了專門的一章，即《開放經濟中的管理經濟》。

在欄目設置方面，每章以「知識結構圖」欄目開篇，讓讀者一覽本章的全貌，把握學習的脈絡與重點。以有趣的「導入案例」欄目吸引學生深入學習，激發學生的探索慾望。以「管理實踐」欄目突出管理經濟學在企業決策中的獨特應用價值，強化學生分析、解決企業管理問題的能力。經濟學細節往往隱藏在細密的邏輯分析中，我們精選了一些典型習題和歷年各名校研究生入學考試中重點考察的知識點試題作為課後練習，開闢了「經典習題」欄目，通過精選習題讓學生更加快速、深入地瞭解管理經濟學的精髓。每章的結尾設置「綜合案例」欄目，讓學生直接面對企業的實際問題和具體環境，提高在複雜條件下利用所學理論進行管理決策的能力。

本書適合作為經濟管理類專業學生學習「管理經濟學」或「微觀經濟學」課程的教材，也可用作企業經營管理人員培訓教材和自學參考書。

張曉東

目　錄

第一章　管理經濟學導論 …………………………………………………（1）

　　［知識結構］ ……………………………………………………………（2）

　　［導入案例］生意不好，是網店衝擊了實體店嗎？ …………………（2）

　　第一節　經濟學基礎知識 ………………………………………………（2）

　　第二節　管理經濟學內涵 ………………………………………………（6）

　　第三節　管理經濟學的基本方法 ………………………………………（8）

　　第四節　企業理論 ………………………………………………………（10）

　　第五節　企業利潤 ………………………………………………………（19）

　　［管理實踐1-1］機會成本分析 …………………………………………（21）

　　［管理實踐1-2］怎樣保證企業長期協調發展，避免目光短淺化？ …（24）

　　［管理實踐1-3］如何提高企業員工凝聚力，實現企業目標？ ………（24）

　　［管理實踐1-4］企業改制 ………………………………………………（24）

　　［管理實踐1-5］企業流程優化與供應鏈管理 …………………………（25）

　　［經典習題］ ……………………………………………………………（26）

　　［綜合案例］範蠡經商 …………………………………………………（33）

第二章　市場供求與均衡 …………………………………………………（35）

　　［知識結構］ ……………………………………………………………（36）

　　［導入案例］為何「農村多剩男城鎮多剩女」？ ……………………（36）

　　第一節　需求與需求函數 ………………………………………………（37）

　　［管理實踐2-1］企業需求預測 …………………………………………（42）

　　第二節　供給與供給函數 ………………………………………………（43）

第三節　供求分析與均衡 ……………………………………… (46)

［管理實踐2-2］供求作用分析 ………………………………… (48)

［管理實踐2-3］供求分析邏輯 ………………………………… (54)

第四節　農產品定價 ……………………………………………… (54)

［管理實踐2-4］公共政策的制定與分析 ……………………… (58)

［經典習題］ ……………………………………………………… (59)

［綜合案例］政府應該補貼農村淘寶的快遞物流嗎？ ………… (63)

第三章　彈性分析 …………………………………………… (65)

［知識結構］ ……………………………………………………… (66)

［導入案例］經濟蕭條時，女人的迷你裙將消失？ …………… (66)

第一節　需求的價格彈性 ………………………………………… (67)

［管理實踐3-1］價格決策 ……………………………………… (71)

［管理實踐3-2］價格和銷售量的估計 ………………………… (73)

［管理實踐3-3］稅收政策制定 ………………………………… (73)

［管理實踐3-4］社會問題分析 ………………………………… (75)

第二節　需求的收入彈性 ………………………………………… (78)

［管理實踐3-5］企業進入戰略 ………………………………… (79)

［管理實踐3-6］補貼分析 ……………………………………… (80)

［管理實踐3-7］規劃與預測 …………………………………… (81)

第三節　需求的交叉價格彈性 …………………………………… (82)

［管理實踐3-8］交叉價格彈性應用 …………………………… (83)

第四節　供給的價格彈性 ………………………………………… (85)

［經典習題］ ……………………………………………………… (87)

［綜合案例］徵收房產稅，誰哭了？誰笑了？ ………………… (93)

第四章　消費理論與應用 …………………………………… (95)

［知識結構］ ……………………………………………………… (96)

［導入案例］窮人比富人丟錢更值得同情？ …………………… (96)

第一節　慾望與效用概述 ……………………………………（96）

　　第二節　基數效用論：邊際效用分析法 …………………（100）

　　第三節　序數效用論：無差異曲線分析法 ………………（103）

　　第四節　消費者行為理論的應用 …………………………（109）

　　[管理實踐 4-1] 客戶的管理 ………………………………（114）

　　[經典習題] …………………………………………………（120）

　　[綜合案例] 手機商愛玩饑餓營銷 …………………………（125）

第五章　生產理論與應用 ………………………………………（127）

　　[知識結構] …………………………………………………（128）

　　[導入案例]「創客」緣何引總理點讚 ……………………（128）

　　第一節　生產與生產函數 …………………………………（129）

　　第二節　一種可變要素的最優生產 ………………………（130）

　　第三節　多種可變要素的最優生產 ………………………（135）

　　第四節　規模與收益 ………………………………………（138）

　　第五節　生產函數和技術進步 ……………………………（141）

　　[管理實踐 5-1] 如何面對新的需求環境 …………………（143）

　　[經典習題] …………………………………………………（144）

　　[綜合案例] 紅領集團的個性化定制與數字化生產 ………（150）

第六章　成本理論與應用 ………………………………………（151）

　　[知識結構] …………………………………………………（152）

　　[導入案例] 餘額寶的長尾效應 ……………………………（152）

　　第一節　企業成本 …………………………………………（153）

　　第二節　短期成本分析 ……………………………………（155）

　　第三節　長期成本分析 ……………………………………（159）

　　第四節　規模經濟與範圍經濟 ……………………………（161）

　　[管理實踐 6-1] 短期決策——貢獻分析 …………………（163）

　　[管理實踐 6-2] 長期決策——利潤分析 …………………（169）

[經典習題] ……………………………………………………………… (173)

[綜合案例] 富士康加速向印度轉移 …………………………………… (176)

第七章 市場結構與企業行為 …………………………………………… (179)

[知識結構] ……………………………………………………………… (180)

[導入案例] 褚橙、柳桃、潘蘋果 ………………………………………… (180)

第一節 市場結構 ……………………………………………………… (181)

第二節 完全競爭條件下的企業行為 ………………………………… (184)

第三節 完全壟斷條件下的企業行為 ………………………………… (190)

第四節 壟斷競爭條件下的企業行為 ………………………………… (195)

[管理實踐7-1] 廣告競爭和廣告決策 ………………………………… (198)

第五節 寡頭壟斷企業決策 …………………………………………… (199)

[經典習題] ……………………………………………………………… (205)

[綜合案例] 農民「豐產」卻難「豐收」，農產品滯銷出路何在 …… (211)

第八章 產品與服務的定價 ………………………………………………… (213)

[知識結構] ……………………………………………………………… (214)

[導入案例] 如此定價為哪般？ ………………………………………… (214)

第一節 定價概要 ……………………………………………………… (215)

第二節 成本加成定價與增量定價分析法 …………………………… (218)

第三節 差別定價法 …………………………………………………… (220)

第四節 常見定價法 …………………………………………………… (225)

[管理實踐8-1] 產品與服務定價實務 ………………………………… (228)

[經典習題] ……………………………………………………………… (234)

[綜合案例] 羊毛出在狗身上 …………………………………………… (240)

第九章 博弈論與企業策略 ………………………………………………… (241)

[知識結構] ……………………………………………………………… (242)

[導入案例] 相親節目的高跟鞋博弈 …………………………………… (242)

第一節　博弈論概要 …………………………………………（242）

第二節　囚徒困境與納什均衡 ………………………………（245）

第三節　管理中的智豬博弈 …………………………………（251）

第四節　動態博弈與承諾行動 ………………………………（253）

第五節　信息不對稱及解決方法 ……………………………（259）

［經典習題］ …………………………………………………（269）

［綜合案例］為什麼醫生傾向於開過量的抗生素？ ………（274）

第十章　市場失靈與政府規制 …………………………………（277）

［知識結構］ …………………………………………………（278）

［導入案例］壟斷企業強大為何令人不安？ ………………（278）

第一節　市場的效率 …………………………………………（279）

第二節　壟斷及其管制 ………………………………………（283）

第三節　外部經濟與解決對策 ………………………………（287）

第四節　公共物品及供給 ……………………………………（292）

第五節　信息不對稱與市場失靈 ……………………………（295）

第六節　政府干預與政府失靈 ………………………………（296）

［經典習題］ …………………………………………………（299）

［綜合案例］電力公司的未來 ………………………………（302）

第十一章　開放經濟中的管理經濟 ……………………………（305）

［知識結構］ …………………………………………………（306）

［導入案例］人民幣升值，外貿企業叫苦 …………………（306）

第一節　匯率 …………………………………………………（307）

第二節　匯率的決定 …………………………………………（310）

第三節　匯率變動對經濟的影響 ……………………………（316）

第四節　外匯風險與規避 ……………………………………（321）

［管理實踐 11-1］外匯風險的規避 …………………………（324）

第五節　購買力平價 …………………………………………（328）

第六節　區域經濟整合 …………………………………………（331）

［經典習題］………………………………………………………（333）

［綜合案例］人民幣匯率貶值影響幾何？ ………………………（334）

第一章 管理經濟學導論

【知識結構】

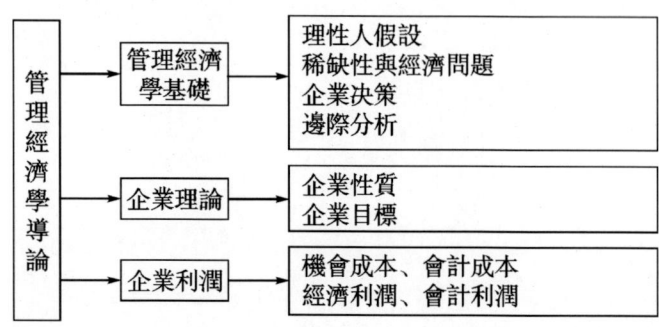

【導入案例】生意不好，是網店衝擊了實體店嗎？

　　2014 年中國消費市場全年實現社會消費品零售總額 26.2 萬億元，其中電子商務交易額（包括 B2B 和網絡零售）達到約 13 萬億元，電子商務業務已占消費品零售業的半壁江山。

　　面對網店的競爭，很多開實體店的老板在抱怨，以前生意怎麼怎麼好，現在這麼難做，認為是網店斷了他們的財路，是網店衝擊了實體店，這樣下去會導致商鋪倒閉、經濟下行、人員失業。馬雲則說，不要怪淘寶太便宜，是實體店成本高。

　　快速發展的互聯網與高效率配送的物流技術給企業帶來了什麼影響？到底是網店衝擊了實體店還是科技改變了企業的運作成本與運作方式？

第一節　經濟學基礎知識

一、經濟學概念

（一）經濟學的基本假設

1. 資源稀缺（scarcity）

（1）人類慾望是無窮的

　　人類生存發展總是需要生活資料，人們的需要具有多樣性和無限性。它是由人的自然屬性和社會屬性決定的，表現為各種各樣的需要，如生存需要、享受需

要、發展需要，或者經濟需要、政治需要、精神文化需要等，這些需要形成一個複雜的需求結構，這一結構隨著人們生活的社會環境條件的變化而變化。人們的需要不斷地從低級向高級發展，不斷擴充其規模。舊的需要滿足了，新的需要又產生了。從歷史發展過程看，人們的需要是無限的。

> 終日奔波只為飢　方才一飽便思衣
> 衣食兩般皆俱足　又想嬌容美貌妻
> 取得美妻生下子　恨無田地少根基
> 買到田園多廣闊　出入無船少馬騎
> 槽頭扣了騾和馬　嘆無官職被人欺
> 縣丞主簿還嫌小　又要朝中掛紫衣
> 作了皇帝求仙術　更想登天跨鶴飛
> 若要世人心裡足　除是南柯一夢西

（2）資源是有限的

資源的有限性是指相對於人們的無窮慾望而言，經濟資源或者說生產滿足人們需要的物品和勞務的資源總是不足的。資源主要指生產要素：①勞動（包括體力勞動和腦力勞動）；②土地（自然資源）；③資本；④科學技術。進一步可以把時間、機會、信息等也看作是資源的一部分。

2. 經濟人

經濟人＝自利人（廣義利己）＋理性人（「精明的」「會算計的」）

> 最有代表性的，是斯密在《國富論》中提出的後人稱之為「經濟人」（economic man）的理性人：「每個人都在力圖利用他的資本，使其生產品能得到最大的價值。一般地說，他並不企圖增進公共福利，也不知道他所增進的公共福利為多少。他所追求的僅僅是他個人的安樂，僅僅是他個人的利益。在這樣做時，有一只看不見的手引導他去促進一種目標，而這種目標絕不是他所追求的東西。由於追逐他自己的利益，他經常促進社會利益，其效果要比他真正想促進社會利益時所得到的效果為大。我們每天所需的食物和飲料，不是出自屠戶、釀酒師或麵包師的恩惠，而是出於他們自利的打算。我們不說喚起他們利他心的話，而說喚起他們利己心的話。我們不說自己需要，而說對他們有利。」

| 第一章 | 管理經濟學導論　**3**

從理性的經濟人出發，那麼企業經營管理可以這樣分析：經營是創造價值的過程，管理是利益協調與統一的過程，它不是基於道德、文化等層面，而是通過利益來管理利益，通過利益來約束利益。

(二) 經濟學定義

經濟學是研究稀缺的資源在各種可供選擇的用途中，進行最有效的配置，以求得人類無限慾望之最大滿足為目的的一門社會科學。

二、研究內容與結構

(一) 研究內容

經濟學家的忠告

某日，一位總經理向一位經濟學家請教經營之道。

經濟學家：頭一條，一定要把利潤作為首要目標。

總經理：這我知道，我辦這個企業正是為了賺錢。

經濟學家：第二條，一定要做到 MR = MC。

總經理：不就是有賺頭就干嗎？這我也知道，我一直就是這麼干的。

經濟學家：第三條，一定要做到 MRP = ME。

總經理：是不是雇員不稱職就炒他的魷魚？這我也知道，我已經炒了好幾個。

經濟學家：就這些。

總經理：這些我都知道，能不能講些我不知道的？

經濟學家：那得學點信息經濟學。

經濟學的研究對象表明，對一個經濟社會來說，首要的任務就是要充分利用稀缺資源，按照社會經濟目標的要求，選擇合適的商品組合進行生產。這就是合理有效地利用和配置資源。因此，一個社會的經濟系統通常應具備如下功能或解決以下基本經濟問題：

(1) 生產什麼；

(2) 如何生產；

(3) 為誰生產；

(4) 充分就業；

(5) 物價水平；

(6) 經濟增長。

其中前三個問題是資源配置問題；後三個則是資源利用方面的問題。20世紀70年代後，西方社會出現了失業和通貨膨脹、能源危機、環境污染、生態破壞、貧困化、城市膨脹等一些新的問題，從而進一步擴展了經濟學的研究內容和範圍。

(二) 經濟學結構

現代西方經濟學把經濟學原理或經濟理論區分為兩大組成部分或兩個分支學科——微觀經濟學與宏觀經濟學。在經濟分析中以單個經濟主體（作為消費者的單個家庭，單個廠商以及單個產品市場）的經濟行為作為考察對象，稱為微觀經濟學；而把一個社會作為一個整體的經濟活動作為考察對象，稱為宏觀經濟學。以上前三個問題是微觀經濟學（Microeconomics）所要研究的問題，後一個問題則是宏觀經濟學（Macroeconomics）所要研究的問題。

1. 微觀經濟學

微觀經濟學的內容包括兩大部分：一是考察消費者對各種產品的需求與生產者對產品的供給怎樣決定著每一種產品的產銷數量和價格；二是作為消費者的生產要素所有者提供的生產要素與生產者對要素的需求怎樣決定著生產要素的使用量與生產要素的價格。上述問題實際上是考察既定的生產資源總量如何被使用於各種不同的用途問題，即統稱為價格理論。微觀經濟學的大致框架為：

需求供給理論→消費者行為理論→供給理論（生產理論與成本理論）→市場理論→生產要素的價格與收入分配理論→一般均衡理論與福利經濟學

2. 宏觀經濟學

宏觀經濟學考慮被假定為已知和既定的被使用的生產資源總量的大小是怎樣決定的，即國民收入大小的決定、物價水平的高低及其變化、全社會就業與失業人數以及經濟增長與經濟週期和國際貿易等。

經濟學大廈結構

經濟理論：微觀經濟學、宏觀經濟學、制度經濟學

分析方法：數理經濟學、博弈論、計量經濟學

理論應用：產業組織理論、貨幣金融學、投資學、保險學、公共經濟學、國際經濟學、農業經濟學、發展經濟學、區域經濟學、管理經濟學、勞動經濟學、環境經濟學、衛生經濟學、旅遊經濟學、教育經濟學等

第二節　管理經濟學內涵

一、管理經濟學與企業決策

在解決上文提出的「生產什麼」「生產多少」和「怎樣生產」三個問題時，管理經濟學起到了什麼樣的作用呢？實際上，這三個問題的解決就是一個決策的過程。

1. 決策

所謂決策，就是在許多可行方案中選擇最佳方案。

（1）確立目標

在進行決策時，首先要明確我們要獲得一個什麼樣的結果。

（2）提出可選方案

達到一個目標，可以有多條途徑，我們的任務就是盡可能提出所有可能的方案。

（3）選出最優方案

這是關鍵的一步，我們要對所有的方案進行比較，選出最為可行的方案，使這個方案的實施最有可能達到以較小的投入獲得最大產出的目的。

2. 管理經濟學在決策中的作用

管理經濟學研究如何對可供選擇的方案進行分析比較，從中找出最有可能實現企業目標的方案。在這個決策過程中，管理經濟學的作用就是提供相關的分析工具和分析方法。

二、管理經濟學內涵

1. 管理經濟學的定義

管理經濟學是將經濟學原理和方法應用於企業經營決策的一門應用性經濟學科。

2. 管理經濟學結構

管理經濟學總體結構如圖 1-1 所示。

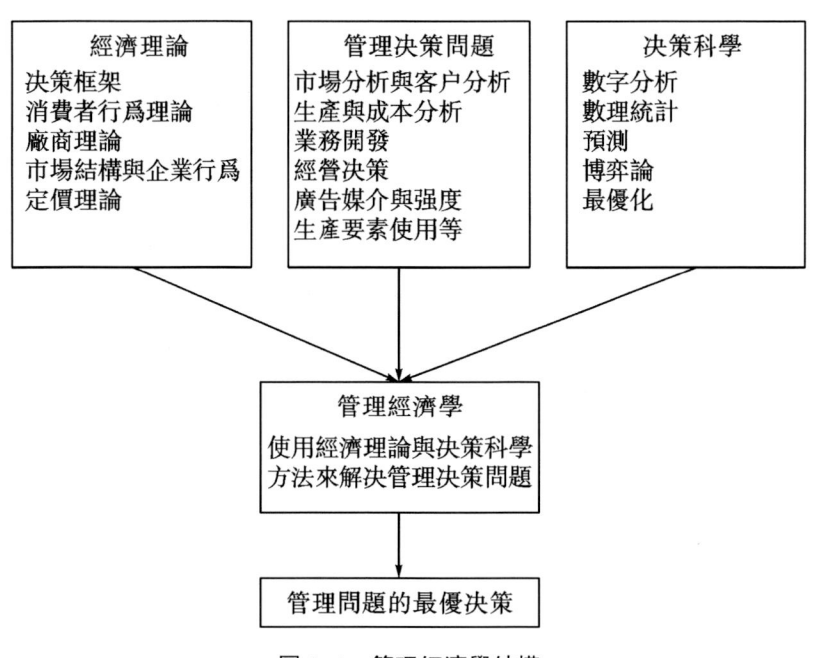

圖 1-1　管理經濟學結構

（1）市場理論，包括需求定理、供給定理、供求均衡、彈性理論；

（2）消費行為理論，包括消費的性質、一種商品的購買決策、多種商品的購買決策、消費者行為規律對企業開發新產品的啟示；

（3）生產的效益理論，包括短期生產的最佳投入理論、長期投資的最佳規模理論和多元生產的最佳配置理論；

（4）生產的成本理論，包括經濟成本的定義、短期成本的分類、長期成本的走勢、成本曲線的管理學意義；

（5）經營決策理論，包括完全競爭市場決策、完全壟斷市場決策、壟斷競爭市場決策、寡頭壟斷市場決策；

（6）業務開發決策，包括市場需求預測、價格走勢預測、經營成本預測、投資規模決策、設備選型決策、保本量價預測、微利量價預測、虧損量價預測和風險決策。

第三節　管理經濟學的基本方法

一、邊際分析法（增量分析）

邊際分析法分析自變量微量變化對因變量的影響，即決策前後境況的變化。

> 錄取分數線提高一分，會影響哪些考生？
> 房價每平方米提高 100 元，會不會影響富人？
> 商品價格提高 1 元，哪些人會減少購買？
> 多生產、銷售一個產品，多雇用一個職員對企業利潤有何影響？
> 生產普通的一杯可口可樂要多少成本？增加生產一杯可口可樂要多少成本？
> 思考：邊際分析比起總量分析、平均分析的優點在哪裡？

邊際值表示自變量每變化一個單位，引起因變量變化的多少。

（1）邊際收入 MR：每增加一個單位產量（銷量）所引起的總收入的變化量。

$$MR = \Delta TR / \Delta Q = dTR/dQ$$

（2）邊際成本 MC：每增加一個單位產量（銷量）所引起的總成本的變化量。

$$MC = \Delta TC / \Delta Q = dTC/dQ$$

（3）邊際利潤 $M\pi$：每增加一個單位產量（銷量）所引起的總利潤的變化量。

$$M\pi = \Delta T\pi / \Delta Q = dT\pi/dQ = MR - MC$$

（4）邊際產量 MP：每增加一個單位的投入要素（如勞動力或資本）所引起的總產量的變化量。

$$MP = \Delta TP / \Delta L = dTP/dL$$

二、最優化原理

消費者：效用最大化

廠商：利潤最大化、成本最小化

$T\pi = TR - TC$，求導 $T\pi' = TR' - TC' = 0$ 即 $MR = MC$

1. $MR > MC$，可行
2. $MR < MC$，不可行
3. $MR = MC$，最優

一農民在小麥地裡施肥，所用肥料數量與平均收穫量之間的關係如表 1-1 所示：

表 1-1　　　　　　　　　　　　　　　　　　　　　　　　　單位：千克

每畝施肥量	平均每畝收穫量	平均每畝邊際收穫量
0	200	
10	300	10
20	380	8
30	430	5
40	460	3
50	480	2
60	490	1
70	490	0

市場上肥料每千克售價 3 元，小麥每千克售價 1.5 元，那麼每畝（1 畝 = 666.67 平方米。下同）施肥多少最劃算？

我們知道，邊際收益等於邊際成本時，利潤最大，施肥量最劃算。邊際收益等於邊際收穫量乘以小麥價格，邊際成本為肥料價格。

由此可計算出各種施肥量條件下的邊際收益、邊際成本和邊際利潤（表 1-2）。

表 1-2

每畝施肥量（千克）	邊際收益（元）	邊際成本（元）	邊際利潤（元）
0			
10	15	3	12
20	12	3	9
30	7.5	3	4.5
40	4.5	3	1.5
50	3	3	0
60	1.5	3	-1.5
70	0	3	-3

從上邊得知，每畝施肥量為 50 千克時，邊際收益等於邊際成本，此時邊際利潤為零，利潤達到最大，施肥量最劃算。

利潤＝總收益－總成本＝1.5×480－3×50＝570（元）

第四節　企業理論

一、企業性質

企業是以盈利為主要目標而從事生產經營活動，向社會提供商品或服務的經濟組織，它是實行獨立核算，自負盈虧，具有法人資格的獨立實體。中國企業劃分為國有企業、集體企業、私營企業、個體企業、聯營企業、股份制企業和外資企業等。

（一）生產方式：市場與企業

交易成本（交易費用），是指企業在市場交換，包括尋找交易對象、談判、簽訂合同、實施合同、解決合同糾紛等過程中發生的所有費用的總和，實際上就是圍繞契約（合同）發生的費用。

組織成本，是指企業組織運作的成本。

（二）企業的本質

1. 傳統觀點

企業的本質就是完成生產要素到產品的轉換。如圖 1-2 所示：

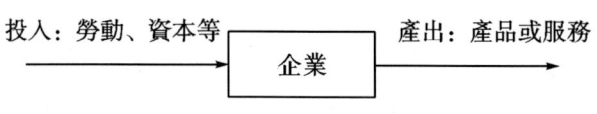

圖 1-2　傳統觀點下的企業本質

2. 現代觀點

（1）節約交易費用

企業通過減少交易次數、縮短交易過程，可以達到節約交易費用的目的，其本質手段在於把原來在外部市場進行交易的活動轉化為內部活動。需要注意的是，企業這種組織形式在節約交易成本的同時，增加了管理成本。所以企業在擴張其規模時，必須保證因此而節約的交易費用要大於管理費用的增加值。

（2）集體生產效率

集體生產效率就是指團隊生產效率。在現代的工業生產和經營中，有許多工藝和大型設備，只有在集體生產的條件下才能發揮效力，在個體生產的條件下，這些工藝或設備或是不能使用，或是高成本、低效率。這實際上是集體生產帶來的高效率，只有在企業組織中才能實現。

（三）企業的邊界

企業的邊界擴大至最後一筆交易的成本與通過市場交易的成本一樣為止。如圖1-3所示：

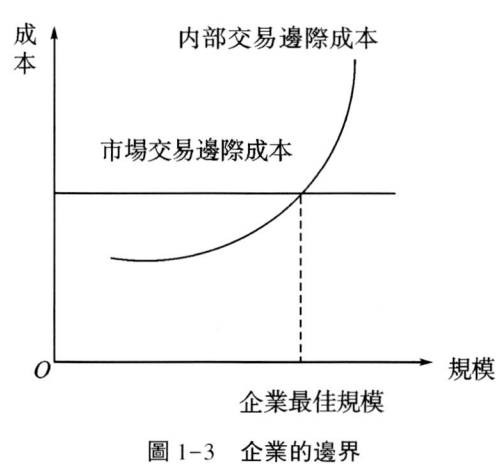

圖1-3　企業的邊界

二、企業分類與企業法人

（一）有限責任企業與無限責任企業

企業通常可以分為兩類：有限責任制企業和無限責任制企業。所謂「有限」是指投資者對企業負有限責任，同時企業自身對其債務負有限責任；而「無限」則是指投資者對企業負無限責任，同時企業自身對其債務負無限責任。經濟學中所說的責任是指經濟主體對其行為後果履行的義務。這樣的義務有強有弱，承擔的責任有大有小。

> 舉例來說，假定你大學畢業後與你的親朋或者好友準備開辦一個企業，比如說開一個食品店，主營包子。假如一開始僅有你投入10萬元人民幣（在中國這就是所謂個體戶），註冊成立一個企業，此時投資者僅你一人，也就是股東就只有你一人，你將對企業負什麼樣的責任呢？簡單來講，如果盈利，則你悉數全收；如果虧本，且虧本額小於10萬，那麼你就要從10萬元資產中拿出一部分來抵還債務；如果不幸虧本額大於10萬，則不僅要把10萬元全部用來

還債，不足部分還要動用你個人的全部財產如積蓄、不動產等來償還，直到債務清償完畢；如果還是不夠，「要錢沒有，要命一條」的話，則在有些西方國家，你還將鋃鐺入獄。這樣的企業就稱為無限責任制企業。可見，對於無限責任制企業，企業的財產和投資者個人的財產聯為一體，換句話說，債權人不僅對企業的財產有求償權，對你個人的財產也有求償權。企業對自己的債務承擔無限責任，投資者對企業行為承擔無限責任。這樣的企業叫無限責任制企業。如圖 1-4 所示（箭頭所指是負無限責任的方向）：

```
┌─────────┐ 無限責任 ┌──────┐ 無限責任 ┌────────┐
│ 投資者  │─────────→│ 企業 │─────────→│ 債權人 │
└─────────┘          └──────┘          └────────┘
```

圖 1-4　投資者、企業與債權人的關係

　　如果你經營有方，生意紅火，你想進一步把你的企業做大，那麼你首先面臨的困難是資金短缺，畢竟主營包子的食品店向銀行貸款比較困難，而且你向周圍親朋好友借入的資金也有限，這與你規模擴張的要求相去甚遠，這將白白丟失賺錢的良機；而你的企業通常由你和家庭成員組成，人力資源是有限的，企業的關係範圍較窄，只有你一人或幾人為企業操勞，人少智寡，勢單力薄，同樣會使企業喪失良好的發展機遇；由於你的企業是無限責任制，承擔的風險很大，企業經營不善很可能使你傾家蕩產，所以你會整天繃緊神經，行動謹慎小心，如履薄冰。基於上述種種不利因素，你會自然考慮拉人入伙，讓對方帶入一些資金並按協商好的一定比例分享利潤。這樣，企業就從業主制演進到了合夥制。一般認為，合夥制比起業主制是一種進步，因為新人的加入帶來了新的更廣泛的社會關係，增加了企業可以動用的社會資源，使企業的管理和決策更為科學，並且入伙人帶來了資金，可以對規模擴張起一定作用。

　　但是，合夥制企業一旦經營不善而虧本，如果虧本額小於共同出資額，則清盤償還；如果最後資不抵債，則需各自變賣財產來按照比例償還自己應擔的債務；如果合夥者中貧富不同，則富者必須幫貧者償還他無力償還的債務。這就叫連帶責任。所以，合夥制企業的投資者之間負連帶責任，投資者對企業、企業自身對其債務負無限責任，這種制度也稱無限連帶責任。這樣可以使企業的合夥者精誠協作、同舟共濟。

　　如果你的企業發展良好，蓬勃壯大，你想進一步拉更多的人加入。其中有些人願意以合夥者身分加入（負無限責任），有些人則只願以出資為限，以有限股東身分加入（負有限責任）。這就是兩合制企業，即企業的股東構成上，一部分是有限股東，一部分是無限股東。有限股東負有限責任，無限股東負無限責任。

假如逐漸地這些無限股東都願意轉成有限股東，並且法律也允許，那麼隨著所有無限股東都變成有限股東，企業的財產就是由各個有限股東出資構成的，每個股東以其出資額為限對企業負有限責任，那麼企業也只能以法人財產為限對其自身債務負有限責任。企業也就從兩合公司轉變為有限責任公司。假如企業經營不善而虧損，即使虧損額大於企業財產，企業最多也只能以其自身所有財產抵債，債權人對投資者個人的私有財產沒有求償權。因此，這種形式的企業對投資者而言風險相對較低，容易吸納更多的投資者，管理決策相對更科學。

假如你的企業進一步發展壯大，名聲大振，準備擴大規模，進行多元化經營，甚至跨國經營，而你沒有資金，但你有輝煌的業績，你就可以面向一定的範圍，公而告之，說明企業的優良業績和廣闊的發展前景，歡迎廣大投資者來本企業「掘金」。於是公司逐漸成長為股份有限公司。但是因為是面向一定範圍籌集資金，還是有限，所以進一步，你可以到一個資本市場，比如說紐約去，依照一定的法定程序，編製一個漂亮的招股說明書，成功地吸納全世界的投資者，使得企業迅速發展壯大，躋身世界500強。此時你的公司已經變成了一個上市公司，或者叫公眾公司或開放式公司。

（二）法人與法人財產權

企業是一個營利性的法人，法人是有別於自然人的。法人有兩個最顯著的特點，其一是有自己獨立的財產可以支配；其二是可以獨立承擔民事責任。其他特點是有自己的名稱和固定住所。

以股份公司為例，說明法人財產是如何形成的。簡單來說就是由投資者的出資形成的。

假定50個人以下的投資者投資註冊成立一個有限責任公司（50個人以上就可以組成一個股份有限公司），投資者一旦出資，投資額就成了法人財產而不是投資者的個人財產了。換句話說，投資者投資於法人的財產不可以收回，而只具有取得收益和其他的相應權利，如投票議決法人的重大行為等。這樣，大量投資者的投資形成了法人財產，而法人對自己擁有的財產有相應的權利，如處置、使用、佔有等權利，這就是我們通常所說的法人財產權。但這並不意味著投資者的財產權被完全剝奪，投資者出資後，財產的佔有、使用、處置等權利固然喪失，但投資者享有了相應的股東權力，取得了收益、表決甚至轉讓投資的權利。換句話說，投資者用自己的資金的處置權換取了一種收益權，投

資者也失去了對這筆資金的處置權。因此，公司的組建過程也是一個產權的交換過程。這可以看成是法人和投資者之間的權利交換。當企業盈利時，這樣的交換對投資者十分有利；當企業虧損時，這樣的交換則給投資者造成了損失，這就是投資的風險。投資者對法人財產沒有處置權，只有法人代表才能對法人財產行使處置權。投資者對公司的一磚一瓦都不能擅動，否則就是自然人侵犯法人財產。

三、企業的目標

（一）利潤目標

1. 短期利潤最大

利潤最大化是古典微觀經濟學的理論基礎，經濟學家通常都是以利潤最大化這一概念來分析和評價企業行為和業績的。

$MR = MC$

利潤最大化目標的不足主要表現在以下幾個方面：

第一，利潤最大化是一個絕對指標，沒有考慮企業的投入和產出之間的關係。例如，同樣獲得100萬元的利潤，一個企業投入資本500萬元，另一個企業投入700萬元，若不考慮投入的資本額，單從利潤的絕對數額來看，很難做出正確的判斷與比較。

第二，利潤最大化沒有考慮利潤發生的時間，沒有考慮資金的時間價值。例如，今年獲利100萬元和明年獲利100萬元，若不考慮貨幣的時間價值，也很難準確地判斷哪一個更符合企業的目標。

第三，利潤最大化沒能有效考慮風險問題，這可能使財務人員不顧風險的大小去追求最大利潤。例如，同樣投入100萬元，本年獲利都是10萬元，但其中一個企業獲利已全部轉化為現金，另一個企業則全部表現為應收帳款，若不考慮風險大小，同樣不能準確地判斷哪一個更符合企業目標。

第四，利潤最大化往往會使企業財務決策行為具有短期行為的傾向，只顧片面追求利潤的增加，而不考慮企業長遠的發展。

2. 長期企業價值最大

企業價值通俗地講就是「企業本身值多少錢」。企業價值通常可以通過兩種途徑表現出來：一種途徑是用買賣的方式，通過市場評價來確定企業的市場價

值；二是通過其未來預期實現的現金流量的現在價值來表達。企業價值最大化是一個抽象的目標，在資本市場有效性的假定下，它可以表達為股票價格最大化或企業市場價值最大化。

以企業價值最大化作為企業財務管理目標有如下優點：

首先，價值最大化目標考慮了取得現金性收益的時間因素，並用貨幣時間價值的原理進行科學的計量，反應了企業潛在或預期的獲利能力，從而考慮了資金的時間價值和風險問題，有利於統籌安排長短規劃、合理選擇投資方案、有效籌措資金、合理制定股利政策等。

其次，價值最大化目標能克服企業在追求利潤上的短期行為。因為不僅過去和目前的利潤會影響企業的價值，而且預期未來現金性利潤的多少對企業價值的影響更大。

最後，價值最大化目標科學地考慮了風險與報酬之間的聯繫，能有效地克服企業財務管理人員不顧風險的大小只片面追求利潤的錯誤傾向。

$$\max : EV = \sum_{t=1}^{n} \frac{TR_t - TC_t}{(1+r)^t}$$ （r 為折現率）

企業價值最大化是一個動態的指標，它促使企業在生命週期內追求價值的持續增長，考慮行為的長期性、投資風險性和收益的時間性。

實現利潤最大化面臨的挑戰

1. 企業無法準確得知自己產品的市場需求曲線和生產要素的市場供給曲線

企業產品的市場需求曲線就是企業的平均收益曲線，後者高度影響著企業的總收益進而影響著企業的邊際收益。市場變動的無常性，使企業難以準確知道自己產品的市場需求曲線，從而造成企業邊際收益的不確定性和不可知性。因此，難以用邊際成本等於邊際收益的辦法來確定最優產量進而實現利潤最大化。於是，普遍的情況是企業在偏高最大利潤的某一相對滿意狀態下進行生產經營。與此相對應的是，在生產要素市場上，由於無法準確把握要素市場變動的無常性，企業難以準確知道自己所面臨的生產要素的市場供給曲線，而要素供給狀況又高度影響著企業的總成本進而影響著企業的邊際成本，因此造成企業邊際成本的不確定性和不可知性。同樣難以用邊際成本等於邊際收益的辦法來確定最優產量進而實現利潤最大化。這樣，普遍的情況是企業只能在偏高最大利潤的某一相對滿意的狀態下進行生產經營。市場信息的不完備性往往使企業偏離利潤最大化的行為目標。

2. 企業內部存在著效率損失

企業內部的效率損失包括配置效率損失和 X 效率損失。配置效率損失是指各種投入的生產要素在配置比例上存在著非科學性，即一個企業很難使投入的生產要素的配合比例優化到使產出最大化。配置效率損失產生的根本原因是科學技術的飛速進步和決策者決策的相對滯後性，因為技術的進步直接導致最優要素配置比例的變化。X 效率損失主要是指由於生產的組織結構、對工作人員的監督等不可能達到最優而產生的效率損失。通常，技術、社會習慣、文化乃至意識形態等都是影響企業生產的組織結構的重要變量，而企業工作人員對工作的大量自主決策性又很難保證他們全心全意為企業工作，這些都是 X 效率損失的重要原因。

3. 企業有時以犧牲利潤最大化為代價追求產量最大化

追求產量最大化的企業主要基於這樣的考慮：①為打入某一產品市場，企業必須以薄利多銷的方法擴大自己的市場份額，以求長遠利益的實現。這樣的企業必然以產量最大化為行為目標，短期利潤是次要的，甚至在極端情況下還可以按照低於平均成本的價格出售產品，這就必然違反邊際成本等於邊際收益的原則。②企業在創辦初期，為了創建品牌，不惜以薄利多銷的方法擴大產品銷量，而每一件產品就是一個廣告，企業的知名度和品牌就會逐漸樹立起來。這種行為也當然違反使利潤最大化的邊際成本等於邊際收益的原則。

4. 企業存在內部人控制問題

當股份公司的股東十分分散時，企業可能出現控制權落入管理者手中的現象，這就產生了內部人控制問題。通常，企業是股東的企業，企業的稅後利潤主要歸股東所有，如果管理者與股東的行為目標一致，企業必然追求利潤最大化。但不幸的是，管理者與股東的行為目標往往存在差異，股東的行為目標是使利潤最大化從而實現自身經濟利益（紅利）的最大化；而管理者追求的可能是企業的知名度、規模、管理者的報酬甚至是企業職工收入的最大化，前後往往存在著矛盾。而一旦管理者擺脫了股東大會的制約，管理者就會按照自己的行為目標進行決策，例如：

（1）以犧牲利潤即犧牲股東紅利的方法提高企業的知名度和規模。企業的知名度高了，規模大了，企業家們的社會地位就高，何樂而不為呢？

（2）以犧牲利潤即犧牲股東紅利的方法增加職工的收入。通常認為，在股份公司中，最能和企業同甘苦、共患難的通常不是股東而是職工。股東是企業中最大的機會主義者：公司業績好了，買入或多買入股票；公司業績差了，就大量賣出股票而脫身。而職工則由於受到企業因破產而隨之失業的威脅，所以總是能與企業保持忠誠一致的關係。既然這樣，作為管理者為什麼非要追求利潤最大化而讓那些機會主義者——股東多得利呢？為什麼不追求員工利益的最大化而讓他們對自己三呼萬歲呢？

（二）非利潤目標

1. 銷售額最大化

在所有權與經營權分離的情況下，銷售額對經理人員的地位、聲望和收入的影響大於利潤。

2. 股東財富最大化

股東財富最大化是指通過財務上的合理經營，為股東帶來最多的財富。持這種觀點的學者認為，股東創辦企業的目的是增長財富。他們是企業的所有者，是企業資本的提供者，其投資的價值在於它能給所有者帶來未來報酬，包括獲得股利和出售股權獲取現金。在股份經濟條件下，股東財富由其所擁有的股票數量和股票市場價格兩方面來決定，因此，股東財富最大化也最終體現為股票價格。他們認為，股價的高低代表了投資大眾對公司價值的客觀評價。它以每股的價格表示，反應了資本和獲利之間的關係；它受每股盈餘的影響，反應了每股盈餘大小和取得的時間；它受企業風險大小的影響，可以反應每股盈餘的風險。

股東財富最大化適用於資本市場比較發達的美國，不符合中國國情。在中國，目前股份制企業還是少數，所占比例不大，不具普遍性，不足以代表中國企業的整體特徵。僅提股東財富最大化，就不能概括大量非股份制企業的理財目標，這顯然是不合適的。即使在西方發達資本主義國家，也存在許多非股份制企業。因此，股東財富最大化沒有廣泛性，兼容能力也小。

3. 追求多方利益平衡

企業是多邊契約關係的總和，股東、債權人、經理階層、一般員工等缺一不可。各方都有各自的利益，共同參與構成企業的利益制衡機制。企業目標應與企業多個利益集團有關，是這些利益集團相互作用、相互妥協的結果，但在一定時期、一定環境下，某一集團利益可能會占主導作用，但從企業長遠發展來看，不能只強調某一集團的利益，而置其他集團利益於不顧（圖1-5）。

四、委託—代理問題

委託代理關係是隨著生產力大發展和規模化大生產的出現而產生的。其原因一方面是生產力發展使得分工進一步細化，權力的所有者由於知識、能力和精力的原因不能行使所有的權力了；另一方面是專業化分工產生了一大批具有專業知識的代理人，他們有精力、有能力代理行使好被委託的權利。但在委託代理的關係當中，由於委託人與代理人的效用函數不一樣，委託人追求的是自己的財富更

管理經濟學

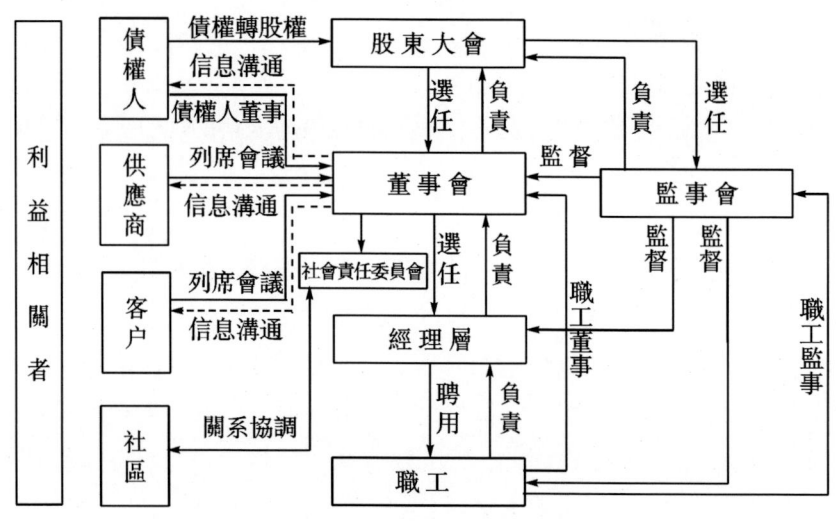

圖 1-5　企業利益相關者治理機制模式框架

大，而代理人追求自己的工資津貼收入、奢侈消費和閒暇時間最大化，這必然導致兩者的利益衝突。在沒有有效的制度安排下代理人的行為很可能最終損害委託人的利益，而世界——不管是經濟領域還是社會領域都普遍存在委託代理關係。

很多國外公司常常使用股票期權。股票期權是指一個公司授予其員工在一定的期限裡（如 10 年），按照該授權日的股票的公平市場價格（FMV），即固定的期權價格購買一定份額的公司股票的權利。行使期權時，享有期權的員工只需支付期權價格，而不管當日股票的交易價是多少，就可得到期權項下的股票。期權價格和當日交易價之間的差額就是該員工的獲利。如果該員工行使期權時，想立即兌現獲利，則可直接賣出其期權項下的股票，得到其間的現金差額，而不必非有一個持有股票的過程。究其本質，股票期權就是一種受益權，即享受期權項下的股票因價格上漲而帶來的利益的權利。

比如，某公司授予其員工 200 股為期 10 年的期權，授予日股票的價格為 100 元/股，那麼該員工就可在規定時期的任何一天行使期權，即以 100 元一股的價格購買 200 股該公司的股票。如果該股票平均每年價格上漲 20%，則 3 年以後股票價格為 173 元/股。如果該員工行使期權，他就可獲利 15,600 元。如果他在 10 年裡最後的期限才行使期權，那時股票價格為 620 元/股，該員工可獲利 104,000 元。假設 3 年後行使期權的員工將其所得 15,600 元進行再投資，年均回報率也是 20%，則再過 7 年後他的總獲利僅為 52,314 元。可見把握時機和耐

心程度上的不同，可以導致從同一期權中的獲利結果大不一樣。

員工有權選擇行使或不行使其股票期權，結果是包賺不賠。員工的代價僅是必須為公司工作一段特定的期限。因為在許多公司的股票期權計劃中，規定員工離開公司時，公司有權沒收其享有的期權，或者有權要求離職員工加速行使期權。

對於發行股票期權的公司而言，也有顯而易見的好處。持有股票期權的員工的收益，完全取決於公司股票上漲的幅度，公司本身不承擔任何擔保責任和風險。

股票期權的收益週期相對較長。員工要想從中獲利，至少需要幾年的時間，而不像年度獎金那般觸手可及。這樣就要求公司和員工都要有長遠的打算，期望公司有中長期的成功，避免只追求短期利益。

第五節　企業利潤

一、機會成本

選擇（Choose）（取捨）：因為稀缺，人們不能得到所有想要的東西，不得不在有限的資源下做出選擇。為了得到某種東西所必須放棄的東西，也是一種成本，這是選擇的必然潛在後果。

（一）機會成本的概念

機會成本（Opportunity Cost）也叫擇一成本。一種經濟資源被選擇了特定用途時，必然要放棄其他用途，在放棄的其他用途中，可能給選擇者帶來的最大收益就是選擇這種特定用途的機會成本。

舉一個例子來說明機會成本：假定你有 100 萬元人民幣用於投資，可供投資的方向和年收益見表 1-3，同時假定投資的其他成本都相同。

表 1-3　　　　　　　　不同投資方向可能帶來的收益

投資方向	股票	債券	房地產	貿易	儲蓄	放貸
投資收益（萬元）	20	10	15	12	7	8

如果你是理性投資者，你必然選擇股票投資而放棄其他投資方向。在放棄的投資方向中，房地產可能給你帶來最大的收益（15 萬元），則你投資股票的機會成本就是 15 萬元。

機會成本是衡量決策正確與否的重要因素，一旦做出決策，決策者一般會取得相應的現實收益，同時付出機會成本。當現實收益大於機會成本時，決策是正確的，否則屬於決策失誤。我們通常所說的「後悔」就是機會成本大於現實收益所造成的。因此，可以說選擇不一定導致後悔，但後悔必然是選擇的結果。

這樣計算會議的機會成本可行嗎？

企業經常忽略考慮它們的一個最重要的機會成本，這就是他們的高級雇員的時間。根據一家私營機構對美國最大的1,000家企業的200名老總所做的調查，老總們估計在他們每天的工作時間中，平均15分鐘用於打電話，32分鐘用於閱讀或抄寫不必要的備忘錄，72分鐘用於不必要的會議。假設這些老總們每年平均工作時間是48周（休假4周），每週工作5天，那麼他們用於打電話的時間就是60小時，讀寫備忘錄用128小時，而不必要的會議就占288小時。

也許讀者會覺得，這些數字頂多算是某種有趣的描述，並不是精確的計算。試問有誰能預言即將召開的會議純粹是浪費時間？無可否認，每個會議都具有一定目的，通常我們只能在會後對會議的必要性下結論。要命的是，企業在安排會議的時候，常常因為不必為參加會議的人額外付錢，便相信會議的成本為零。他們忘了，如果不開會，這些薪水很高的老總們會去做別的有用的事情。

如何糾正人們對會議成本的認識，加強與會者的緊迫感，進而提高會議的效率？有人提出了一種簡便易行的方法，就是在會議室顯眼處設置一塊計時牌，預先錄入每個與會者每小時的薪金數額，從他們到會議室的時刻開始計時，累計並顯示全體與會者的薪金消耗數額，直到會議結束。

舉例來說，20個平均時薪為45美元的行政人員參見的會議，每小時的成本就是900美元。此外，我們還可以加上諸如會議室的使用成本和傳達開會通知的費用等項目。有了這塊分秒必爭的計時牌，「時間就是金錢」便真正成為一種壓力。試想，當薪金數字跳到四位數時，還有哪個大老板願意繼續付錢讓一群人毫無成效地空坐下去？還是長話短說為妙，趁早結束會議，把職員送回各自崗位上為公司多干活吧！

（二）機會成本的兩個條件

1. 所使用的資源具有多種用途

機會成本本質上是對不能利用的機會所付出的成本，因為企業選擇了這種用途，就必然喪失其他用途所能帶來的收益。如果資源的使用方式是單一的，那就談不上各個機會的利益比較。只有當資源具有多用性的時候，企業才需要考慮機

會成本，這是考慮機會成本的一個前提條件。

2. 把可能獲得的最大收入視為機會成本

考慮機會成本時並不是指任何一個使用方式，而是指可能獲得最大收入的使用方式。在這裡，需要強調可能性。

假設小李有 100,000 元資金，可以用來開服裝店，也可以開水果店，還可以存入銀行；開服裝店可賺取總收入 120,000 元，開水果店總收入 135,000 元，存入銀行一年連本帶利收入 105,000 元。現在小李用來開服裝店，那麼就放棄了開水果店和存入銀行的用途，所以放棄的最大收入為 135,000 元，就是這 100,000 元開服裝店的機會成本。

> 請問：
> 你們選擇坐在這個教室的機會成本是多少？
> 你們選擇進修的機會成本是多少？
> 你們選擇買房的機會成本是多少？
> 你們選擇結婚的機會成本是多少？

管理實踐 1-1　機會成本分析

在企業決策中，我們很難明確瞭解每一種資源的用途，並且悉知每一種用途的收入，一般這樣來計算機會成本：

（1）業主用自己的資金來經營的機會成本，等於這筆資金借出去的本金加利息。

（2）業主自己管理企業的機會成本，等於他從事其他工作的收入。

（3）機器設備原來閒置，現在用來生產的機會成本為零。

（4）機器設備原來生產產品甲，可以帶來一筆利潤，現在用來生產產品乙的機會成本就等於這筆利潤。

（5）過去買進的材料，現在市價變了，其機會成本就按照現在的市價來計算。

（6）機器設備折舊的機會成本等於該機器設備期初與期末可變賣價值之差。

［例1-1］張飛用自己的 100,000 元錢開工廠（若這些錢借出去，每年可獲得利息 10,000 元）。王豫民從銀行借錢 100,000 元開工廠，每年支付利息 10,000 元。

分析張飛和王豫民資金的會計成本和機會成本。

解：

張飛：會計成本＝100,000元，機會成本＝110,000元

王豫民：會計成本＝110,000元，機會成本＝110,000元

從會計數據來看，張飛的成本更低，經濟學上張飛和王豫民的資金成本是一樣的。

［例1-2］張飛開了一個公司，自己當經理，不拿工資，他若到其他公司當經理，每月可得5,000元。王豫民聘請其他人來自己的公司當經理，每月付工資5,000元。

分析張飛和王豫民管理公司的會計成本和機會成本。

解：

張飛：會計成本＝0元，機會成本＝5,000元

王豫民：會計成本＝5,000元，機會成本＝5,000元

從會計數據來看，張飛的管理費用更低，經濟學上張飛和王豫民的管理費用是一樣的。

［例1-3］有如下兩個方案：

方案I：機器甲原來閒置，現在用來生產產品B，所花的人工、材料費按現行市價計算共為20,000元，折舊費4,000元（折舊費與機器甲期初、期末殘值的差額相等）。

方案II：機器乙原來用於生產產品A，利潤收入為3,000元。現在轉為生產產品B，所花的人工、材料費按現行市價計算共為20,000元，折舊費4,000元（機器甲期初、期末殘值的差額為5,000元）。

請分析兩個方案的會計成本和機會成本。

解：

方案I：

生產B產品的會計成本＝20,000+4,000＝24,000（元）

生產B產品的機會成本＝人工、材料費的機會成本＋折舊的機會成本＋設備的機會成本＝20,000+4,000+0＝24,000（元）

方案II：

生產B產品的會計成本＝20,000+4,000＝24,000（元）

生產 B 產品的機會成本 = 人工、材料費的機會成本 + 折舊的機會成本 + 設備的機會成本 = 20,000 + 5,000 + 3,000 = 28,000（元）

從會計上看兩個方案成本是一樣的，實際上方案 I 優於方案 II。

[例 1-4] 華宇超市上半年多購進了 1,000 聽嬰兒奶粉用作庫存，當時採購價格為 100 元/聽。紅旗超市這個月採購了 1,000 聽同樣品牌的嬰兒奶粉，市價為 120 元/聽。

請分析華宇超市和紅旗超市採購奶粉的會計成本和機會成本。

解：

華宇超市：會計成本 = 1,000×100 = 100,000（元）
　　　　　機會成本 = 1,000×120 = 120,000（元）
紅旗超市：會計成本 = 1,000×120 = 120,000（元）
　　　　　機會成本 = 1,000×120 = 120,000（元）

從會計來看，華宇超市的成本更低；在經濟學家看來，兩個超市的成本是一樣的，不分優劣。

二、經濟利潤、會計利潤

（一）經濟利潤與會計利潤

會計利潤 = 總收益 - 會計成本

經濟利潤 = 總收益 - 機會成本

（二）經濟利潤反應資源的配置情況

經濟利潤大於零，說明本用途的資源配置較優；

經濟利潤小於零，說明資源用於本用途的價值低於用於其他用途。

[案例 1-1] 下海值得嗎？

2010 年某服裝公司處長小王與夫人用自己的 20 萬元資金辦了一個服裝廠。一年結束時，會計拿來了收支報表。當小王正看報表時，他的一個經濟學家朋友小李來了。小李看完報表後說，我的算法和你的會計不同。小李也列出了一份收支報表。這兩份報表如表 1-4 所示。

表 1-4　　　　　　　　　　　　　　　　　　　　　　　　　　　單位：萬元

會計報表		經濟學家的報表	
銷售收益	100	銷售收益	100
設備折舊	3	設備折舊	3
廠房租金	3	廠房租金	3
原材料	60	原材料	60
電力等	3	電力等	3
工人工資	10	工人工資	10
貸款利息	15	貸款利息	15
		小王與夫人應得工資	4
		自有資金利息	4
總成本	94	總成本	102
利潤	6	利潤	−2

管理實踐1-2　怎樣保證企業長期協調發展，避免目光短淺化？

［案例1-2］成為百年企業需要持續努力，英國有一個300年俱樂部，只吸收300歲以上的公司為會員。瑞典得斯托拉造紙和化學公司，始建於13世紀，日本的住友集團已有100餘年的光輝歷史，美國的杜邦公司已近200歲，英國的皮爾金頓已領風騷171年……

如何使企業做到長盛不衰？

管理實踐1-3　如何提高企業員工凝聚力，實現企業目標？

［案例1-3］近年來某廠不停地流失重要銷售人員，現任骨幹銷售員也想跳槽，企業的凝聚力出現了問題，正如常說的「人心散了，隊伍不好帶了」。

員工變得缺乏一顆奪冠的心，只會令更多有能力、有潛力的員工把該廠當作跳板。

如何解決員工凝聚力缺乏的問題？

管理實踐1-4　企業改制

企業改制是改革企業體制的簡稱。企業改制的核心是經濟機制的轉變和企業制度的創新，實質是調整生產關係以適應生產力發展的需要。目前國有企業改革與民營企業改制成為我們企業管理中的重點問題。

[案例 1-4] 山東某電信器材生產企業從 1999 年開始出現虧損，虧損額達到 560 萬元，資產負債率接近 100%。相對其業務開展狀況冗員嚴重，所有職工的平均文化水平相對偏低，職工的觀念相對落後。改制前在職人員共有 1,370 人，其中有 16 名殘疾人員，內部退休人員 170 人，有 230 名離退休人員已經納入社會統籌。在在職人員中，有 86% 的人員與企業簽訂了無固定期限的勞動合同，其餘 14% 的人員與企業簽訂了合同期限至 2005 年的有固定期限的勞動合同。

思考：面對這樣的狀況，提出你的改制方案。

管理實踐 1-5　企業流程優化與供應鏈管理

企業的所有業務都要自己做嗎？哪些適合自己做？哪些適合外包？

[案例 1-5] 愛定客的 UDP 模式

愛定客是一家集設計、生產、銷售為一體的制鞋廠，由客戶設計和推廣自己的鞋子，愛定客負責生產，並直接由快遞送到客戶手中。它創造了一個平臺化商業模式，即人人是設計師、人人是消費者、人人是經營者、人人是創業者的全新商業模式。企業把設計、生產、銷售等運作環節的幾部分拿出來，設置有效的激勵機制，讓消費者和其他實體店鋪、網絡店鋪、生產企業等線上線下資源充分參與，最大限度地發揮出所有資源的價值。這種用戶參與設計和推廣的模式，稱為 UDP（User Design Promotion）模式。

整合生產配送。愛定客有效整合供應鏈各個環節，實現 7 天內完成供貨。除了設計和推廣的部分需要開店者的親自投入，客戶服務、產品包裝、倉儲物流等其他環節都由愛定客負責整合完成。

激勵參與設計。消費者可以從圖庫中選出喜歡的圖案，根據喜好定制在服裝或鞋帽上。圖庫中的圖片分為兩類：一類是免費的共享資源；另一類則是設計師原創圖案，這類圖案會在原價基礎上多收取 10% 的費用作為設計版權的使用費。使用的是圖庫中的免費素材，開店者每售出一件商品便可以獲得 10% 的商品售價提成，如果消費者是通過開店者在其他網站中的推廣頁面進入官網購買產品，開店者還會得到 15% 的流量引入提成；兩者疊加在一起，就可以獲得高達銷售額 25% 的純利潤。愛定客把有能力的設計師都吸引進來，每個設計師的收益則由產品的受喜愛程度決定，充分競爭的市場氛圍驅使愛定客網站的產品越來越優秀。

促進社交推廣。當設計師完成設計發布商品時，為了擴大宣傳，會在新浪微

博、騰訊微博、豆瓣或 QQ 空間等各類有影響力的媒介進行產品推廣。設計師努力建立自己的圈子，並利用自己在圈子裡的影響力推廣產品，吸引更多的人購買自己設計的產品。用戶自發促進了愛定客與社會化媒體、社交網絡的深度融合。

整合線下體驗。愛定客為加盟商提供了各種優惠的條件，除了「零保證金」開店之外，公司還設立了一套可以切實保證實體店利益的規範。只要是在實體店中註冊成為會員的消費者，日後不論通過任何途徑在愛定客進行消費，該實體店都會得到相應的銷售提成。當實體店都擔心自己成為電商的「試衣間」的時候，愛定客制定這樣的規範，有效消除了實體店店主的這種擔心。而且，由於沒有庫存，實體店裡並不需要很大的展示空間，消費者在店中看到樣品後，註冊成為會員，隨即可以在官網選擇喜愛的樣式下訂單，貨品也會直接寄到消費者填寫的收件地址中。

愛定客給我們的經營管理帶來哪些啟示？

【經典習題】

一、名詞解釋

1. 稀缺
2. 微觀經濟學
3. 經濟人

二、選擇題

1. 經濟物品是指（　　）。
   A. 有用的物品　　　　　　　B. 稀缺的物品
   C. 要用錢購買的物品　　　　D. 有用且稀缺的物品
2. 微觀經濟學研究的是（　　）。
   A. 資源配置理論　　　　　　B. 相對價格理論
   C. 就業理論　　　　　　　　D. 儲蓄—投資理論

三、簡答與論述

1. 根據有關經濟學原理，簡析中國森林減少、珍稀動物滅絕的原因及解決

的措施。

2. 什麼是理性人假設？試舉兩例說明微觀經濟學是建立在這個假設基礎上的。

3. 概述微觀經濟學的理論體系，並說明其研究的中心問題。

4. 你如何理解「經濟學是研究人類理性行為的科學」？

5. 管理經濟學是研究什麼的？它與經濟學之間有什麼關係？

6. 請闡述管理經濟學的決策過程。

7. 什麼是邊際分析法？在管理決策中有什麼作用？

8. 企業的作用是什麼？

9. 企業有哪些經營目標？舉例說明。

四、計算與分析

1. 假如一家企業接受的任務是這樣的：增加一個單位產量，增加銷售收入500元，但同時增加總成本600元。那麼此企業應該增產還是減產？

2. 一壟斷企業，其產品的成本函數為 $TC = Q^2 + 200Q + 400$（Q為產量，TC為總成本），需求為 $P = 300 - Q$（P為價格）。求該企業的最優產量。

3. 天威公司下屬兩家工廠A和B，生產同樣的產品。A廠的成本函數為 $TC_A = Q_A^2 + Q_A + 5$，B廠的成本函數為 $TC_B = 2Q_B^2 + Q_B + 10$（TC_A、TC_B分別為A、B廠的總成本，Q_A、Q_B分別為A、B廠的產量）。如果該公司中的生產任務為1,000件產品。為了使整個公司總成本最低，應該如何在這兩家工廠間分配任務？

4. 王經理的受聘合同規定：年薪為40,000元，當利潤超過1,000,000元時，超過部分的2%為獎金。此外還可以按每股50元的價格購買5,000股普通股期權，現在股票市場價格為每股70元，今年企業利潤為1,200,000元。王經理通過股票期權賣掉股票。

問：王經理今年的總報酬是多少？

5. 昌盛電子公司有庫存電子芯片5,000個，它們是以前按每個2.5元的價格買進的，現在市場價格為每個5元。這些芯片加工以後可按每個10元的價格售出，加工所需的人工和材料費是每個6元。分析該公司應否加工這些芯片。

6. 張慧是今年市場營銷專業的畢業生，她拒絕了一份每年30,000元薪水的工作，開始自己經營企業，她用自己的積蓄50,000元來投資，這筆錢原本存入

銀行，每年可得7%的利息。她還計劃使用父母多餘的一套房屋，這套房屋每月可得租金1,500元。第一年銷售收入為107,000元，其他費用如下：

廣告	5,000元
設備租金	10,000元
稅	5,000元
雇員薪水	40,000元
雜費	5,000元

問：

（1）張慧的會計利潤是多少？

（2）張慧的經濟利潤是多少？

7. 一家個人電腦製造商，庫存有10,000個備份存儲驅動器，去年採購該種驅動器的價格為每個500元，現在市場價格為每個350元。如果在生產的電腦上加裝一個這種驅動器，每臺電腦售價就可以增加400元。

該企業應不應該加裝這種驅動器？

五、閱讀與思考

閱讀1：關於占座現象的經濟學分析

「占座」這一現象在生活中時有發生，在大學校園裡更是司空見慣。無論是三九嚴冬，還是烈日酷暑，總有一幫「占座族」手持書本忠誠地守候在教學樓或圖書館門前，大門一開，爭先恐後地奔入，瞅準座位，忙不迭地將書本等物置於桌上，方才松一口氣，不無得意地守護著自己的「殖民地」。後來之人，只能望座興嘆，屈居後排。上課的視聽效果大打折扣，因而不免牢騷四起，大呼「占座無理」。

從經濟學的角度看，當我們假設所有的人都是理性人時，理性人追求利益最大化，制度本身不涉及道德問題，一項制度的指定如果能夠滿足理性人利益最大化的追求，便實現了普遍意義上的公平正義，即是一項合理的制度。下面筆者將運用經濟學原理對占座行為的合理性予以分析。

（一）占座——理性人的選擇

「占座」意味著什麼？意味著你可以擁有令你滿意的座位，可以不必伸長脖子穿過重重障礙捕捉老師的每一個動作、每一個眼神，可以不必端起眼鏡費神地辨認黑板上的板書，可以不必伸長耳朵生怕漏聽了什麼，而這一切都意味著當你

和你的同學同樣用心時，你比他們更容易集中精神，獲得更好的聽課效果，最終得到更優異的成績，而這一切都僅僅是因為你占了個好座位。

(二) 機會成本

當然，天下沒有免費的午餐，你需要為占座付出一定的代價。你可能無法在床上多躺一會兒，可能無法吃頓悠閒的早餐，它們是你為占座付出的機會成本，關鍵在於機會成本與收益比較孰輕孰重。對於一個學生而言取得好成績的意義是不言自明的，而上述的機會成本，當你用積極的態度看待它們時完全可以被壓縮到很小，甚至為負值——早起有益於身體健康，精力充沛，而把時間浪費在早飯上是沒有必要的。這麼看來，你為占座付出的機會成本是很小的，而得到的收益卻大得多，那麼占座無疑是理性人的最佳選擇。

(三) 替他人占座——理性人考慮邊際量

我們發現那些占座的同學往往不僅為自己占座，還會為自己的室友占座。當然，這可能說明這些同學比較細心周到。但是，從經濟學的角度看，這裡包含了「理性人考慮邊際量」的原理。

當你已經提前趕到了教室，多占個座位對你來說不過是舉手之勞。在這裡邊際成本幾乎不存在，而這一行為將帶來怎樣的邊際收益呢？首先，你的室友可能會認為你很體貼，並因此提高對你的評價；其次，即便是你所服務的人不認為這是美德的表現，而將之視為一項投資，那麼遵循等價交換的原則，在適當的場合下，他也必定會為之付出某種程度的報酬。

這種情況，民間叫作「順水人情」，本小利大，何樂而不為呢？

(四) 固定占座人——發揮相對優勢使交易群體獲利

如果說，你們寢室每天需要有一個人負責占座，那麼是每天輪流由不同的人充當占人好呢，還是固定專人占座好呢？答案是後者。這體現了人們發揮自己的相對優勢，創造價值，並將之與具有其他相對優勢的人進行交易，從而使得交易各方從中獲利的經濟學原理。

規定輪流占座並非不可，大家的收益並未改變，問題在於，不同的人在這件事情上的機會成本是不同的。小王習慣晚睡，因此早起半個鐘頭對他來說無異於酷刑加身，勉強爬起來完成「神聖使命」，可能將導致一天的無精打採，哈欠連天。相反，小李習慣早起，占座對他來說不費吹灰之力。而小張不僅可以早起，而且擁有先進的代步工具——自行車，占座對他來說更加容易。三者在占座這一行為的相對優勢比較中，小張>小李>小王。那麼當在三人中進行選擇時，小張

無疑是最合適的，而小王也許可以利用晚睡的時間為大家提水，小李也許可以利用早起時間去買早餐。於是各自發揮相對優勢，結果使整個交易群體從中獲利。

（五）座位輪換制——另一種制度設計的優劣

抨擊「占座」的人，往往會指出占座違背了公平的原則，每個人都應當平等地擁有佔有好座位的機會。於是他們提出他們認為公平的制度——座位輪換制，即每人編號入座，每週逐排調換。

這種制度的優越性在於：首先，它的操作性較強，同時它為人們提供了明確的預期。你可以不必為占座操心，因為座位就在那裡等你，因此你可以更靈活地安排自己的時間。其次，正如它的支持者所言，在長期內每個人都有機會獲得好位子（當然也必然獲得壞位子），於是實現了一種表面上的公平。

而這種制度的弊端在於其極有可能引發無效率的結果，因此從實質上背離了公平原則。首先，由於它是強制性的而非建立在個人意志自由選擇的基礎上的，於是就會出現兩種情況：一方面，那些給予某些座位最高評價的人得不到該座位；而另一方面，某些人可能由於對這門課不感興趣而對這些座位評價很低。於是這些座位無法在他們身上發揮最大效用，甚至還會由於他們的缺席而產生資源的無謂損失。這種趨勢的出現，正如一方面窮人食不果腹，另一方面富人揮霍無度的反差。你能說這是公平的嗎？其次，座位輪換制顯然使前面論及的種種占座所帶來的好處都無法實現。

綜上，不難發現，座位輪換制弊大於利，而導致其無效率的根本原因在於其違背了競爭原則。考察「座位輪換制」，我們會發現他與計劃經濟思維模式何其相似，而幾十年單一計劃經濟帶來經濟落後的教訓告訴我們，競爭觀念必須加強。

（六）運用「行政」手段——對占座無效率的克服

至此，我們已經看到了占座帶來的種種優越性。但是這一制度在具體實施中，由於運用不當也可能造成無效率的出現。因此，我們還需進一步討論對這種無效率的抑制。

比如說，如果8點上課，而樓門6點就打開了，由於競爭的存在，意味著占座人必須6點前趕到，這便加大了占座的機會成本，而影響人們的獲利。於是，在一定情況下，當人們認為機會成本超過了其收益時，便會退出競爭，而使得占座帶來的優越性得不到發揮。更嚴重的是，由於必定有人堅守陣地，而這個堅定者作為一個理性人，為了彌補這部分增加的機會成本必定會努力擴大收益。由於

此時不存在其他競爭者，他想占多少座位都不受限制，於是便形成了其對座位的壟斷，那些對座位評價高的人仍無法得到座位，從而導致無效率、不公平。那麼是不是需要對占座的數量加以限制呢？答案是不需要，也不可能（因為沒有人可以監督其占了多少座位）。

再如，有人長期以本占座，企圖一勞永逸，對付這一行為的措施是開門前將本收回，以保證每個人有平等競爭的機會。

總之，正如政府在市場中對「市場失靈」的干預，用「行政」手段調整占座制度，同樣可以發揮積極功效。

思考：每一種方法都有各自的優缺點，在其他資源配置時你更讚同哪一種方法呢？

閱讀 2：以下把教材中出現的字母通常所表示的含義列出如下：

A＝平均（Average）

C＝成本（Cost）

D＝需求（Demand）

E＝彈性（Elasticity）；期望（Expectation）

F＝固定（Fixed）

I＝(消費者) 收入（Income）

K＝資本（Capital）

L＝勞動力（Labor）；長期（Long-run）

M＝邊際（Marginal）

P＝價格（Price）

Q＝數量（Quantity）

R＝(企業) 收入（Revenue）

S＝供給（Supply）；短期（Short）

T＝總（Total）

U＝效用（Utility）

V＝可變的（Variable）

π＝利潤（Profit）

| 第一章 | 管理經濟學導論

管理經濟學

閱讀 3：經濟學史上的幾個關鍵人物

亞當·斯密——現代經濟學之父

大衛·李嘉圖——古典經濟學集大成者

卡爾·馬克思——馬克思主義經濟學創立者

馬歇爾——新古典經濟學的代表

凱恩斯——現代宏觀經濟學創立者

薩繆爾森——新古典綜合派代表人物

參見圖 1-6：

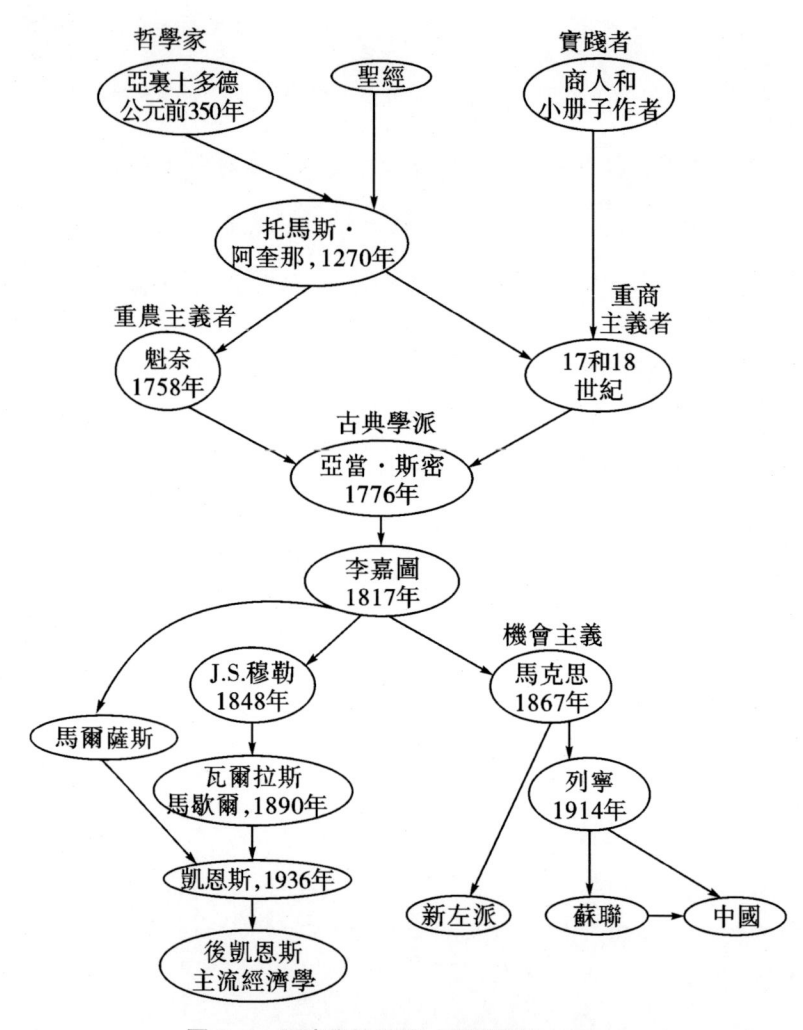

圖 1-6　經濟學的家譜（薩繆爾森，1982）

【綜合案例】 範蠡經商

　　範蠡是春秋末著名的政治家、軍事家和實業家，人尊稱「商聖」。他出身貧賤，但博學多才，與楚宛令文種相識、相交甚深。他幫助勾踐興越國，滅吳國，一雪會稽之恥，功成名就之後急流勇退，化名姓為鴟夷子皮，變官服為一襲白衣與西施西出姑蘇，泛一葉扁舟於五湖之中，遨遊於七十二峰之間。期間三次經商成巨富，三散家財，自號陶朱公。

　　範蠡很有經商的頭腦。他根據市場的供求關係，判斷價格的漲落。他發現價格漲落有個極限，即貴到極點後就會下落，賤到極點後就會上漲，出現「一貴一賤，極而復返」的規律。一種商品價格上漲，人們就會更多地生產，供應市場，這就為價格下跌創造了條件。相反，如果價格太低，就打擊了積極性，人們就不願生產，市場的貨物也就少了，又為價格上漲創造了條件。故他提出一套「積貯之理」。這就是在物價便宜時，要大量收進。他說「賤取如珠玉」，即像重視珠玉那樣重視降價的物品，盡量買進存貯起來。等到漲價之後，就盡量賣出。「貴出如糞土」，即像拋棄糞土那樣毫不吝惜地拋出。就這樣，範蠡不但自己致富，也為平抑物價、避免豐年谷賤傷農與荒年民不聊生做出了積極貢獻。

　　範蠡堪稱歷史上棄政從商的鼻祖和開創個人致富記錄的典範。《史記》中載其「累十九年三致金，財聚巨萬」。在從商的19年中，他曾經「三致千金」三次散盡家財，又三次重新發家。在秦漢時代，人們就把那些巨富們稱為「陶朱公」，其名字成了財富的代名詞。世人譽之：「忠以為國，智以保身，商以致富，成名天下。」

第二章 市場供求與均衡

【知識結構】

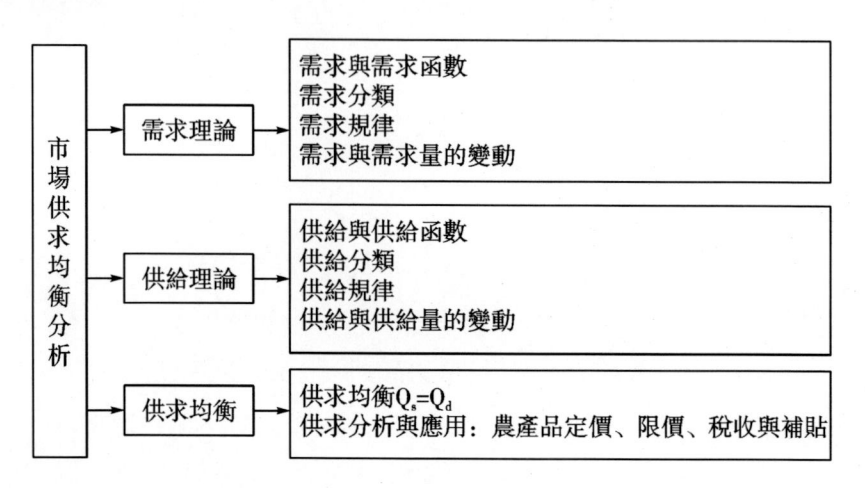

```
                    ┌── 需求理論 ──┤ 需求與需求函數
                    │              │ 需求分類
                    │              │ 需求規律
                    │              └ 需求與需求量的變動
市場供求均衡分析 ───┤
                    │              ┌ 供給與供給函數
                    ├── 供給理論 ──┤ 供給分類
                    │              │ 供給規律
                    │              └ 供給與供給量的變動
                    │
                    └── 供求均衡 ──┤ 供求均衡 $Q_s=Q_d$
                                   └ 供求分析與應用：農產品定價、限價、稅收與補貼
```

【導入案例】 為何「農村多剩男城鎮多剩女」？

2015 年國家衛生計生委公布的《中國家庭發展報告 2015》指出，未婚男性多集中在農村地區，而未婚女性更多集中在城鎮地區。

中國男女比例結構性失衡，意味著有數千萬男性只能打光棍。由於婚姻梯度擠壓的存在，同齡適婚女性短缺時，男性會從低年齡女性中擇偶，「老夫少妻」增多；擠壓到一定程度，就會向其他地區發展，如城鎮男性找農村女性增多。農村女性本就結構性不足，還要與城鎮男性婚配，部分農村男性在婚姻上沒法向更低梯度擠壓，只能「剩下」了。經濟發展不平穩，城鄉差距較大導致最關乎公民幸福的婚姻問題主要靠經濟來說事，最終受傷的只能是多米諾骨牌倒下的末端，他們的悲哀是因為經濟地位處於全社會的末端。

從客觀情況看，剩男現象容易理解，剩女大量出現又是為何呢？其實婚姻天平的背後就是「婚姻市場的供求」，城鎮女性「剩著」，是因為他們受教育程度和經濟獨立性較高，因追求自我價值的實現和職業發展，對另外一半往往有比較高的要求。而能夠滿足這些要求的男性群體相對較少，再者這些相對較少的優秀男性又有更多的女性追求者。按照一些剩女的說法，剩著是因為「找不到有感覺的男性」。

第一節　需求與需求函數

一、需求

需要是無限的，無限的需要產生於無限的慾望。

需求量是指在某一時期內的某一市場上消費者所願意並且有能力購買的該商品的數量。

構成需求必須具備三個要素：① 購買慾望；②支付能力；③一定的時間和空間。

二、需求的影響因素

（一）商品本身的價格

從大量經驗事實中可以觀察到：一種商品的價格越高，人們對該商品的購買量就會越少或減少；價格越低或價格下降，人們的購買量越多或增加。商品本身的價格是影響需求量最重要、最直接的因素，商品的價格與其需求量之間存在著相當穩定的反方向關係。

（二）消費者的收入水平

一般情況下，在其他條件不變的情況下，消費者的收入越高，對商品的需求越多，而收入越低，對商品的需求越少，相應地需求曲線的移動分別為向右或向左移動。一般來說，生活必需品對收入變化的反應不大，而一些耐用消費品和奢侈品對收入變化的反應相當大。但有一些商品——劣等品的需求量是同收入成反方向變化的，如消費者收入低時對低檔衣服的需求量較大，而當其收入提高後對低檔衣服的需求量減少，對高檔衣服的需求量增加。

（三）消費者的嗜好（偏好）

所謂嗜好（偏好）是指消費者喜歡或願意購買、使用商品的數量，也就是對商品的喜愛程度。其在一定程度上產生於人類基本的需要，如人們對糧食的需要是滿足充饑，對衣服的需要是滿足御寒等。而經濟學中的嗜好（偏好）及其變化，更多地涉及人們的社會環境，主要因人、因時和因地的不同而不同。另外，賣者通過廣告提供商品的一些信息，影響消費者的嗜好，從而影響其對商品的需求。

(四) 其他有關商品的價格

其他有關商品主要指替代品和互補品。替代品（Substitute Goods）是指使用價值相近可以相互替代的商品。如大米和白面、豬肉和牛肉、棉織品和化纖產品等，都是可以相互替代的商品。替代品之間的價格和需求成正相關關係，也就是一種商品的價格上升，需求減少，而對另一種商品的需求增加；反之則會發生相反的變動。如，對於棉織品的需求，在棉織品價格既定條件下，隨化纖產品價格的下降而減少，隨化纖產品價格的提高而增加。互補品（Complement Goods）是指共同配合滿足人們需求的商品。如汽車和汽油、DVD和光盤、照相機和膠卷等，都是互補品。互補品之間的價格和需求成負相關關係，也就是一種商品的價格上升，需求減少，而對另一種商品的需求也隨之減少；反之則會發生相反的變動。如汽車和汽油，汽油價格提高會引起人們對汽車的需求量的減少，反之則反是。由此可見，人們對於一種商品的需求量，除了取決於該商品的價格以外，還受到與該商品有某種聯繫的其他商品的價格的影響。

為什麼很多酒吧喝水要錢，卻又提供免費花生米？

有些酒吧一杯清水賣四塊錢，但免費的鹹花生卻可隨意索要。花生的生產成本肯定比水高，那這到底是怎麼一回事呢？

理解這種做法的關鍵在於，弄明白水和鹹花生對這些酒吧的核心產品酒精飲料的需求量會造成什麼樣的影響。花生和酒是互補的。酒客花生吃得越多，要點的啤酒或白酒也就越多。既然花生相對便宜，而每一種酒精飲料又都能帶來相對可觀的利潤率，那麼，免費供應花生能提高酒吧的利潤。

反之，水和酒是不相容的。酒客水喝得越多，點的酒自然也就越少了。所以，即便水相對廉價，酒吧還是要給它定個高價，打消顧客的消費積極性。

(五) 人們對將來商品的價格預期

如果消費者認為某種商品的價格未來要漲價，消費者就願意增加現在的購買；如果消費者認為某種商品的價格未來要降價，消費者就願意減少現在的購買，等待未來再購買。例如人們預料棉布價格以後會上漲，就會增加對棉布的購買量；人們預料豬肉價格會上升時一般也會多買一點雞蛋存放在冰箱裡。在金融資產市場（股票和債券市場）和房地產市場，預期特別重要。當人們認為在不久的將來，股票、債券和房地產的價格將上升時，就會多購買這些商品，從而使需求曲線右移。

其他如人口規模或人口構成、企業的廣告費、商品的飽和度、政府的消費政策、可供選擇商品的範圍等都會對商品的需求產生影響。

三、需求函數

需求函數反應市場需求與其影響因素之間的關係，其用函數形式表示出來便如下所示：

$Q_d = f(P, I, J, P_r, N, A, P_b, M, \cdots)$

式中：Q_d——對某種商品的市場需求；P——該商品的價格；I——消費者收入水平；J——消費者偏好；P_r——相關商品的價格；N——人口數量；A——廣告費用；P_b——該商品的預期價格；M——該商品的市場飽和程度；省略號則表示還有一些未列入的其他影響因素。

鑒於影響一種商品的市場需求的因素十分複雜，所以經濟學在需求分析中採用抽象法，假定在影響需求量的因素中，除該商品的價格以外，其他因素給定不變，因此上式可簡化為：

$Q_d = f(P)$

對商品的需求進行定量分析時一般採用：

$Q_d = aP^{-b}$（非線性形式）

$Q_d = a - bP$（線性形式）

四、需求表、需求曲線與需求規律

（一）需求表

需求表（Demand Schedule）是指在其他因素不變的條件下，某種商品的價格與商品需求量之間關係的表。需求表可以直觀地表明價格與需求量之間的一一對應關係。

需求表具體分為個人需求表、企業需求表和市場需求表。描述某人（家庭）與價格相對應的需求數量的表，稱為個人需求表。把某一商品（也就是該商品市場）所有個人需求加總求和，也就是把每一個價格對應的每個人的需求量加在一起，就構成了該市場上與每一價格對應的市場需求表。表2-1反應了某一市場上某種商品的個人需求和市場需求隨價格的變化而變化的需求表。

表 2-1　　　　　　　消費者甲和乙對某商品的需求

價格（元）	消費者甲的 需求量（千克）	消費者乙的 需求量（千克）	市場的需求量 （千克）
10	1,000	1,500	2,500
20	900	1,300	2,200
30	800	1,100	1,900
40	700	900	1,600
50	600	700	1,300
60	500	500	1,000
70	400	300	700

個人/企業/市場需求是指在某一時期內的某一市場上，在各種可能的價格下，某個消費者/某個企業的所有消費者/市場所有消費者所願意並且有能力購買的某種商品的各種數量。市場和企業需求是由個人需求水平加總而成：

$Q_1 = f(P)$

$Q_2 = g(P)$

$Q = Q_1 + Q_2 = f(P) + g(P)$

（二）需求曲線

需求曲線（Demand Curve）是指用圖示法把需求表中需求量與商品價格之間的關係表示出來的曲線。把表 2-1 的數據描繪在平面坐標圖上可以畫出圖 2-1：

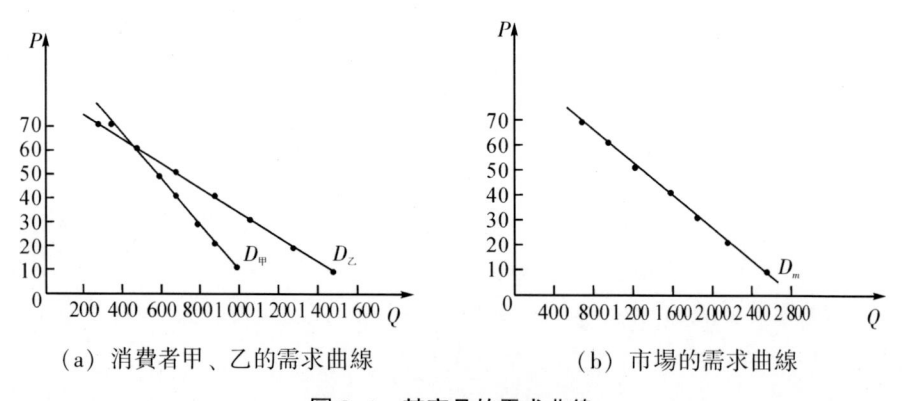

(a) 消費者甲、乙的需求曲線　　　　(b) 市場的需求曲線

圖 2-1　某商品的需求曲線

註：經濟學中為了方便分析，習慣將自變量 P 放在坐標縱軸，因變量 Q 放在坐標的橫軸。

圖中，橫軸表示商品的需求量，縱軸表示商品的價格，曲線 $D_甲$、$D_乙$、D_m 分別表示消費者甲、乙和市場的需求曲線。市場需求曲線（或需求曲線）顯示了假設影響需求的所有其他因素不變情況下商品價格與需求量之間的關係。曲線上的每個點顯示了在特定價格下消費者能夠選擇購買的數量。

（三）需求規律

在影響需求量的其他因素給定不變的條件下，對於一種商品的需求量與其價格之間存在著反方向關係，即價格越高，需求量越小，價格越低，需求量越大，這稱為需求規律（Law of Demand）。

需求規律的理論解釋：替代效應和收入效應共同作用的結果。

替代效應。例如，假設絲綢的價格下降，而棉布的價格沒有變化，那麼，消費者會在一定程度上減少棉布的購買量，轉而增加絲綢的購買量。也就是說，絲綢價格下降促使人們用絲綢來替代棉布，從而引起絲綢需求量的增加。

收入效應。在絲綢價格下降，而其他商品的價格都不變的情況下，同等數量的貨幣收入在不減少其他商品消費量的同時，可以購買更多的絲綢。這就是說，雖然消費者的貨幣收入數量（名義收入）沒有變，但實際收入即實際購買力卻增加了。

> 思考：王曉軍在上大學的時候，經常購買某品牌的牛仔褲；畢業後該品牌牛仔褲價格相對以前下降不少，但是王曉軍反而很少購買該品牌牛仔褲。王曉軍的行為符合需求規律嗎？

五、需求與需求量的變動

需求變動：非價格因素發生變化，需求曲線移動（需求函數發生了變化）。

需求量變動：需求量 Q_d 發生了變化（橫坐標數量發生了變化）。

影響需求的因素見表 2-2。

表 2-2 影響需求的因素

需求決定因素	需求增加（需求線右移）	需求減少（需求線左移）
1. 收入（M）		
正常品	M 增加	M 減少
低檔品	M 減少	M 增加
2. 相關品價格（P_r）		
替代品	P_r 增加	P_r 減少
互補品	P_r 減少	P_r 增加
3. 消費者偏好（J）	J 增加	J 減少
4. 預期價格（P_e）	P_e 增加	P_e 減少
5. 消費者數量（N）	N 增加	N 減少

> 思考：通常有一種說法，「價格上漲，需求下降；需求下降，價格下跌」。你怎樣理解這種說法？

管理實踐 2-1　企業需求預測

1. 需求估計中的識別問題

需求的估計是客觀地反應需求量與各個影響變量之間的關係的方法。在需求估計時，觀測得到的商品需求量、價格組合與需求曲線之間沒有直接的關係，這就是所謂「識別問題」。解決識別問題的方法通常並不在數據的收集過程中，而是在數據的處理過程中，比較科學的方法是對現有的數據進行計量分析。通過計量分析，我們可得到一個多元方程，只有當價格以外的其他變量都被假定不變時，這個多元方程才能被轉化為一個一元的方程，並可以得到一條相應的需求曲線。

2. 用迴歸分析方法進行需求估計

（1）需求函數的構造

$Q_d = f(P, I, J, P_r, N, A, P_b, M, \cdots)$

（2）需求函數形式的確定

線性形式：$Q_d = a_0 + a_1 P + a_2 I + a_3 P_r + a_4 N + a_5 M + \cdots$

需求函數的非線性形成可轉化為線性形式。

（3）數據的收集

數據的形式通常有三種：時序數據、橫截面數據和面板數據。

（4）迴歸分析及結果的檢驗

常用的迴歸分析方法是最小二乘法。當我們通過迴歸分析得到一個具體的需求函數之後，還需要對迴歸結果進行檢驗。

①看一下各參數的符號所顯示的自變量與因變量的關係變化是否與理論分析的結果一致。

②還可以用 t 統計值來評價模型參數的顯著性，用 F 統計值來評價整個模型的顯著性。

[案例 2-1] 漢堡包的需求曲線為 $Q = \alpha \cdot P \cdot I \cdot A \cdot e$

Q 為每天的消費量，P 為每個的價格，I 為消費者的收入，A 為每月的廣告預算，e 為隨機錯誤。經過進一步研究，得知 $\log Q = 2.5 - 0.33\log P + 0.15\log I + 0.2\log A$。試說明漢堡包的特性及 $\log P$、$\log A$ 代表的意義。

第二節　供給與供給函數

一、供給

（一）定義

供給量是指在一定時期內該商品市場上生產者願意提供並有能力提供的該商品的數量。

構成供給必須具備三個要素：①供給慾望；②供給能力；③一定的時間和空間。

（二）供給的影響因素

1. 商品的價格

在影響某種商品供給的其他因素（如其他有關商品的價格和生產要素的價格）既定不變的條件下，商品的價格越高，生產者願意供給的數量就越大；反之，商品的價格越低，生產者願意供給的數量就越小。

2. 生產技術與產品成本

在資源既定的條件下，生產技術的提高會使資源得到更充分的利用，從而供給增加。產品的成本增加，從而在產品價格不變的情況下，減少利潤，減少供給。

3. 相關商品的價格

所謂相關商品主要是指使用相同資源的商品。例如，土地可以用來種棉花，

也可種小麥，棉花和小麥在同樣都要使用土地這一要素的意義上是相關商品。那麼，當棉花價格提高而小麥價格不變時，生產者將會增加棉花的種植面積，相應地減少小麥的種植面積。這就是說，棉花價格的提高會使小麥的供給量減少。

4. 供給者對商品價格的預期

如果廠商對未來的經濟持樂觀態度，則會增加供給；反之，如果廠商對未來的經濟持悲觀態度，則會減少供給。

5. 政府的稅收政策

對一種產品的課稅使賣價提高，在一定條件下會通過需求的減少而使供給減少。反之，減少商品租稅負擔或政府給予補貼，會通過降低賣價刺激需求，從而引起供給增加。

二、供給函數與供給曲線

（一）供給函數

供給函數反應供給量與影響因素之間的關係：

$Q_s = g(P, w, r, T, P_r, P_b, X, \cdots)$

式中：Q_s——商品供給量；P——該商品的價格；w——勞動力價格；r——資本價格；T——該商品的生產技術水平；P_r——相關商品的價格；P_b——該商品的預期價格；X——政府稅收；式中的省略號則表示其他未予明確討論的影響因素。

（二）供給曲線

供給曲線是指把其他因素作為給定的參數，考察價格變動對商品供給量的影響的曲線。其函數表達式為：

$Q_s = g(P)$

（三）供給規律

1. 供給基本規律內容

在影響供給量的其他因素給定不變的條件下，一種商品的供給量與其價格之間存在正向變動的關係：價格越高（或提高），供給量越多（或增加）；價格越低（或降低），供給量越少（或減少）。

2. 供給基本規律理論解釋

一般而言，對一個企業來說，當其產品在市場上可以按比原先更高的價格出售時，它就會增加該產品的產量，以此獲取更多的利潤，以前虧損的企業也開始生產，還有新近加入的生產者都會使供給量增加；反之，當產品價格降低時，企業則會減少其產量，此時也會使利潤增加或虧損減少。

> 思考：電腦前些年很貴，但是供應量不多；現在電腦比以前性能高幾倍，價格也便宜得多，而市場上的電腦供應量卻迅速增加，這符合供給規律嗎？

（四）行業（市場）的供給曲線

把單個企業的供給曲線按水平方向加總，即可得行業（市場）的供給曲線。如圖 2-2 所示：

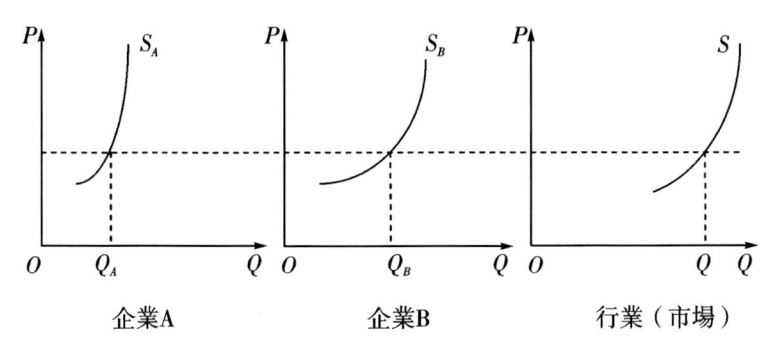

圖 2-2　行業供給曲線是企業供給曲線的水平加總

三、供給與供給量的變動

供給變動：非價格因素發生變化，供給曲線移動（供給函數發生了變化）。

供給量變動：供給量 Q_s 發生了變化（橫坐標數量發生了變化）。

影響供給的因素見表 2-3：

表 2-3　　　　　　　　　　　影響供給的因素

需求決定因素	供給增加（供給線右移）	供給減少（供給線左移）
1. 要素價格（w, r）	（w, r）減少	（w, r）增加
2. 相關品價格（P_r）		
替代品	P_r 減少	P_r 增加
互補品	P_r 增加	P_r 減少
3. 技術狀況（T）	T 增加	T 減少
4. 預期價格（P_e）	P_e 減少	P_e 增加
5. 行業中企業數量（N）	N 增加	N 減少

重點：要區分開哪些因素影響供給、哪些因素影響需求、哪些因素是兩者都影響，才能正確把握供給與需求的變動。

第三節　供求分析與均衡

一、供求分析

根據市場需求規律和供給規律，分別確定市場的需求曲線和供給曲線，而在這兩條曲線的交點，生產者願意出賣的價格和消費者願意支付的價格以及生產者願意供給的數量和消費者願意買進的數量恰好相等，市場達到均衡狀態，這時的市場成為出清（Clearing）市場。

這種在需求狀況和供給狀況為已知和確定不變條件下，市場供求達到平衡狀態時的價格，就稱為均衡價格，與均衡價格相對應的供（需）量，稱為均衡產（銷）量。如圖2-3，D 線和 S 線的交點 E 所對應的價格 P_e 和產量 Q_e 分別為均衡價格和均衡產量。均衡價格和均衡產量是市場競爭的結果。通常，銷售者總想提高價格，購買者總想降低價格。但在價格高於均衡點時，就會出現超額供給，生產者之間的競爭將迫使銷售者降低要價，從而迫使價格下落。反之，在價格低於均衡點時，就會出現超額需求，這種情況導致一部分準備購買商品的人提高其出價，從而迫使價格上升。買賣雙方的競爭，將最終趨於均衡狀態。

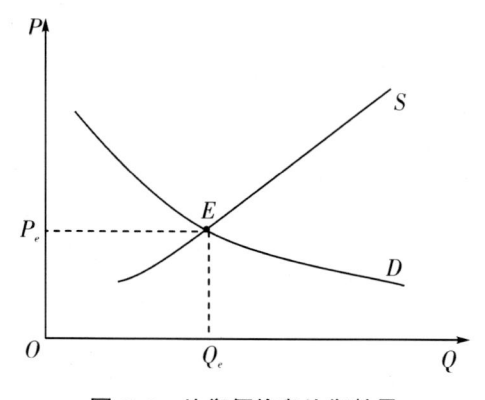

圖 2-3　均衡價格與均衡數量

二、供求均衡

把需求和供給的分析結合起來，就可以研究在完全市場上商品均衡價格的形成問題。

所謂均衡（Equilibrium）是由相反力量的平衡帶來的相對靜止狀態。而均衡

價格（Equilibrium Price）是指一種商品的市場需求與其市場供給相等時的價格，也就是說，一種商品的市場需求曲線與其市場供給曲線相交時的價格。

用函數形式將市場均衡狀態表示如下：

$Q_s = Q_d$

供大於求，均衡價格下降；供小於求，均衡價格上升。

1. 需求變動

[案例2-2] 某一年夏季天氣特別熱，這對冰淇淋市場的影響如圖2-4所示：

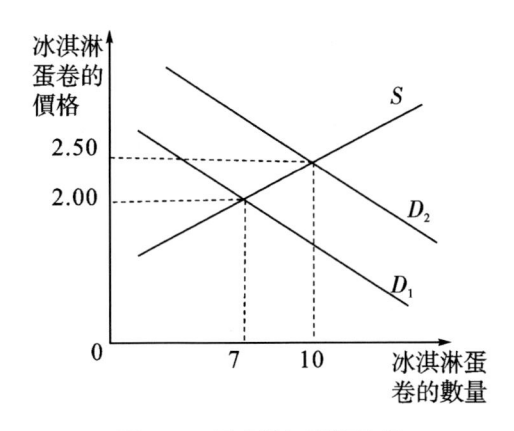

圖2-4 需求增加影響均衡

2. 供給變動

[案例2-3] 在另一個夏天，地震摧毀幾家冰淇淋工廠，這對冰淇淋市場的影響如2-5所示：

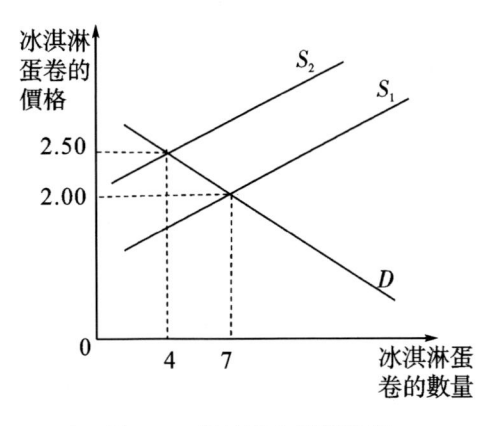

圖2-5 供給減少影響均衡

3. 供給和需求都變動

[**案例**2-4] 假如以上兩個事件同時對冰淇淋市場產生影響：

（1）價格上升，數量增加（如圖2-6所示）。

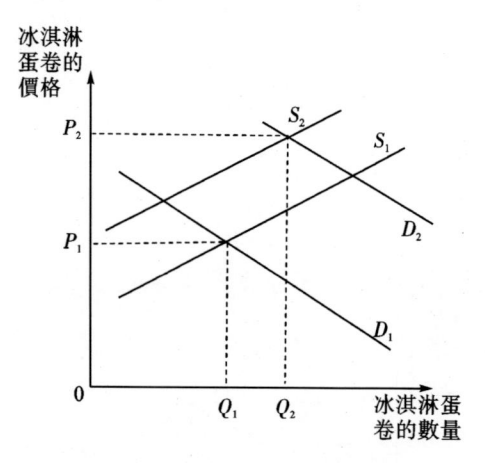

图 2-6　價格上升，數量增加

（2）價格上升，數量減少（如圖2-7所示）。

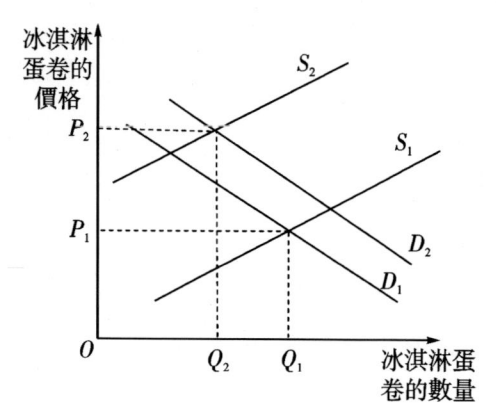

图 2-7　價格上升，數量減少

管理實踐2-2　供求作用分析

此時，通過觀察明確的成交量和價格指標，我們能夠很清晰地分析一個市場。如果價格和成交量都在攀升，有理由認為需求增加在起主要作用；如果價格上升，而成交量在下跌，說明供給減少在起主要作用。

48

三、對市場的干預

我們並不是生活在一個完全自由的市場經濟中，而是常常受到各種政策的干預，此時的市場又是如何起作用的呢？

（一）支持價格（規定最低價格）

支持價格（Support Price）是指政府為了支持某一行業和某種商品的生產而規定的該行業產品的最低價格。支持價格一定高於均衡價格。支持價格的干預產生的後果：一是價格過高引起需求不足，供給過剩，產品積壓；二是高價格保護了經營不善的企業，並使其繼續得到過多的資源；三是處置積壓產品的負擔。

在圖2-8中，供給曲線S與需求曲線D相交於E點，決定了均衡價格為P_e，均衡數量Q_e。政府為了支持某一行業而規定的支持價格為P_s，$OP_s > OP_e$。供給量大於需求量，該商品市場將出現過剩（ab部分）。為維持支持價格，就應採取相應措施。這類措施有：一是政府收購過剩商品，或用於儲備，或用於出口；二是政府對商品的生產實行產量限制，但在實施時需有較長的指令性且有一定的代價。

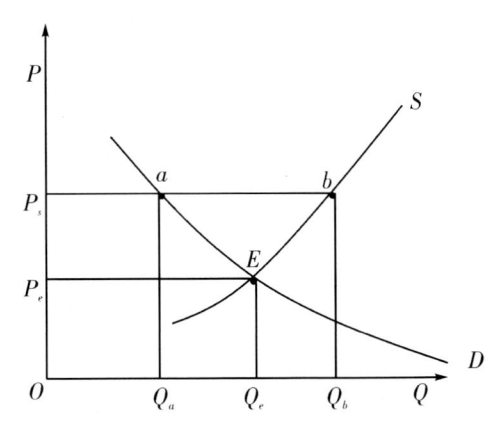

圖2-8　支持價格

在中國目前的情況下採取對農業的支持價格政策是有必要的，這對於穩定農業經濟的發展有著積極的意義。主要表現在：一是穩定了農業生產，減緩了經濟波動對農業的衝擊；二是通過對不同農產品的不同支持價格，可以調整農業結構，使之適應市場的變動；三是擴大農業投資，促進了勞動生產率的提高和農業

現代化的發展。

> 思考：試分析對勞動工資限定最低價格會有什麼結果。

[案例2-5] 持續提高的糧食最低收購價格

2004年，中國全面放開糧食收購市場和收購價格，糧食價格由市場形成。2004年、2006年起國家在主產區分別對稻穀、小麥兩個重點糧食品種實行最低收購價政策。2008年以來，針對糧食生產成本上升較快的情況，國家連續6年提高糧食最低收購價格。

2013年生產的早秈稻、中晚秈稻和粳稻最低收購價格分別提高到每50千克132元、135元和150元，比2012年分別提高12元、10元和10元。2013年生產的小麥最低收購價提高到每50千克112元，比2012年提高10元。

2015年國家繼續在稻穀主產區實行最低收購價政策，價格保持2014年水平不變。2015年生產的早秈稻、中晚秈稻和粳稻最低收購價格分別為每50千克135元、138元和155元。2015年生產的小麥最低收購價提高到每50千克118元。

實施糧食保護價收購，既能保護農民利益，對於維護中國的糧食安全也具有重要意義。

(二) 限制價格 (規定最高價格)

限制價格 (Ceiling Price) 是指政府為了限制某一行業和某種商品的生產而規定這些產品的最高價格。限制價格一定低於均衡價格，其目的是為了穩定經濟生活。限制價格政策一般是在某些特殊的情況下運用的，例如，在戰爭時期或特殊的自然災害時期。

在圖2-9中，供給曲線S與需求曲線D相交於E點，決定了均衡價格為P_e，均衡數量Q_e。政府為了防止價格上漲，確定某種產品的限制價格為P_c，$OP_c < OP_e$。供給量小於需求量，該商品市場將出現供給不足 (ab部分)。為解決商品短缺，政府可採取的措施是控制需求量，一般採取配給制，發放購物券。但配給制只能適應於短時期內的特殊情況。否則，一方面可能使購物券貨幣化，還會出現黑市交易；另一方面會挫傷廠商的生產積極性，使短缺變得更加嚴重。

图 2-9 限制價格

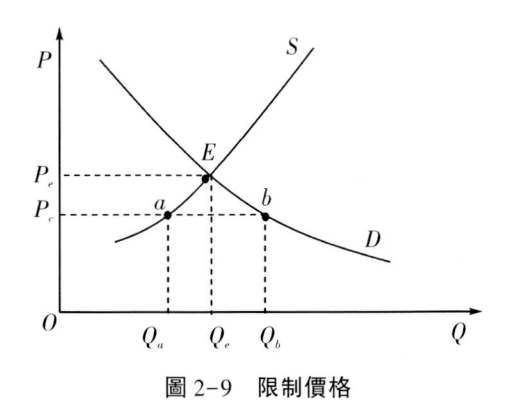

注意：限制價格或者支持價格短期內並不改變供給與需求，也就是說供給與需求函數並沒有變化，只是影響供給量與需求量。

(三) 徵稅

1. 向買者徵稅

我們首先考慮對一種物品的買者徵稅。為具體起見，假設政府要求冰淇淋的買者為他們購買的每升冰淇淋支付 0.5 元的稅。這項政策如何影響冰淇淋的買者和賣者呢？我們可以用供給與需求原理，並遵循三個步驟來考察：確定該政策影響的是供給曲線，還是需求曲線；確定曲線移動的方向；考察這項移動如何影響均衡。

這項稅收最初是影響冰淇淋的需求。供給曲線並不受影響，因為在既定的冰淇淋價格時，賣者向市場提供冰淇淋的激勵是相同的。與此相比，買者只要購買冰淇淋就不得不向政府支付稅收（以及支付給賣主的價格）。因此，稅收使冰淇淋的需求曲線移動。移動的方向是很容易知道的。由於對買者徵稅使冰淇淋的吸引力變小了，在每一種價格水平買者需求的冰淇淋量也少了。結果，需求曲線向左移動。

在這種情況下，我們可以更準確地瞭解需求曲線移動多少。由於向買者徵收 0.5 元的稅，所以，對買者的有效價格現在比市場價格高 0.5 元。例如，如果每升冰淇淋的市場價格正好是 2 元，對買者的有效價格就是 2.5 元。由於買者看的是包括稅收的總成本，所以，他們需要的冰淇淋數量就仿佛是市場價格比實際價格高出 0.5 元一樣。換句話說，為了誘使買者需要任何一種既定的數量，市場價格現在必須降低 0.5 元，以彌補稅收的影響。因此，如圖 2-10 所示，稅收使需求曲線向下從 D_1 移動到 D_2，其移動幅度正好是稅收量（0.5 元）。

| 第二章 | 市场供求與均衡 | 51

图 2-10　向买者征税

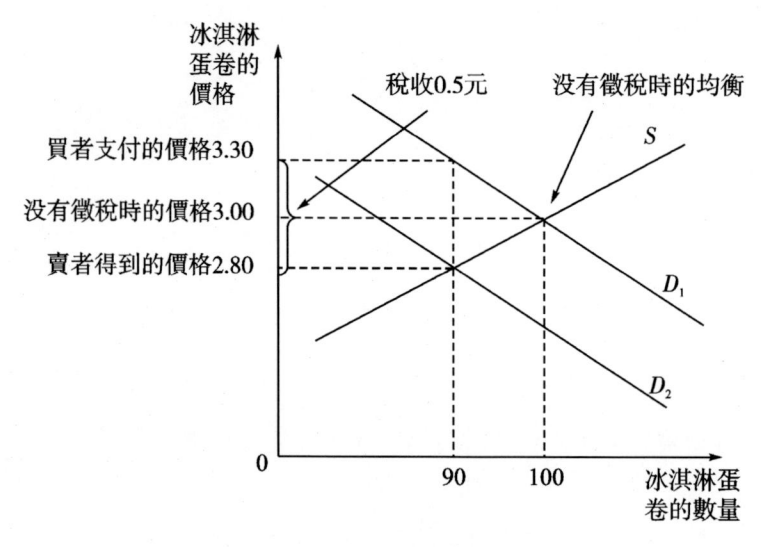

　　为了说明税收的影响，我们比较原来的均衡与新的均衡。可以在图中看到，冰淇淋的均衡价格下降，而均衡数量减少。由于在新的均衡时，卖者卖得少了，而买者买得少了，所以对冰淇淋征税减少了冰淇淋市场的规模。

　　现在我们回到税收归宿问题：谁支付了税收？虽然买者向政府支付了全部税收，但买者与卖者分摊了负担。由于当引进税收时，市场价格下降，卖者比没有税收时减少了收入，因此，税收使卖者的状况变坏了。买者虽付给卖者较低的价格（假定2.8元），但包括税收在内的有效价格从税收前的3元上升为有税收时的3.3元（2.8元+0.5元=3.3元）。因此，税收也使买者的状况变坏了。

　　总之，这种分析得出了两个一般性的结论：税收抑制了市场活动，当对一种物品征税时，该物品在新的均衡时销售量减少了；买者与卖者分摊税收负担，在新的均衡时，买者为该物品支付得多了，而卖者得到的少了。

2. 向卖者征税

　　现在考虑向一种物品的卖者征税。假设政府要求冰淇淋的卖者每卖一升冰淇淋向政府支付0.5元。最初这项政策会影响冰淇淋的供给。此时需求量是相同的，所以，需求曲线不变。与此相比，对卖者征税增加了销售成本，这就使卖者在每一价格水平时供给的数量少了。供给曲线向左移动。

　　我们仍可以准确地知道移动的幅度。在任何一种冰淇淋的市场价格下，卖者的有效价格即他们在纳税之后得到的量要降价0.5元。例如如果市场价格正好是

2元，賣者得到的有效價格就是1.5元。無論市場價格是多少，賣者仿佛在以比市場價格低0.5元的價格供給。換個說法，為了誘使賣者供給任何一種既定的數量，市場價格現在必須高0.5元，以彌補稅收的影響。因此，如圖2-11所示，稅收使供給曲線向上從S_1移動到S_2，其移動幅度正好是稅收量（0.5元）。

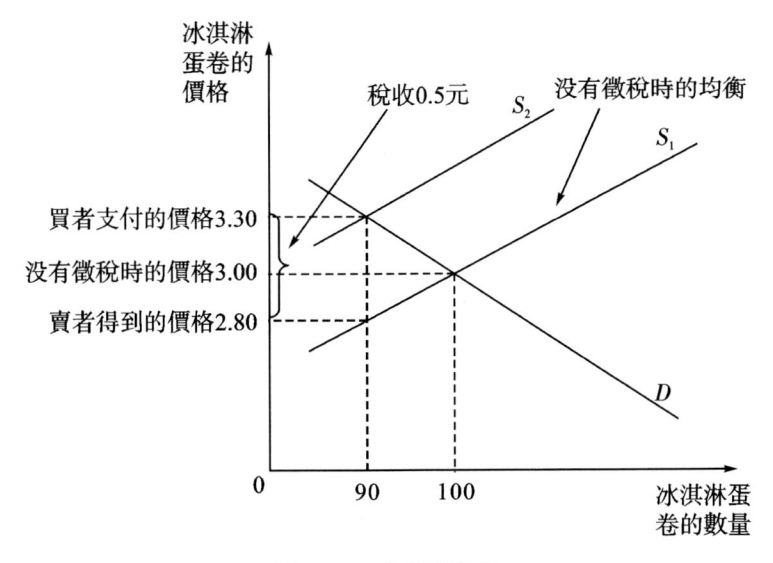

圖2-11 向賣者徵稅

買者與賣者又一次分攤了稅收負擔。由於市場價格上升，買者單位價格比納稅前多支付了0.3元。賣者得到的價格高於沒有稅收時，但有效價格（在納稅之後）從3元下降為2.8元，賣者單位價格比沒有稅收時少收入0.2元。

比較圖2-10和圖2-11得出了一個令人驚訝的結論：對買者徵稅和對賣者徵稅是相同的。在這兩種情況下，供給曲線和需求曲線的相對位置發生了移動，在新均衡時，買者和賣者分攤稅收負擔。對買者徵稅和對賣者徵稅的唯一區別是誰把錢交給政府。

對買者徵稅和對賣者徵稅結果是相同的。法律制定者可以決定稅收來自買者還是賣者的口袋，但是並不能用立法規定稅收的真正負擔。確切地說，稅收歸宿取決於供給與需求的力量。買者與賣者分擔稅收，但是極少情況下是平均分攤的。稅收更多地落在缺乏彈性的市場一方身上。需求彈性小，意味著買者對該物品沒有適當的替代品；供給彈性小，意味著賣者對生產該物品沒有適當的替代品。

具體分析方法如下：

(1) 向買者徵稅（每個商品向買者徵稅 n 元）

徵稅前需求為 $Q_d=f(P)$，供給為 $Q_s=g(P)$，均衡為 $f(P) = g(P)$。

徵稅後需求變小，為 $Q_d^*=f(P+n)$，供給不變，仍為 $Q_s=g(P)$，新的均衡為 $f(P+n) = g(P)$。

(2) 向賣者徵稅（每個商品向賣者徵稅 n 元）

徵稅前需求為 $Q_d=f(P)$，供給為 $Q_s=g(P)$，均衡為 $f(P) = g(P)$。

徵稅後需求不變，仍為 $Q_d=f(P)$，供給變小，為 $Q_s^*=g(P-n)$，新的均衡為 $f(P) = g(P-n)$。

補貼與徵稅正好相反，同理。

管理實踐2-3　供求分析邏輯

各種事件的發生直接影響某個商品市場的供給或者需求，而不會直接影響價格和成交量。這個市場的供給與需求才共同決定了這個商品市場的均衡價格和均衡成交量。各個商品的價格就形成一個價格體系，這個價格體系會影響到個體和企業乃至國家的行為而發生一系列的事件。分析邏輯圖如圖2-12：

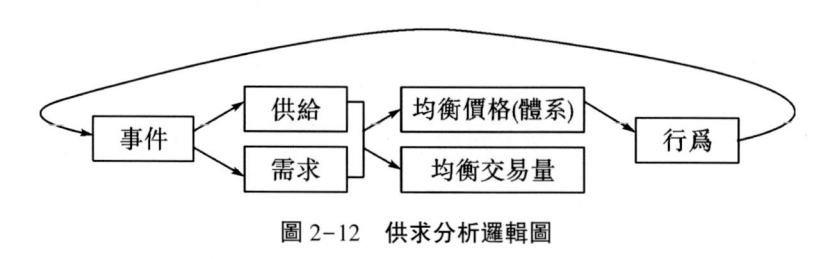

圖2-12　供求分析邏輯圖

第四節　農產品定價

一、農產品供求的特點

同前面的均衡分析不同，動態分析是研究闡述經濟現象的發展變動過程，這一節將以一種商品供給和需求與市場價格的相互作用為例，來說明一種商品的價格和產銷數量在市場上隨價格而變動的供求兩種力量相互作用下在動態時間序列中會出現的發展變化過程。

從前面所講的靜態分析中可以看到，根據既定的供需狀況，由於需求曲線的形狀是自左向右下方傾斜，供給曲線的形狀是自左向右上方傾斜，因而通過價格

的調節以及供給之間的相互作用，市場將趨向均衡。而在動態時間序列中我們引入供給函數與需求函數：

（1）供給函數：像生豬這樣的產品，從生產者開始飼養到育肥可供出售，需要經歷一定的時間（一年），本期的上市量等於上年的飼養量，而初始年份市場上的成交價格（P）決定生產者會有的飼養量，從而決定次年的供給量，依此類推，供給函數記為 $S_t = f(P_{t-1})$。

（2）需求函數：我們假定，任一時期的需求量與同時期的價格有著相互依存的函數關係，即 $D_t = f'(P_t)$，它表示第一年的成交價格將是同一年實有的上市量得以全部售出，購買者所願意支付的價格（$D_t = S_t$），而這一價格又決定著下一年的供給量。

二、農產品供求分析

下面把供給曲線與需求曲線放到一個坐標系中去考慮，解方程組

$S_t = f(P_{t-1})$　　　　　①

$D_t^* = f'(P_t)$　　　　　②

$D_t^* = S_t$　　　　　　③

第一種情況：供給曲線 S_t 的斜率大於需求曲線 D_t 的斜率，即 S_t 比 D_t 較為陡峭，或者說與任一成交價格相應的供給的價格彈性小於需求的價格彈性。在這種場合，價格變動引起的需求量的變動大於價格變動引起的供給量的變動，因而任何超額需求或超額供給只需較小的價格變動就得以消除；同時，價格變動引起的下一年供給量的變動較小，從而對當年價格會發生的變動作用較小。這意味著超額需求或超額供給偏離其均衡值的幅度，以及每年成交價格偏離其均衡值的幅度逐漸減小並趨向其均衡值。這種情況稱為動態的穩定均衡（Stable Equilibrium）。如圖2-13所示。

第二種情況與第一種情況相反，供給曲線 S_t 的斜率小於需求曲線 D_t 的斜率，與任一成交價格相應的供給的價格彈性大於需求的價格彈性。在這種情況下，價格變動引起的供給量的變動大於價格變動引起的需求量的變動，當出現供給過剩時，為使市場出清，要求售價大幅下降，以致下年供給量減少，導致該年價格大幅上升，由此下一年的供給量大幅上升，降價則大幅度下降，價格和產量與均衡值越來越背離。這種情況在時間序列上是發散的，稱為不穩定均衡（Unstable Equilibrium）。如圖2-14所示。

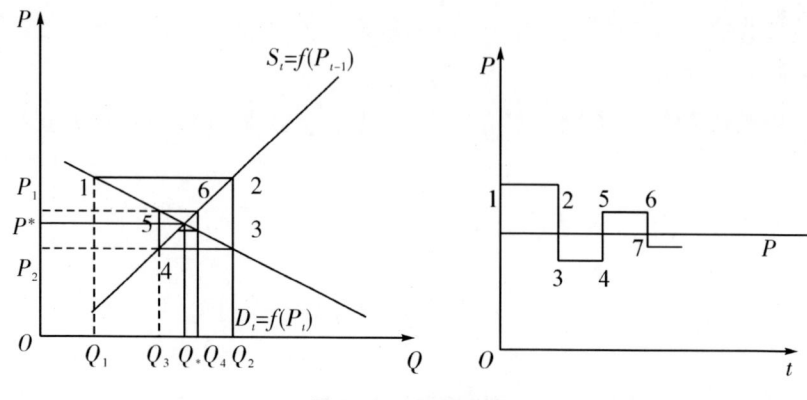

圖 2-13　穩定均衡

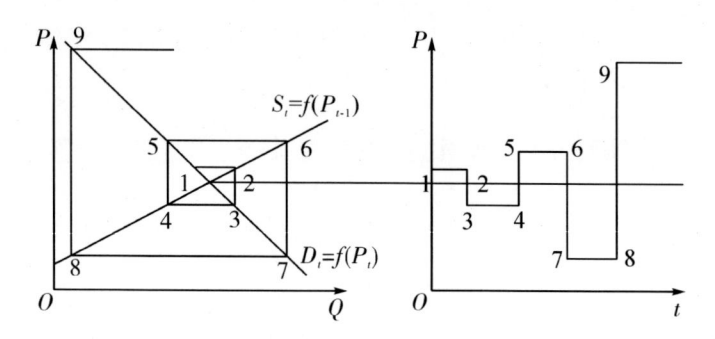

圖 2-14　不穩定均衡

第三種情況，供給曲線 S_t 的斜率與需求曲線 D_t 的斜率絕對值相等，供給的價格彈性與需求的價格彈性完全相同，價格與產量將無休止地波動，其幅度既不擴大也不縮小。至於波動幅度背離均衡值的程度，取決於均衡被破壞的初始狀態與均衡值的偏離程度。如圖 2-15 所示：

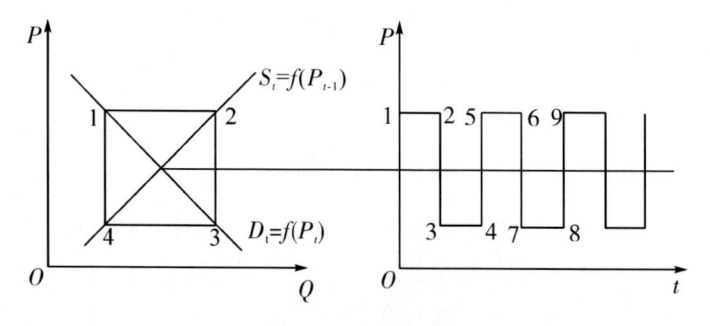

圖 2-15　連續波動

該模型即蛛網模型。蛛網理論說明了在市場機制自發調節的情況下，必然發生蛛網型週期波動，從而影響農業生產與農民收入的穩定。一般而言，農產品的供給彈性大於需求彈性。因此，現實中存在最廣泛的發散型蛛網波動。這正是農業生產不穩定的原因。為了減少或消除農產品市場的這種波動，一般有兩種方法：一是由政府運用有關政策，如中國實行的保護價格政策，對農產品市場進行干預；二是利用市場本身的調節機制，這種調節機制就是期貨市場。許多經濟學家認為，美國之所以農業穩定，其原因有兩個：一是政府始終關心農業，採取了支持價格這類保護農業的政策；二是美國有世界上最發達、最完善的農產品期貨市場。

[案例2-6] 誰操縱了豬肉價格？

繼前幾年的「蒜你狠」「豆你玩」「姜你軍」等現象深深坑害廣大老百姓的日常消費生活，近期，不少市民感嘆豬肉又吃不起了。2015年3月以來，豬肉價格節節攀升，到7月為止，豬肉價格漲幅接近50%。

從2014年12月開始，豬肉價持續下跌近半年，豬糧比先後跌破6：1的警戒線，一度跌至4：1。儘管2015年3月政府首次啟動凍豬肉收儲，並預計啟動第二批收儲，但生豬養殖依然虧損慘重。然而，就在市場普遍預計低迷行情到來時，5月份生豬價格又突然出現一輪「暴漲」，4月30日，全國瘦肉型豬出欄均價為10.7元/公斤（1公斤＝1千克。下同），5月15日漲至13.55元/公斤，15天漲幅達到26.6%。京郊的養豬大戶曹學義表示：「現在的價格波動把我弄糊塗了。」

那麼，到底是誰操控了豬肉價格？有人認為是生豬養殖戶自己決定的，養殖的多少決定了價格。還有人認為是消費市場決定的，消費需求量的大小決定了價格。也有人認為是屠宰龍頭企業在操縱市場。

關於豬肉價格波動，政府是否應該干預，也有不同的觀點：

觀點一：養豬是個競爭性很強的市場化行業，也應遵循「市場競爭，適者生存」的法則，能不能賺錢，要看各方的經營水平，誰高明誰賺錢。政府不能過分干預，否則會擾亂正常的市場秩序，導致更多的麻煩。例如，2007年豬價大漲時，國家抬出了一系列政策，僅財政就有10項，包括能繁母豬補貼、能繁母豬保險、疫病防疫補助等，結果各路資本紛紛湧向養豬業，導致產能過剩。

觀點二：糧食有國家最低保護價，為什麼豬就沒有？實際上，豬肉價格並非完全市場調節，跌破「紅線」或暴漲，政府就會出手「收儲」或「拋售國儲

肉」，幫助平穩物價。

觀點三：養殖和屠宰屬於生豬生產的兩個不同環節，分別對應不同的經營主體，豬肉收儲政策不能直接作用於養殖環節，不能從根本上解決豬肉價格週期性波動問題。

目前做法：針對豬肉價格波動，北京出抬財政補貼「生豬價格指數保險」，以國家發改委每週發布一次的「豬糧比」為參照系。「豬糧比」是指生豬出場價格與玉米批發價格的比值，即賣一斤（1斤＝500克。下同）生豬可以買幾斤玉米。中國目前生豬生產盈虧平衡點為「豬糧比」6∶1，跌破6∶1農民即可獲得賠付，為養殖戶確立了一個最低收益保障，希望可以把養殖戶積極性受價格波動的衝擊降到最低。

你是怎麼認為的呢？到底誰在操縱豬肉價格？你認為怎樣可以避免肉價的大幅波動？

管理實踐2-4 公共政策的制定與分析

[案例2-7] 香菸問題

公共政策制定者經常想減少人們吸菸的數量。達到這一目標的方法有兩種。

減少吸菸的一種方法是使香菸和其他菸草產品的需求曲線移動。公益廣告、香菸盒上有害健康的警示以及禁止在電視上做香菸廣告，都是旨在減少任何一種既定價格水平時香菸需求量的政策。如果成功了，這些政策就使香菸的需求曲線向左移動。

此外，政策制定者可以試著提高香菸的價格。例如，如果政府對香菸製造商徵稅，菸草公司就會以高價的形式把這種稅的大部分轉嫁給消費者。較高的價格鼓勵吸菸者減少他們吸的香菸量。在這種情況下，吸菸量的減少就不表現為需求曲線的移動。相反，它表現為沿著同一條需求曲線移動到價格更高而數量較少的一點上。

一個相關的問題是，香菸的價格如何影響大麻這類非法毒品的需求。香菸稅的反對者經常爭論說，菸草與大麻是替代品，因此，高香菸價格鼓勵使用大麻。與此相反，許多毒品專家把菸草作為「毒品之門」，它引導青年人享用其他有害物質。大多數數據研究與這種觀點是一致的：他們發現降低香菸價格與更多使用大麻是相關的。換句話說，菸草和大麻看來是互補品，而不是替代品。（資料來源：經濟學驛站——經濟學案例）。

問題：

（1）你怎麼看待菸草和大麻之間的關係？

（2）什麼是互補品和替代品商品？相關商品的價格對互補品和替代品商品的需求量有什麼影響？

（3）結合經濟學原理分析要減少吸菸有哪些方法。

【經典習題】

一、名詞解釋

1. 需求
2. 供給
3. 供給函數
4. 恩格爾定律
5. 蛛網模型
6 均衡價格

二、選擇題

1. 兩條需求曲線在某點相切，則在該點價格需求彈性是否相等？（　　）。

　　A. 是　　　　B. 否　　　　C. 不確定

2. 雞蛋的反需求函數是 $p=84-9q$，反供給函數是 $p=7+2q$，這裡，q 是雞蛋的箱數。過去，不對雞蛋徵稅。假定現在對每箱雞蛋徵 33 元的稅，問徵稅對雞蛋供給的影響有多大？（　　）。

　　A. 減少 2 箱　　B. 減少 3 箱　　C. 減少 6 箱　　D. 減少 4 箱

3. 某壟斷廠商對產品實行單一價格，生產邊際成本恒定，產品需求曲線的需求價格彈性也恒定，如果政府對該產品徵收每單位 10 元的稅，則只要該產品仍在銷售，其價格上升幅度必將（　　）。

　　A. 大於 10　　B. 小於 10　　C. 等於 10　　D. 不確定

4. 需求規律說明（　　）。

　　A. 藥品的價格上漲會使藥品質量提高

　　B. 計算機價格下降導致銷售量增加

C. 汽車的價格提高，小汽車的銷售量減少

D. 羽毛球的價格下降，球拍的銷售量增加

5. 其他條件不變，牛奶價格下降將導致牛奶的（　　）。

　　A. 需求下降　　B. 需求增加　　C. 需求量下降　　D. 需求量增加

6. 當出租車租金上漲後，對公共汽車服務的（　　）。

　　A. 需求增加　　B. 需求量增加　　C. 需求減少　　D. 需求量減少

7. 以下幾種情況中，（　　）項是需求規律的例外。

　　A. 某商品價格上升，另一商品需求量也上升

　　B. 某商品價格上升，需求量也上升

　　C. 消費者收入增加，對某商品的需求增加

　　D. 生產成本上升，供給減少

8. 供給規律說明（　　）。

　　A. 生產技術提高會使商品的供給量增加

　　B. 政策鼓勵某商品的生產，因而該商品供給量增加

　　C. 消費者更喜歡消費某商品，使該商品的價格上升

　　D. 某商品價格上升將導致對該商品的供給量增加

9. 假如生產某種商品所需原料的價格上升了，這種商品的（　　）。

　　A. 需求曲線將向左移動　　　B. 供給曲線向左移動

　　C. 供求曲線將向右移動　　　D. 需求曲線將向右移動

10. 如果政府對賣者出售的商品每單位徵稅5美分，那麼這種做法將引起這種商品的（　　）。

　　A. 價格上升5美分　　　B. 價格的上升少於5美分

　　C. 價格的上升大於5美分　　D. 價格不變

11. 如果政府利用商品配給的方法來控制價格，意味著（　　）。

　　A. 供給和需求的變化已不能影響價格

　　B. 政府通過移動供給曲線來抑制價格

　　C. 政府通過移動需求曲線來抑制價格

　　D. 同時影響供求

12. 政府為了扶持農業，對農產品規定高於均衡價格的支持價格。政府要維持支持價格，應該採取下面的相應措施（　　）。

　　A. 增加對農產品的稅收　　B. 實行農產品配給制

C. 收購過剩的農產品　　　　D. 促進國民對農產品的消費

13. 政府把價格限制在均衡價格以下可能導致（　　）。
    A. 黑市交易　　　　　　　B. 大量積壓
    C. 買者買到了希望購買的商品　D. 促進生產

14. 當需求的增加幅度遠大於供給增加幅度的時候，（　　）。
    A. 均衡價格將提高，均衡交易量減少
    B. 均衡價格和均衡交易量都將上升
    C. 均衡價格將下降，均衡交易量將增加
    D. 無法確定

15. 當羽毛球拍的價格下降時，對羽毛球的需求量將（　　）。
    A. 減少　　　　　　　　　B. 不變
    C. 增加　　　　　　　　　D. 視具體情況而定

16. 假設某商品的需求曲線為 $Q=3-9P$，市場上該商品的均衡價格為 4，那麼，當需求曲線變為 $Q=5-9P$ 後，均衡價格將（　　）。
    A. 大於 4　　　　　　　　B. 小於 4
    C. 等於 4　　　　　　　　D. 小於或等於 4

17. 當商品的供給和需求同時增加後，該商品的均衡價格將（　　）。
    A. 上升　　B. 下降　　C. 不變　　D. 無法確定

18. 對西紅柿需求的變化，可能是由於（　　）。
    A. 消費者認為西紅柿價格太高了
    B. 消費者得知西紅柿豐收了
    C. 消費者預期西紅柿將降價
    D. 種植西紅柿的技術有了改進

三、簡答與論述

1. 說明蛛網模型的基本內容，並利用數理方法討論蛛網模型的價格波動條件。
2. 說明政府在農業領域可以發揮哪些作用。
3. 商品需求受哪些因素的影響？具有什麼樣的影響？
4. 根據均衡價格理論，供給變動或需求變動與價格變動的關係如何？這些關係是否與供給規律或需求規律描述的一致？為什麼？

5. 下列事件對產品 X 需求會有什麼影響？

(1) 產品 X 變得更為流行；

(2) 產品 X 的替代品 Y 的價格上升；

(3) 預計居民收入將上升；

(4) 預計人口將大幅增加。

6. 下列情況對社會房地產供給將產生什麼影響？

(1) 土地價格上漲；

(2) 水泥價格下跌；

(3) 建築房屋的技術進步；

(4) 從事工業投資的利潤增加了。

7. 用經濟學原理分析家電下鄉補貼政策對消費者和生產者的影響。

8. 許多國家出於保護農業和擴大農產品出口的需要都對農產品實施價格保護或出口價格補貼。在中國實行的是「保護價敞開收購」，這一政策有什麼利弊？

四、計算

1. 設某市場上只有兩個消費者，其需求曲線為：

$Q_1 = 100 - 2P$ ($P \leq 50$)

$Q_1 = 0$ ($P > 50$)

$Q_2 = 160 - 4P$ ($P \leq 40$)

$Q_2 = 0$ ($P > 40$)

試求市場需求曲線。

2. 下列事件對產品 X 的供給有何影響？

(1) 生產 X 的技術有重大革新；

(2) 在 X 產品的行業內企業數目減少了；

(3) 生產 X 的人工和原料價格上漲了；

(4) 預計產品 X 的價格會下降。

3. 假定香菸的需求曲線為 $Q_d = 10 - 2P$，香菸的供給曲線為 $Q_s = \frac{1}{2}P$，其中 Q_d、Q_s 均以萬包為單位，P 以元/包為單位。請分析：

(1) 香菸的均衡價格是多少？

（2）香菸的均衡銷售量是多少？

（3）如果政府規定香菸的最高價格為 3 元/包，香菸的供求關係會有什麼變化？

（4）如果政府對香菸徵稅，稅額為每包 1 元，徵稅後的均衡價格和銷售量是多少？

4. 某彩電市場上，供給函數為 $Q_s = -300,000+200P$，需求函數為 $Q_d = 300,000 -100P$，Q_s 和 Q_d 的單位是臺，P 的單位是元/臺。

試求市場上彩電的均衡價格是多少，交易量多大。若人們收入增加，需求函數變為 $Q_d = 360,000-100P$，這時市場的均衡價格和交易量又有什麼變化？

5. 某產品市場由消費者 A、B 及生產者 I、J 構成。A、B 的需求分別為：

$D_a = 200-2P$

$D_b = 150-P$

I、J 的供給分別為：

$S_i = -100+2P$

$S_j = -150+3P$

P 為產品價格。

（1）求市場均衡價格。

（2）求消費者 A、B 的需求量。

（3）求 I、J 的供給量。

【綜合案例】 政府應該補貼農村淘寶的快遞物流嗎？

由於信息化、物流基礎設施薄弱，村民不懂電子商務、不會網購等問題的制約，「網貨下鄉」和「農產品進城」的雙向流通未能實現，農村電商普及一直沒有得到有效解決。而農村電子商務又是一塊發展前景巨大的藍海市場，在此背景下農村淘寶營運而生。

阿里巴巴計劃在 3~5 年內投資 100 億元，建立 1,000 個縣級服務中心和 10 萬個村級服務站，覆蓋到全國三分之一的縣和六分之一的農村地區，先通過網絡在農村地區實現網上繳費、網上購買等服務來逐步增強農民朋友對電子商務和網購的信任感。

農村淘寶和我們熟悉的淘寶有什麼不同？農村淘寶的村級服務站分散在 500

人以上的行政村。服務接待廳配有幾臺電腦、一個大顯示屏，供村民挑選商品，展示買賣成交信息。小到幾十塊錢的生活日用品，大到價值數千元的大家電，甚至十幾萬元的大型收割機，都是村民網購的目標。村民也可以把他們的農產品通過農村淘寶掛到網上，代為銷售管理。

　　農村淘寶運作也要符合農村消費特點。比如一位村民在屏幕上看中了一件衣服卻不懂網購，他可以直接找農村淘寶店主代為下單。村民收到貨後，也不必急著付款，先穿了再說。如果覺得滿意，就支付貨款給農村淘寶，如果不滿意，則直接退貨給農村淘寶即可。設置更多寬鬆的購買條件，一是為了培養村民的購物習慣，二是迎合他們的消費習慣，讓農村淘寶更接地氣。

　　接下來的便是物流配送問題，一件商品在城市流通容易，集中送達縣城也不是問題，關鍵是從縣城分送到各村的成本十分高。在浙江桐廬縣這個問題已經得到解決，一級快遞商負責把商品送到桐廬縣城營運中心，當地郵政負責二級快遞，把商品送至各個村級服務站。為瞭解決這個關鍵的二級物流，當地政府會對每一件快遞補貼1.5元。

　　你怎麼評價政府對快遞物流補貼的政策？該政策有沒有達到應用的效果？你有什麼好的建議？

3

第三章 彈性分析

【知識結構】

彈性	計算		分類
	點彈性	弧彈性	
需求價格彈性	$E_P = \dfrac{dQ}{dP} \cdot \dfrac{P}{Q}$	$E_P = \dfrac{Q_2-Q_1}{P_2-P_1} \cdot \dfrac{P_2+P_1}{Q_2+Q_1}$	1. 完全無彈性：$E_P=0$，如喪葬費、骨灰盒 2. 需求缺乏彈性：$E_P<1$，如日常用品 3. 單位彈性：$E_P=1$，如 $p.q=k$ 4. 富有彈性：$E_P>1$，如奢侈品，替代品豐富 5. 完全富有彈性：$E_P=\infty$，如完全競爭市場
需求收入彈性	$E_I = \dfrac{dQ}{dI} \cdot \dfrac{I}{Q}$	$E_I = \dfrac{Q_2-Q_1}{I_2-I_1} \cdot \dfrac{I_2+I_1}{Q_2+Q_1}$	1. $E_I>1$ 的商品稱為奢侈品 2. $0<E_I\leq 1$ 的商品則稱為必需品 3. $E_I<0$ 的商品是低檔品
需求交叉價格彈性	$E_{XY} = \dfrac{dQ_X}{dP_Y} \cdot \dfrac{P_Y}{Q_X}$	$E_{XY} = \dfrac{Q_{X_2}-Q_{X_1}}{P_{Y_2}-P_{Y_1}} \cdot \dfrac{P_{Y_2}+P_{Y_1}}{Q_{X_2}+Q_{X_1}}$	1. $E_{XY}>0$：替代品 2. $E_{XY}<0$：互補品 3. $E_{XY}=0$：無關品
供給彈性	$E_S = \dfrac{dQ_S}{dP} \cdot \dfrac{P}{Q_S}$	$E_S = \dfrac{Q_{S_2}-Q_{S_1}}{P_2-P_1} \cdot \dfrac{P_2+P_1}{Q_{S_2}+Q_{S_1}}$	1. $E_S=0$，稱為供給完全缺乏彈性，稀有物品 2. $E_S<1$，稱為供給缺乏彈性，多數農產品 3. $E_S=1$，稱為供給單位彈性 4. $E_S>1$，稱為供給富於彈性，多數工業品 5. $E_S=\infty$，稱為供給完全富於彈性

【導入案例】經濟蕭條時，女人的迷你裙將消失？

1926年，美國經濟學家喬治・泰勒（George Taylor）提出「裙長理論」（Hemline Theory），主要內容是：女人的裙長可以反應經濟興衰榮枯──裙子愈短，經濟愈好；裙子愈長，經濟愈是艱險。他認為：「經濟增長時，女人會穿短

裙，因為她們要炫耀裡面的長絲襪；當經濟不景氣時，女人買不起絲襪，只好把裙邊放長，來掩飾沒有穿長絲襪的窘迫。」

迷你裙的長短與經濟景氣的對應關係未必有嚴肅的學理性，但從歷史上看來卻也有幾分道理。在股票大漲時，男人們個個荷包鼓脹，女人們也受到鼓勵，花更多的錢來打扮自己，一時間百花爭豔，滿園春色閱不盡，迷你裙風行一時，連寒冬臘月都能經常看見短裙在膝蓋以上的「美麗凍人兒」。可是在經濟不景氣的時候，裁員降薪不斷，女人們為了生活不得不疲於奔命，哪還有更多的精力去裝扮自己，男人們收入減少，生存壓力加大，自然也不會太關注女人的美麗，於是女人們又開始穿上長裙，將自己徹底遮掩起來。

第一節　需求的價格彈性

一、彈性的定義

需求彈性衡量一種商品的需求對於其影響因素變化做出反應的敏感程度，即需求彈性是需求的一種影響因素（自變量）的值每變動百分之一所引起的需求量變化的百分比。

$E = $ 需求數量變化的百分比/某自變量變化的百分比 $= (\triangle Q/\triangle X) \cdot (X/Q)$

式中：

E——需求彈性；

Q——需求數量，$\triangle Q$ 是需求數量的變化量；

X——任意一個自變量，$\triangle X$ 是這個自變量的變化量。

二、需求價格彈性定義

$E_P = $ 需求數量變化的百分比/價格變化的百分比 $= (\triangle Q/\triangle P) \cdot (P/Q)$

價格與需求量總是呈反方向變化的，需求的價格彈性總是負值，通常用絕對值來比較彈性的大小。

1. 點價格彈性：$E_P = \dfrac{\mathrm{d}Q}{\mathrm{d}P} \cdot \dfrac{P}{Q}$

當需求曲線上兩點之間的變化量趨於無窮小時，需求的價格彈性要用點彈性

來表示。也就是說,它表示需求曲線上某一點上的需求量變動對於價格變動的反應程度(圖3-1)。

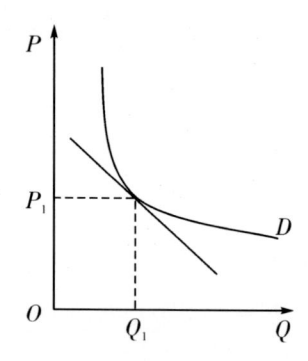

圖3-1 需求的點價格彈性

2. 價格弧彈性:$E_P = \dfrac{Q_2 - Q_1}{P_2 - P_1} \cdot \dfrac{P_2 + P_1}{Q_2 + Q_1}$

如圖3-2所示,由 a 點到 b 點和由 b 點到 a 點的弧彈性系數值是不相同的。其原因在於:儘管在上面計算中,$\triangle Q$ 和 $\triangle P$ 的絕對值相同,但由於 P 和 Q 所取的基數值不相同,所以,兩種計算的結果便不相同。這就是說,在同一條需求曲線上,漲價和降價產生的需求的價格弧彈性數值是不相同的。因此,如果只是一般地計算需求曲線上某兩點之間的需求的價格弧彈性,而不是要具體地強調這種需求的價格弧彈性是作為降價還是漲價的結果,為了避免不同的計算結果,通常取兩點之間的平均值來代替公式中的 P 和 Q 的數值,上式也稱作價格弧彈性的中點公式。

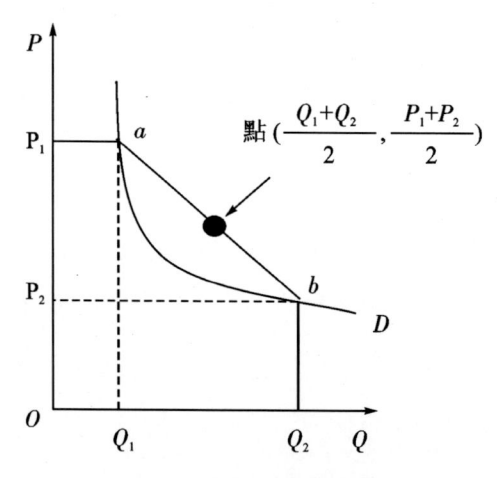

圖3-2 需求的弧價格彈性

3. 線性需求的價格彈性

線性需求曲線的一般方程式可以寫為：$P = a - bQ$，所以 $E_p = (-1/b)P/Q$。$|E_p| = (HC/FH) \cdot (OG/OH) = HC/OH$。又因 $\triangle CFH$ 與 $\triangle CAO$ 是相似的，所以 $|E_p| = HC/OH = CF/FA$（如圖 3-3 所示）。

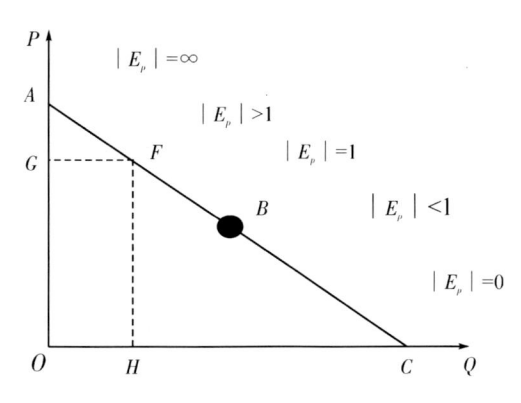

圖 3-3　線性需求的價格彈性

線性需求曲線上的任何一點將需求曲線分割為兩段，而該點的價格彈性就等於該點與橫軸之間的線段與該點與縱軸之間線段的長度之比。

4. 彈性分析注意事項

(1) 確定研究商品的彈性

研究哪個品牌、哪個系列的產品就針對性地分析該產品的彈性。

[**案例** 3-1] 許多房地產開發商宣稱，買房是剛性需求（需求價格彈性很小），所以推出的樓盤價格漲很多，需求也不會減少多少。你怎麼看？

思考：買房需求等同於住房需求嗎？

(2) 價格的因素對需求量的影響

使用需求價格彈性分析自身價格變化對需求量的影響，需要排除其他因素。

[**案例** 3-2] 許多人認為學生對大學教育的需求是完全缺乏彈性的，因為儘管近十年來學校的學費上漲了數十倍，但是參加入學考試並希望進入大學學習的學生數目並沒有出現任何下降。你同意這種觀點嗎？對這種觀點有何評價？

三、需求價格彈性分類

(1) 完全無彈性：彈性等於 0，表示無論價格發生多大的變化，需求量都不會發生任何數量變化，垂直的需求曲線上的弧彈性為零，如喪葬費、骨灰盒。

(2）需求缺乏彈性：彈性小於1，表示需求量的變化率小於價格的變化率，說明需求量對於價格變動的反應不敏感。通常生活必需品缺乏彈性，如柴、米、油、鹽等。

（3）單位彈性：彈性等於1，表示需求量的變化率與價格的變化率相等，如 $p.q=k$。

（4）富有彈性：彈性大於1，表示需求量的變化率大於價格的變化率，說明需求量對於價格變動的反應是比較敏感的。通常高檔奢侈品富於彈性，如化妝品、首飾等。

（5）完全富有彈性：彈性無窮大，如完全競爭市場。它是一條橫線，價格大於 p 時，需求量為零；價格等於 p 時，消費者可以買到任何一種數量；價格小於 p 時，需求量增到無窮大。

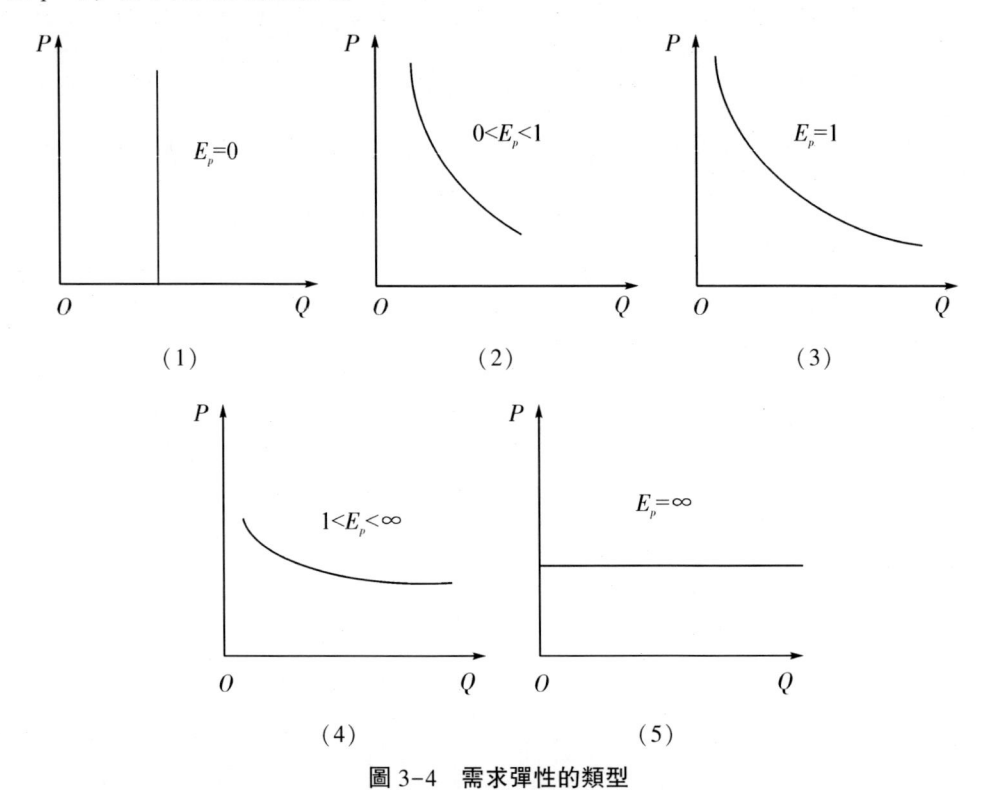

圖 3-4　需求彈性的類型

表 3-1 是一些商品需求價格彈性的估計值。

表 3-1　　　　　　　　一些商品的需求價格彈性估計值

行業	需求價格彈性
金屬	1.52
機電產品	1.39
機械產品	1.30
家具	1.26
汽車	1.14
專業服務	1.09
運輸服務	1.03
煤氣、電、水	0.92
石油	0.91
化工產品	0.89
各種飲料	0.78
醫生服務	0.60
廚房用具	0.60
菸草	0.61
食物	0.58
銀行與保險服務	0.56
住房	0.55
汽油、燃料油（長期）	0.50
法律服務	0.50
服裝	0.49
農產品	0.42
珠寶	0.40
出租汽車	0.40
圖書、雜誌、報紙	0.34
煤	0.32
汽油、燃料油（短期）	0.20

管理實踐 3-1　價格決策

　　消費者按一定價格 P 買進一種商品，數量為 Q，則總支出為 PQ。若 $|E_p|=1$，則價格升降的百分比恰好等於需求量增減的百分比；若 $|E_p|>1$，價格降低 1%，需求量增加的百分比大於 1%，即降價會使銷售收入增加，提價會使消費者花費在該商品的支出減少；若 $|E_p|<1$，則降價會使收入減少，提價會使收入上升（如表 3-2、圖 3-5）。

表 3-2　　　　　　　　　　價格彈性與銷售收入

需求價格彈性	彈性>1	彈性=1	彈性<1
降價的影響	增加銷售收入	銷售收入不變	減少銷售收入
漲價的影響	減少銷售收入	銷售收入不變	增加銷售收入
企業價格策略	適當降價	收入最大	適當漲價

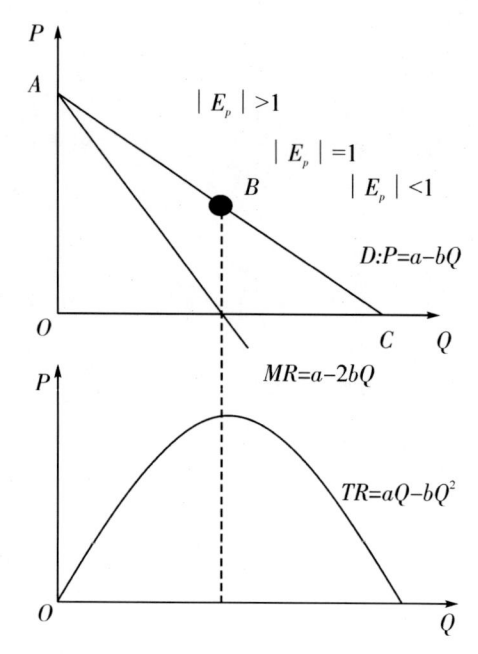

圖 3-5　需求價格彈性與企業銷售收入

收益、邊際收益與價格彈性的關係：
總收益函數為：$TR = P \cdot Q$
總收益變動與價格變動的關係：
$dTR/dP = Q + PdQ/dP = Q(1+E_p)$
$dTR/dP = Q(1-|E_p|)$
總收益變動與產量變動的關係：
對 Q 求導
$MR = QdP/dQ + 1 = P(1-1/|E_p|)$
平均收益：$AR = TR/Q = P$

[案例3-3] 微笑連鎖商店在自己的六家分店銷售蛋糕，這六家分店所在地區的居民都屬於中等收入水平。最近，各分店的銷售價格與銷售量如表3-3。

該蛋糕定價在哪個價位比較好？

表3-3　　　　　　　　微笑連鎖商店價格與銷量數據

分店編號	1	2	3	4	5	6
價格（元）P	7.9	9.9	12.5	8.9	5.9	4.5
銷售量（千克）Q	4,650	3,020	2,150	4,400	6,380	5,500

（提示：先估計需求函數，再找到需求價格彈性為1的價格點。）

管理實踐3-2　價格和銷售量的估計

[案例3-4] 居民對金龍魚食用油的需求價格彈性為0.4～0.5，該食用油準備提價10%，估計該食用油銷售量的變化。

解：$E_p = \dfrac{\Delta Q/Q}{\Delta P/P}$

∴ $\Delta Q/Q = \Delta P/P \cdot E_p$

當需求價格彈性為0.4時，需求量將下降 $0.4 \times 10\% = 4\%$

當需求價格彈性為0.5時，需求量將下降 $0.5 \times 10\% = 5\%$

所以食用油的需求量預計下降的幅度為4%～5%。

管理實踐3-3　稅收政策制定

當對一種物品徵稅時，該物品的買者與賣者分攤稅收負擔。但稅收負擔只有極少數情況下是平均分攤的。圖3-6中（a）和（b）的差別表明供給和需求的相對彈性不同會導致買賣雙方稅收負擔的差別。

圖3-6（a）表示供給非常富有彈性而需求較為缺乏彈性市場上的稅收，賣者只承擔了一小部分稅收負擔，而買者承擔了大部分稅收負擔。這是因為，賣者對某種物品的價格非常敏感，而買者非常不敏感。所以當徵收稅收時，賣者得到的價格並沒有下降多少，因此，賣者只承擔了一小部分稅收負擔。與此相比，買者支付的價格大幅度上升，表示買者承擔了大部分稅收負擔。

圖3-6（b）表示供給較為缺乏彈性而需求非常富有彈性市場上的稅收，賣者承擔了大部分稅收負擔，而買者承擔了小部分稅收負擔。因為在這種情況下，賣者對價格不十分敏感，而買者非常敏感。當徵收稅收時，買者支付的價格上升

並不多，而賣者得到的價格大幅度下降。因此，賣者承擔了大部分稅收負擔。

圖3-6說明了一個關於稅收負擔劃分的一般結論：稅收負擔更多地落在缺乏彈性的市場一方身上。

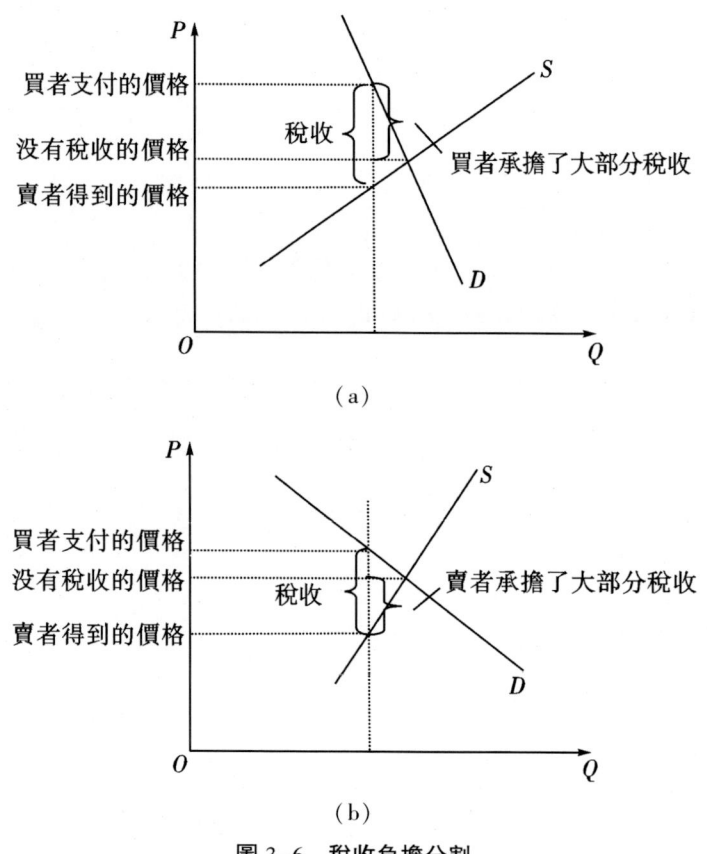

(a)

(b)

圖3-6　稅收負擔分割

如果政府的目的是增加財政收入，向價格需求彈性較小的產品徵稅。

如果政府的目的是限制產品消費，向價格需求彈性較大的產品徵稅。

[案例3-5] **奢侈品需求的驚人彈性**

奢侈品稅的典型例子：豪華遊艇、私人飛機、高級轎車、珠寶首飾、皮革。

1990年，美國政府為了削減財政赤字決定對奢侈品徵收10%的「奢侈品稅」，奢侈品稅可以等價地認為是提高了生產奢侈品的成本。

但是，奢侈品稅是否能夠為政府帶來額外收入呢？

管理實踐 3-4　社會問題分析

越來越多的社會問題處理、法律制定等都開始借助於經濟學的思維，從理性人的角度出發思考問題，會帶來一些意想不到的收穫。

[案例 3-6]　**禁毒增加還是減少了與毒品相關的犯罪**

嚴厲打擊和控制毒品傳播是世界各國政府的重要任務。1999 年，美國政府投入 180 億美元整治非法毒品（如可卡因、海洛因和大麻）市場，其中的大部分資金用在了限制毒品的供給上。但是許多經濟學家認為，如果反毒品的努力從市場的供給方轉為市場的需求方，效果將更好。為什麼？同樣的情況比如，賣淫、拐賣兒童等問題如何治理？

圖 3-7（a）顯示，如果沒有政府干預，海洛因市場均衡價格為 P_1，數量為 Q_1。海洛因的總支出為虛線長方形的面積 $P_1 \cdot Q_1$。價格為 P_2、數量為 Q_2 的情況顯示了限制供給的政策對市場的影響，如嚴格的海關檢查、拒捕和嚴厲懲罰毒犯，或對減少毒品從哥倫比亞、泰國等產地流入的外交努力。減少供給造成供給曲線向左移動，在價格為 P_2、數量為 Q_2 處建立新的均衡。從圖中看出，如果限制供給的政策獲得成功，海洛因的均衡數量將會減少，同時海洛因的均衡價格將會增加。

現在，來看該政策對毒品總支出的影響。對海洛因和可卡因之類的上癮性毒品的需求一般是需求無彈性的。如前所述，需求無彈性時，價格的上升將增加總支出。這意味著限制非法毒品供給的政策如果成功，將增加吸毒者的總支出。在圖（a）中，總支出 $P_2 \cdot Q_2$ 比 $P_1 \cdot Q_1$ 更大。總支出的這種變化會給社會帶來嚴重的後果。許多吸毒者通過犯罪來維持吸毒，如果維持吸毒的總支出增加，他們會犯更多、更嚴重的罪行。另外，不要忘了吸毒者總支出的增加也就是非法毒品行業總收入的增加。更高的收入意味著更高的利潤，吸引著有組織和無組織的犯罪，並導致經常性的、暴力化的地盤火拼。

同樣，基於非法毒品需求無彈性的邏輯，經濟學家建議將政策重心從減少供給轉變為減少需求。可以通過嚴厲懲罰吸毒者、加強反毒品宣傳、增加戒毒中心等政策降低非法毒品的需求，使需求曲線向左移動。此外，針對毒品賣主的措施可以更多地轉向零售商，而不是供給鏈的較高層次，因為零售商向最終的吸毒者提供毒品並最終增加需求。圖（b）表明了如果這些政策獲得成功將對海洛因市場產生的影響。由於需求向左移動，價格 P_1 降至 P_2，需求量從 Q_1 降至 Q_2。現

在，還不能說需求曲線移動造成的數量下降是否多於供給曲線移動造成的數量下降（它取決於兩條曲線移動的相對幅度），但我們能夠肯定的是，以需求為中心的政策在均衡價格上會有明顯不同的影響，它會導致價格的下降，而不是上升。並且，由於價格和數量同時減少，需求減少將減少毒品的總支出——使虛線長方形內向縮小。這會降低吸毒者的犯罪率，並且降低毒品行業對潛在銷售商和生產商的吸引力。

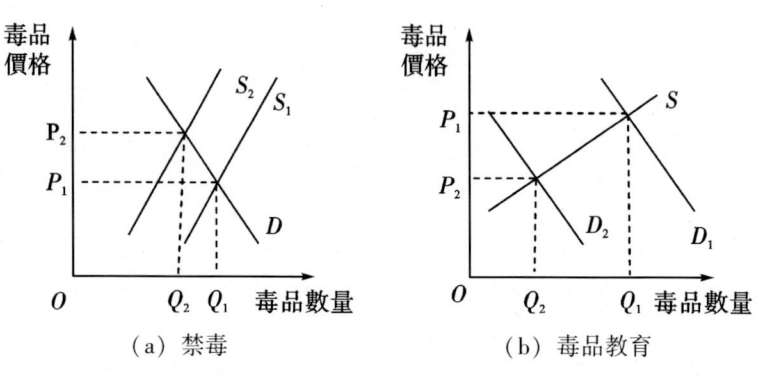

圖 3-7 減少非法毒品使用的政策

（a）禁毒　　　　（b）毒品教育

四、需求價格彈性的影響因素

影響商品的需求價格彈性的因素有很多，主要有以下幾個方面：

1. 商品的可替代程度

一般來說，一種商品的可替代品越多，相近程度越高，則該商品的需求的價格彈性越大。相反，替代品越少，相近程度越低，則需求的價格彈性越小。對一種商品所下的定義越明確越窄，則這種商品的相近替代品會越多，故其需求的價格彈性會越大。如某種特定商標的糖果的需求要比一般的糖果的需求更有彈性。

2. 商品用途的廣泛性

一般來說，一種商品的用途越廣，它的需求彈性就可能越大；相反，用途越窄，它的需求價格彈性就可能越小。這是因為，當用途很廣的商品降價時，消費者會大量增加這種商品的購買以分配在各種用途中使用；而價格高時，只會將該商品在重要用途上使用。如電的用途很廣，如果降價，則會使使用者增加購買以在各種用途中使用。又如眼鏡的用途單一，則即使降價，也不會使人們購買許多眼鏡。

3. 商品對消費者的重要程度

一般而言，必需品的需求價格彈性較小，而非必需品或奢侈品的需求價格彈性越大。因為必需品是人們生活中必不可少的商品，無論價格上升還是下降，人們都必須購買一定的量，如糧食。

4. 商品的消費支出在消費者預算總支出中所占比重大小

一般而言，所占比重越大，需求的價格彈性越大；反之，則越小。如食鹽、鉛筆、肥皂與住宅、汽車等商品相比，需求的價格彈性更小。

5. 所考察的消費者調節需求量的時期長短

一般來說，時期越長，則消費者找到替代品的可能性越大，故需求的價格彈性越大；反之，越小。

[案例 3-7] 為什麼石油輸出國組織不能保持石油的高價格？

在 20 世紀 70 年代，石油輸出國組織（OPEC，歐佩克）的成員決定提高世界石油價格，以增加他們的收入。他們採取減少石油產量的方法而實現了這個目標。1973—1974 年，石油價格根據總體通貨膨脹率進行了調整，上升了 50%，1979 年上升了 4%，1980 年上升了 34%，1981 年上升了 34%。

但歐佩克發現要維持高價格是困難的。1982—1985 年，石油價格一直每年下降 10% 左右。1986 年歐佩克成員國之間的合作完全破裂了，石油價格猛跌了 45%。1990 年石油價格又回到了 1970 年的水平，而且 20 世紀 90 年代的大部分年份中保持在這個低水平上。

這個事件表明，供給與需求在短期與長期的彈性是不一樣的。在短期供給與需求是較為缺乏彈性的。供給缺乏彈性是因為已知的石油儲藏量開採能力不能改變；需求缺乏彈性是因為購買習慣不會立即對價格變動做出反應。如，許多老式的耗油車不會立即換掉，司機只好支付高價格的油錢。

在長期中，歐佩克以外的石油生產者對高價格的反應是增加石油的勘探並建立新的開採能力。消費者的反應是更為節儉，如用節油車代替耗油車。

這種分析表明為什麼歐佩克只在短期成功保持了石油的高價格。在長期，當供給和需求較為富有彈性時，歐佩克共同減少供給並無利可圖。

現在歐佩克仍然存在，你偶爾也會聽到有關歐佩克國家官員開會的新聞。但是，歐佩克國家之間的合作現在很少，這主要是由於該組織過去在保持高價格上的失敗（分析如圖 3-8）。

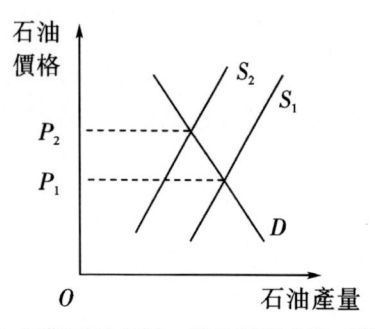

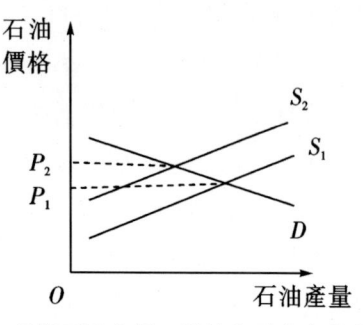

（a）短期石油市場：供給與需求缺乏彈性　（b）長期石油市場：供給與需求富有彈性

圖 3-8　世界石油市場供給減少

第二節　需求的收入彈性

一、需求收入彈性的定義

需求的收入彈性反應需求對於收入水平變化的敏感程度，它用商品需求量的相對變化與消費者收入的相對變化的比率來度量。

$E_I =$ 需求量變動百分比/收入變動百分比 $= (\Delta Q/\Delta I) \cdot (I/Q)$

（1）點收入彈性：$E_I = \dfrac{dQ}{dI} \cdot \dfrac{I}{Q}$

（2）弧收入彈性：$E_I = \dfrac{Q_2 - Q_1}{I_2 - I_1} \cdot \dfrac{I_2 + I_1}{Q_2 + Q_1}$

二、需求收入彈性的分類

（1）$E_I > 0$ 的商品為正常品。隨著收入水平上升，這些商品的需求也將增加。水果、汽油、煤氣、牛肉、化妝品、旅遊、首飾、食油、自來水等都是正常品。

（2）$E_I > 1$ 的商品稱為奢侈品。這類商品需求增長的百分比將大於收入增長的百分比。化妝品、旅遊和首飾則是奢侈品。

（3）$E_I \leq 1$ 的商品稱為必需品。必需品的需求增長百分比小於收入增長的百分比。汽油、煤氣、食油、自來水和牛肉是必需品。

（4）$E_I < 0$ 的商品稱為低檔品。隨著收入的提高，這些商品的消費反而減少。

表 3-4 是一些商品需求收入彈性的估計值。

表 3-4　　　　　　　　　　一些商品需求收入彈性的估計值

產品	需求收入彈性
航空旅行	5.82
家庭教育	2.46
新車	2.45
電力	1.94
娛樂服務	1.57
酒類	1.54
書籍	1.44
牙科服務	1.42
外出用餐	1.40
汽油	1.36
電視機	1.22
宗教和慈善事業	1.14
電話	1.13
住房	1.04
理髮	1.03
服裝	1.02
醫生服務	0.75
住院治療	0.69
菸草	0.64
藥物	0.61
食品	0.51
電、煤氣	0.50
燃料	0.38

管理實踐 3-5　企業進入戰略

通常，景氣的經濟預測時就進入收入彈性大的行業，反之，則適合進入彈性小的行業。

[案例 3-8] **經濟不景氣怎麼創業？**

「口紅效應」是指經濟蕭條導致口紅熱賣的一種有趣的經濟現象，也叫「低價產品偏愛趨勢」。在美國，每當經濟不景氣時，口紅的銷量反而會直線上升。這是因為，在美國，人們認為口紅是一種比較廉價的消費品，在經濟不景氣的情況下，人們仍然會有強烈的消費慾望，所以會轉而購買比較廉價的商品。口紅作為一種「廉價的非必要之物」，可以對消費者起到一種「安慰」的作用，尤其是

| 第三章 | 彈性分析　**79**

當柔軟潤澤的口紅接觸嘴唇的那一刻。再有，經濟的衰退會讓一些人的收入降低，這樣手中反而會出現一些「小閒錢」，正好去買一些「廉價的非必要之物」。

在經濟蕭條時期，奢侈品、高檔品的需求和消費無疑將削減，而生活必需品則不然。經濟危機對房地產業是一場災難，對輕工業、紡織業卻可能是最大的福音。老百姓、工薪階層收入減少，無錢買房、買車，反而有了一些閒錢，可以趁牛年即將到來之機置辦小家電、添幾件新衣服、皮鞋，自然會帶動輕工業、紡織行業復甦。同時，許多人的閒暇時間增多，交給網絡便是最省錢的方式。由此，也必然推動淘寶、京東等 B2C 網站和盛大、巨人等網遊公司的發展，經濟不景氣的時候，生活壓力會增加，沉重的生活總是需要輕鬆的東西來讓自己放鬆一下，所以電影等娛樂市場消費不是很貴的生意會比較好些。

這些「廉價的非必要之物」具有什麼樣的彈性特點？

管理實踐3-6　補貼分析

現在的政府政策制定和企業經營中也常用類似的方法與思想來分析補貼問題。如：

[案例3-9]　麗麗消費汽油的需求函數為 $Q = 0.331,3P^{-0.817,6}I^{0.963,5}$。麗麗每月的收入為3,500元，每季度消費汽油約為430升。

（1）汽油價格上漲了10%，對於麗麗來說有何影響？

（2）公司決定給予麗麗每月250元補貼以減輕其負擔。這對於麗麗的汽油消費有何影響？

（3）公司的補貼多了還是少了？

分析：

由需求函數可知，麗麗對汽油需求的價格彈性 $E_P = -0.817,6$，需求的收入彈性 $E_I = 0.963,5$。

根據需求的價格彈性，價格上升1%，汽油需求將下降0.8%左右，因此當價格上升10%時，需求將下降8%左右。原來每季度消費汽油430升，由於汽油價格上漲，麗麗對汽油的消費下降8%，即減少34.4升汽油的消費。

根據需求的收入彈性，收入上升1%時，汽油的支出會增加0.96%，現在收入因補貼而上升了250/3,500≈7%，那麼麗麗對汽油的支出將增加6.7%左右。原來每季度消費430升汽油，由於公司的補貼，麗麗對汽油的消費增加6.7%，即增加28.9升汽油的消費。

汽油的價格上漲導致麗麗減少 34.3 升汽油的消費，而公司補貼的增加導致麗麗增加 28.9 升的消費。總體上，補貼後麗麗比以前每季度少消費 5.4 升汽油，還是不能回到以前的每季度消費 430 升汽油的狀態，所以公司的補貼偏少。

管理實踐 3-7　規劃與預測

[案例 3-10] 政府為瞭解決居民住房問題，要制定一個住房的長遠規劃。假定根據資料，已知租房需求的收入彈性為 0.8~1.0，買房需求的收入彈性為 0.7~1.0。估計今後 10 年內每人每年平均可增加收入 2%~3%。問 10 年後，對住房的需求量將增加多少？

解：如果每年增加 2%，則 10 年後可增加到 $1.02^{10} = 121.8\%$

即 10 年後每人的收入將增加 21.8%。

如果每年增加 3%，則 10 年後可增加到 $1.03^{10} = 134.3\%$

即 10 年後每人的收入將增加 34.3%。

根據需求收入彈性的計算公式，可知

需求量變動的百分比 = 收入彈性 × 收入變動的百分比

故 10 年後租房、買房需求量將增加的數量如表 3-5 所示：

表 3-5　　　　　　　　收入彈性與收入增加情況

			收入增加百分比			
			21.8%		34.3%	
收入彈性	0.8	0.7	17.4%	15.3%	27.4%	24.0%
	1.0	1.0	21.8%	21.8%	34.3%	34.3%

10 年後房租需求量增加幅度為 17.4%~34.3%；買房需求量增加幅度為 15.3%~34.3%。

三、恩格爾定律

德國統計學家恩格爾在 1857 年發現，如果其他因素不變，隨著收入的提高，食品支出占收入的比重（稱為恩格爾系數）會不斷減少，這就是所謂恩格爾定律。恩格爾定律的實質就是：食物需求的收入彈性小於 1。

根據聯合國糧農組織標準，「恩格爾系數」在 60% 以上為貧困，50%~60% 為溫飽，40%~50% 為小康，30%~40% 為富裕，低於 30% 為最富裕。

2013 年《經濟學人》公布了一份全球 22 國的恩格爾系數（如圖 3-9）。其中，美國的恩格爾系數最低，人均每週食品飲料消費 43 美元，占收入的 7%；英國人均每週食品飲料消費與美國相同，占收入的 9%。中國人均每週食品飲料消費 9 美元，占人均收入的 21%。

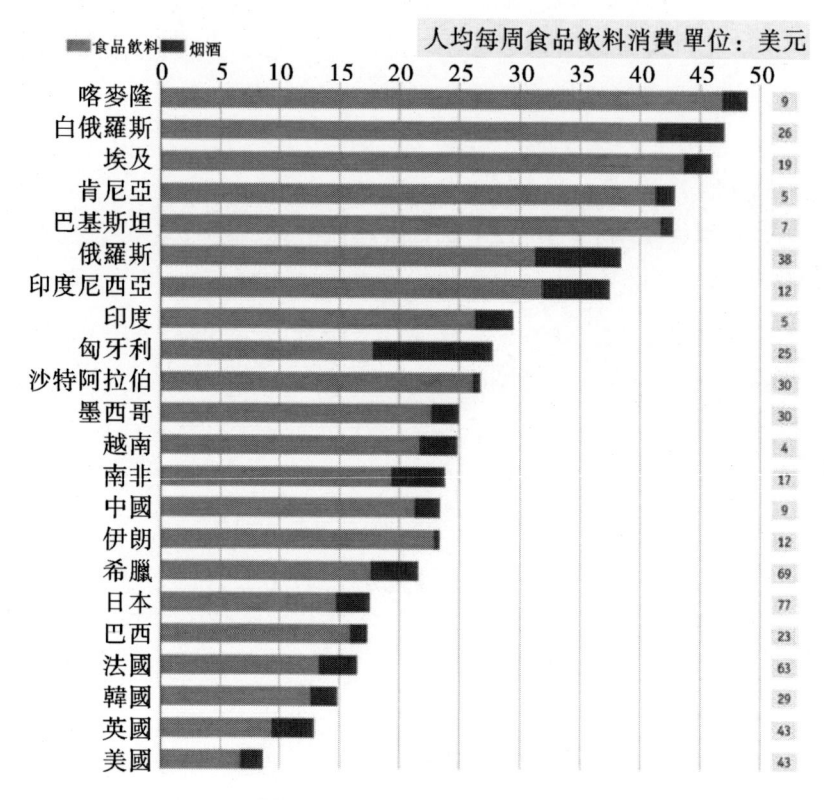

圖 3-9　全球 22 國恩格爾數據

第三節　需求的交叉價格彈性

一、交叉價格彈性的定義

相關商品的價格變動將對 A 商品的需求產生影響，而需求的交叉價格彈性則用來衡量 A 商品的需求對於其他商品價格變動的敏感程度。需求的交叉價格彈性的定義式為：

E_{XY} = X 物品需求量變動的百分比／Y 物品價格變動的百分比＝$(\Delta Q_X / \Delta P_Y)\cdot(P_Y/Q_X)$

交叉價格彈性度量了如果商品 Y 的價格變化百分之一，商品 X 的需求將變化百分之幾。

（1）點交叉彈性：$E_{XY}=\dfrac{\mathrm{d}Q_X}{\mathrm{d}P_Y}\cdot\dfrac{P_Y}{Q_X}$

（2）弧交叉彈性：$E_{XY}=\dfrac{Q_{X_2}-Q_{X_1}}{P_{Y_2}-P_{Y_1}}\cdot\dfrac{P_{Y_2}+P_{Y_1}}{Q_{X_2}+Q_{X_1}}$

二、交叉價格彈性分類

（1）交叉價格彈性大於零：替代關係。如不同品牌的冰箱、空調、彩電之間，公路貨運與鐵路貨運之間，豬肉與雞肉之間等。

（2）交叉價格彈性小於零：互補關係。如皮鞋與西褲，組合音響與 CD 唱片，電器設備與電力等。

（3）交叉價格彈性為零：互相獨立。如雞肉與鋼筆、橘子與衣服等。

管理實踐3-8　交叉價格彈性應用

（1）企業生產同類產品，但擁有幾個不同的品牌價格制定決策。

如果企業生產的商品之間交叉彈性為正值，說明這些商品之間是互替關係，這樣，企業對商品的定價考慮得就多一些了。通用汽車公司生產的五種牌子的轎車——Chevrolet，Pontiac，Buick，Oldsmobile 和 Cadillac，其間就是互替關係。那麼一種車價格的變化將怎樣影響其他車型的需求量，這就需要準確地估算交叉彈性的數值了。

（2）企業生產互補類產品。

在一個企業內，如果有兩種商品，其交叉彈性為負值，說明這兩種商品互補。互補商品往往可以分為基本商品和配套商品兩種，通常的定價策略是對基本商品定低價，對配套商品定高價。例如，日本的佳能公司生產的噴墨打印機整機的價格非常低，但其對墨水則定高價。用戶買了它的打印機，就必須購買它的墨水。同時，像打印紙、打印用投影膠片等耗材價格也都不低，以致購買了這種打印機的用戶都有買得起但用不起的感覺。其實對於主機和輔機、整機和零件、設備與所需的原料之間都存在著互補關係，從而也就可以採用這種定價策略。

(3) 在企業與企業之間的競爭中，生產同類產品的競爭對手如果實行折扣銷售或有獎銷售，將對自己產品的銷售產生什麼樣的影響？

在激烈的市場競爭中，需求的交叉彈性信息可以為企業的價格競爭策略提供依據。因為是競爭產品，產品之間具有替代性，交叉彈性為正值。若企業為了增加銷售，擴大市場佔有率，通常可以採取適當降低本企業產品價格的辦法或是在其他企業產品漲價時，保持本企業產品價格不動，以達到增加自己產品銷售量的目的。若企業是為了增加盈利，則情況較複雜——是提高價格有利還是降低價格有利；或者在其他企業改變價格時跟著改變價格有利，還是按相反方向改變價格有利，或者保持價格不變有利，以及改變價格幅度的大小。這些都需視產品需求彈性的大小而定，不能盲目變動，否則不能達到增加盈利的目的。比如「長虹」廠商在考慮降價策略時，一定需要估測到它的替代產品諸如「TCL」「海信」「康佳」等廠商可能產生的反響，並進一步分析預測對手的反應如何對自己的銷售產生影響，從而判斷自己降價策略是否可行。

(4) 供應鏈上的節點企業都可以看作是互補的，互補品的存在以及互補品的價格水平可能對其市場前景產生重大影響。

比如各項原材料價格變化對企業的影響，以及如何應對都要根據交叉價格彈性做合理的分析與安排。

[案例 3-11] 使用市場試驗法分析交叉價格彈性

佛羅里達州州立大學的研究人員選擇了密歇根州的大瀑布城作為試驗市場，在那裡對三種柑橘——兩種佛羅里達柑橘和一種加利福尼亞柑橘的需求進行了研究。該地區的好幾家超級市場參加了這項試驗。為了得到每個品種的柑橘的價格彈性和相應的交叉價格彈性，在 31 天裡所有的商店都同步進行了價格調查。

這個試驗的結果很有趣。每個品種的柑橘的價格彈性系數都接近於 3，這說明當價格上漲時消費者大量減少柑橘的購買量。交叉價格彈性也很有趣：所有的系數都是正的，這表明各品種間相互都是可以替代的。但是，兩個佛羅里達品種之間的系數遠大於任一佛羅里達品種與加利福尼亞柑橘之間的系數。這表明在實際上密歇根州的消費者並不認為加利福尼亞和佛羅里達的柑橘彼此是十分相近的替代品。

第四節　供給的價格彈性

一、供給的價格彈性

供給的價格彈性用於測度價格變動引起的供給量變動程度的大小，供給的價格彈性係數 E_S 被定義為：

E_S = 供給量變動百分比／價格變動百分比

$\quad = (\Delta Q/Q)/(\Delta P/P) = (\Delta Q/\Delta P) \cdot (P/Q)$

或　$E_S = (dQ/dP) \cdot (P/Q)$

根據供給規律，供給量與價格同方向變動，故一般情況下 E_S 為正。

（1）$E_S = 1$，稱為供給單位彈性。
（2）$E_S > 1$，稱為供給富於彈性。
（3）$E_S < 1$，稱為供給缺乏彈性。
（4）$E_S = 0$，稱為供給完全缺乏彈性。
（5）$E_S = \infty$，稱為供給完全富於彈性。

我們也可以用幾何作圖的方法來測度供給曲線的點彈性係數。同需求的價格彈性同理，某點的供給彈性就等於該點與橫軸之間的線段與該點與縱軸之間線段的長度之比。如圖 3-10，$E_A = AT/AR$，$E_B = BM/BN$，$E_C = OC/OC = 1$；如圖 3-11，若過供給曲線 S 上的某一點的切線恰好過原點，則 $E_S = 1$。供給曲線如果是從原點起始的一條直線 OS_1、OS_2，則任一條供給線上任一點的供給彈性係數都是 1。

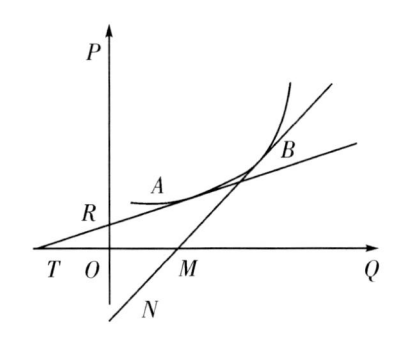

圖 3-10　某點供給彈性

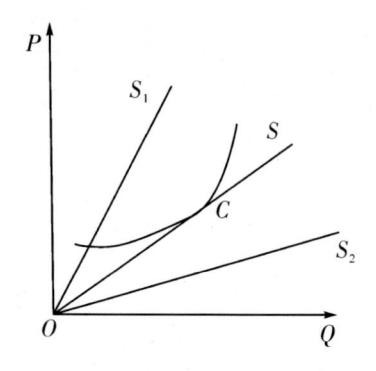

圖 3-11　過原點直線的供給彈性

二、影響供給彈性的因素

1. 時間長短

在極短時期內，對於廠商所產產品，限於已有的庫存儲備，價格無論怎樣提高，供應量都無法增加，供給的價格彈性為零，為一垂線（如圖 3-12 中的 S_1）；在短期內，廠商能在固定廠房設備下增加變動的生產要素投入擴大產量（如圖 3-12 中的 S_2）；在長期內每個廠商都可以調整廠房設備的規模來擴大產量，供給彈性將大於短期彈性（如圖 3-12 中的 S_3）。

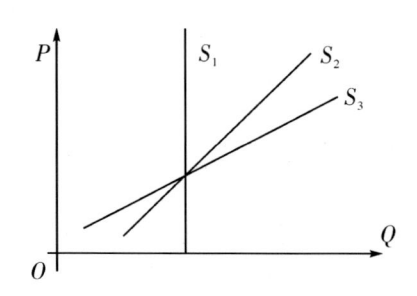

圖 3-12　不同時期企業的供給彈性

2. 產品成本

因廠商供應一定量產品所要求的賣價取決於產品的成本，因而供給彈性取決於成本狀況，如圖 3-13。

售價低於 OP，沒有供給；

售價等於 OP，成本不變，PA 有完全彈性；

AB 區域，彈性減小，$E_s > 1$；

B 點以上，$E_s = 1$；

BC 區域，$E_s < 1$；

C 點以上，設備完全利用，$E_s = 0$。

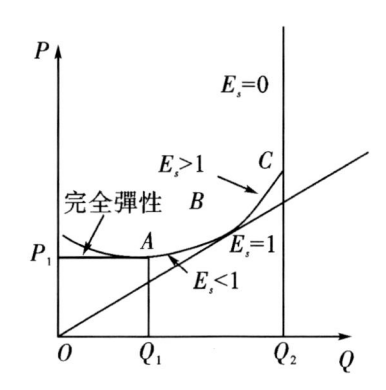

圖 3-13　產品成本與供給彈性

【經典習題】

一、名詞解釋

1. 弧彈性
2. 恩格爾定律
3. 需求價格彈性

二、選擇題

1. 若某商品價格上升 2%，其需求下降 10%，則該商品的需求價格彈性是（　　）。

　　A. 缺乏彈性的　　　　　　B. 富有彈性的

　　C. 有單位彈性的　　　　　D. 具有無限彈性

2. 在一個僅有兩種商品的模型中，若 X 對於 Y 的價格的需求交叉彈性大於零，則我們可以肯定（　　）。

　　A. 對 Y 的需求價格彈性是富於彈性的

　　B. 對 Y 的需求價格彈性是缺乏彈性的

　　C. 對 X 的需求價格彈性是富於彈性的

第三章｜彈性分析　87

D. 兩商品是可互相替代的

3. 若一商品的市場需求曲線是向下傾斜的直線，則我們可以斷定（　　）。

  A. 它具有不變彈性

  B. 當需求量增加時，其彈性下降

  C. 當價格上漲時，其彈性下降

  D. 對於所有的正價格，邊際收益是正的

4. 若某商品需求的收入彈性為負，則該商品為（　　）。

  A. 正常品　　　B. 低檔品　　　C. 必需品　　　D. 奢侈品

5. 如果價格從10元下降到8元，需求數量從1,000件增加到1,200件，需求價格彈性為（　　）。

  A. +1.33　　　B. -1.33　　　C. +0.75　　　D. -0.82

6. 若某行業中許多生產者生產一種標準化產品，我們可估計到其中任何一個生產者的產品需求將（　　）。

  A. 毫無彈性　　　　　　　　B. 有單元彈性

  C. 缺乏彈性或者說彈性較小　　D. 富有彈性或者說彈性很大

7. 線型需求曲線的斜率不變，因此其價格彈性也不變，這個說法（　　）。

  A. 一定正確　　　　　　　　B. 一定不正確

  C. 可能不正確　　　　　　　D. 無法斷定正確不正確

8. 如果某商品富有需求的價格彈性，則該商品價格上升（　　）。

  A. 會使銷售收益增加　　　　B. 該商品銷售收益不變

  C. 會使該商品銷售收益下降　D. 銷售收益可能增加也可能下降

9. 假定某商品的價格從3美元降到2美元，需求量將從9單位增加到11單位，則該商品賣者的總收益將（　　）。

  A. 保持不變　　B. 增加　　　C. 減少　　　D. 無法確知

10. 若需求曲線為向右下傾斜的一直線，則當價格從高到低不斷下降時，賣者總收益（　　）。

  A. 不斷增加

  B. 在開始時趨於增加，達到最大值後趨於減少

  C. 在開始時趨於減少，到達最小時則趨於增加

  D. 不斷減少

11. 如果一條直線形的需求曲線與一條曲線形的需求曲線相切，則在切點處

兩曲線的需求彈性（　　）。

  A. 相同   B. 不同

  C. 可能相同也可能不同 D. 依切點所在的位置而定

12. 兩條需求曲線在某點相切，則在該點價格需求彈性是否相等？（　　）。

  A. 是   B. 否   C. 不確定

13. 某產品缺乏需求價格彈性，如果市場供給增加，其他條件不變，將導致（　　）。

  A. 價格升高和企業總收入增加 B. 價格升高和企業總收入減少

  C. 價格降低和企業總收入增加 D. 價格降低和企業總收入減少

14. 企業面臨的需求價格彈性為-2.4，收入彈性為3，今年企業的銷售量為100萬，那麼據預測明年居民收入將下降10%，則要保持銷售量不變，價格應該（　　）。

  A. 上升12.5% B. 下降12.5% C. 上升20% D. 下降20%

三、簡答與論述

1. 根據需求彈性理論解釋「薄利多銷」和「谷賤傷農」的含義。
2. 如果兩種商品的需求交叉價格彈性是正值，它們是什麼關係？舉例說明。
3. 何為需求價格彈性？影響需求價格彈性的因素有哪些？
4. 假定對應價格 P 與需求量 Q 的連續可微的需求函數為 $P(Q)$，利用數理方法說明需求價格彈性與收益的關係。

四、計算與分析

1. 設需求曲線的方程為 $Q=10-2P$，則 $P=2$ 時的點彈性為多少？怎樣調整價格，可以使總收益增加？
2. 某產品的需求方程為 $P=20-2Q$。
（1）寫出該產品的總收入、平均收入和邊際收入方程。
（2）平均收入和價格是什麼關係？
（3）平均收入曲線的斜率與邊際收入曲線的斜率是什麼關係？
（4）為使銷售收入最大化應該怎樣定價？銷售量為多少？
3. 某棉紡企業估計市場對棉紗的需求與居民收入之間的關係為：$Q=100+0.2I$。Q 為需求量，I 為每一人口的收入。

（1）分別求收入水平在 2,000 元、3,000 元、4,000 元、5,000 元和 6,000 元時的需求量。

（2）求收入水平在 4,000 元和 6,000 元時的點收入彈性。

（3）求收入在 2,000~3,000 元和 5,000~6,000 元的弧收入彈性。

（4）棉紗是企業生產的唯一產品，現在國民經濟處於迅速發展時期，該企業的生產增長速度能否快於國民收入的增長速度？為什麼？

4. 某公司出售全自動洗衣機，每臺價格 1,200 元，每月售出 20,000 臺。當其競爭者將類似產品從每臺 1,300 元降到 1,100 元，該公司只能每月售出 16,000 臺。

（1）計算該公司與競爭者之間的產品需求交叉價格彈性。

（2）若該公司的產品的需求價格彈性為 -2.0，假定競爭者的價格保持 1,100 元不變，要使銷售量恢復到月出售 20,000 臺，價格要降低多少元？

5. 斯密公司是一家愛情小說的出版商。為了確定該產品的需求，公司雇用了一位經濟學家。經過幾個月的艱苦工作，經濟學家告訴公司老板，這種愛情小說的需求方程估計為：

$Q = 12,000 - 5,000P + 5I + 500P_r$。這裡，$P$ 是斯密小說的價格；I 是人均收入；P_r 是一家競爭對手出版的書的價格。現在 $P=5$，$I=10,000$，$P_r=6$，根據這些信息，公司經理想要：

（1）確定如果漲價，會對總收入有何影響。

（2）瞭解在居民收入上升期間，小說的銷售量將會如何變化。

（3）評估如果競爭對手提高其產品的價格，會給自己帶來什麼影響。

6. 假定對新汽車的需求的價格彈性 $E_d = -1.2$，需求的收入彈性為 $E_y = 3.0$，計算：

（1）其他條件不變，價格上升 3%，對需求的影響。

（2）其他條件不變，收入上升 2%，對需求的影響。

7. A 公司和 B 公司為某一行業的兩個競爭對手。這兩家公司的主要產品的需求曲線分別為：A 公司：$P_x = 1,000 - 5Q_x$，B 公司：$P_y = 1,600 - 4Q_y$，這兩家公司現在的銷售量分別為 100 單位 X 和 250 單位 Y，現在需要求解：

（1）X 和 Y 當前的需求價格彈性；

（2）假定 Y 降價後使 Q_y 增加到 300 單位，同時導致 X 的銷售量 Q_x 下降到 75 單位，試問 A 公司的產品 X 的需求交叉價格彈性是多少？

（3）假定 B 公司目標是謀求銷售收入最大化，你認為它降價在經濟上是否合理？

8. 稅收轉嫁。設一種商品的供給與需求曲線都是直線，函數分別為：$Q=a-bP$ 和 $Q=c+dP$。假如就該商品對廠商或銷售方徵收從量稅，單位商品稅收為 t。請回答如下問題：

（1）計算其對均衡價格和均衡數量的影響；

（2）計算供求雙方各自負擔的稅收是多少，並利用經濟學原理解釋稅收為什麼被轉嫁，又為什麼沒有全部轉嫁；

（3）計算雙方各自負擔的稅收份額和供求彈性之間的關係，並利用經濟學原理進行解釋；

（4）用曲線說明徵稅以後的均衡價格和數量的變化，並求雙方的稅收份額。

9. 有段時間汽油的價格經常波動。有兩個司機 Delta 和 Epsilon 去加油站加油。在看到油價變化之前，Delta 決定加 10 升汽油，Epsilon 打算加 10 美元汽油。兩個司機對汽油的需價格彈性各是多少？

10. 設現階段中國居民對新汽車需求的價格彈性是 $E_d = -1.2$，需求的收入彈性是 $E_y = 3.0$，計算：

（1）在其他條件不變的情況下，價格提高 3% 對需求的影響；

（2）在其他條件不變的情況下，收入提高 2% 對需求的影響；

（3）假設價格提高 8%，收入增加 10%。2014 年新汽車的銷售量為 800 萬輛。利用有關彈性系數估算 2015 年新汽車的銷售量。

11. 試構造需求收入彈性為常數的一個需求函數。

12. 設供給函數為 $S=2+3P$；需求函數為 $D=10-P$。

（1）求市場均衡的價格與產量水平；

（2）求在此均衡點的供給彈性與需求的價格彈性；

（3）若徵收的從量稅 $t=1$，求此時新的均衡價格與產量水平；

（4）求消費者和廠商各承受了多少稅收份額；

（5）用圖來表示上述的結論。

13. 某產品準備降價擴大銷路。若該產品需求彈性為 1.5~2，試問當產品降價 10% 時，銷售量能增加多少？

14. 某城市公共交通的需求價格彈性估計為 -1.6，若城市管理者給你這樣一個問題，即為了增加運輸的收入，運輸的價格應該提高還是應該降低？$Q=$

5,000-0.5P 這一需求函數中的價格彈性為什麼不是常數?

15. 已知複印紙的需求價格彈性系數的絕對值為 0.2，其價格現在為每箱 160 元。求複印紙的每箱價格下降多少才能使其銷售量增加 5%?

16. 一城市乘客對公共汽車票價需求的價格彈性為 0.6，票價限制 1 元，日乘客量為 55 萬人。市政當局計劃將提價後淨減少的日乘客量控制為 10 萬人，新的票價應為多少?

17. 對某鋼鐵公司某種鋼 X 的需求受到該種鋼的價格 P_x、鋼的替代品鋁的價格 P_y，以及收入 M 影響。所估計的各種價格彈性如下：鋼需求的價格彈性 $E_d=2.5$；鋼需求對於鋁價格的交叉彈性 $E_{xy}=2$；鋼需求的收入彈性 $E_m=1.5$。下一年，該公司打算將鋼的價格提高 8%，根據公司預測，明年收入將增加 6%，鋁的價格將下降 2%。

(1) 如果該公司今年鋼的銷售量是 24,000 噸，在給定以上條件的情況下，該公司明年鋼的需求量是多少?

(2) 如果該公司明年將鋼的銷售量仍維持在 24,000 噸，在收入增加 6%、鋁的價格下降 2% 的條件下，鋼鐵公司將把鋼的價格定在多高?

18. X 公司和 Y 公司是機床行業的兩個競爭者，這兩家公司的主要產品的需求曲線分別為：

公司 X：$P_x=1,000-5Q_x$

公司 Y：$P_x=1,600-5Q_y$

這兩家公司現在的銷售量分別為 100 單位 x 和 250 單位 y。

(1) 求 x 和 y 當前的價格彈性。

(2) 假定 y 降價後，使 Q_y 增加到 300 單位，同時導致 x 的銷售量 Q_x 下降到 75 單位，試問 X 公司產品 x 的交叉價格彈性是多少?

(3) 假定 Y 公司目標是謀求銷售收入極大，你認為它降價在經濟上是否合理?

19. 若市場供需如下：需求：$P=280-Q$，供給：$P=20+10Q$，對於每單位產品課徵 5 元從量稅時，則：

(1) 物價上漲為多少?

(2) 消費者負擔與生產者負擔各為多少?

(3) 稅前供需彈性各為多大? 哪一個較大?

20. 假如某人認為物品 X 比任何其他物品都重要，他始終用全部收入購買這

種物品，那麼對這個消費者來說：

（1）物品 X 的需求價格彈性是多少？

（2）物品 X 的收入價格彈性是多少？

（3）物品 X 的交叉價格彈性是多少？

21.「出血大拍賣！」

景氣不佳的今天，街頭巷尾越來越多的小販手寫一個招牌，下面堆放著百貨雜物，就地做起生意來，試圖以薄利多銷的傳統原則打敗不景氣。不過，幾乎所有的小販賣的東西都大同小異，不是衣服就是皮包、小飾品類，而同樣低廉的牙膏、肥皂等日用商品，反而少見。為什麼會出現這種情況呢？

22. 天然氣價格之爭

20 世紀 70 年代後期，美國國會辯論最激烈的經濟問題之一是政府在洲際貿易中對天然氣實行最高限價的問題。1977 年，在贊成與反對最高限價的人們之間展開了一場爭論。這場爭論，如果說不過於激烈的話，也可以說是夠熱烈的，因為這關係到幾十億美元的利益問題。1978 年後期，對天然氣放寬管制的新法案獲得通過，自 1985 年 1 月 1 日起實行。

（1）對天然氣實行最高限價的反對者的基本論點是：這一限價低於均衡價格。這種限價可能產生什麼影響？

（2）如果最高限價低於均衡價格，那麼允許天然氣價格上漲有什麼好處？

（3）許多贊成保持最高限價的人認為，天然氣的供給價格彈性非常小。為什麼他們把這種情況當作有力的證據呢？

（4）許多觀察家還對天然氣市場是否具有競爭性表示懷疑，為什麼把市場的競爭性當作重要的因素呢？

【綜合案例】徵收房產稅，誰哭了？誰笑了？

目前中國正在醞釀徵收房產稅。關於房產稅徵收後的影響有幾種觀點，你認為哪種說法是對的？

觀點一：房價被打壓，炒房客哭了。在目前的房價構成中，土地佔有的稅費太多，是形成房價過高的直接原因之一。而房產稅的到來，從消費環節的前期一次性徵稅，逐漸轉向保有環節的徵稅。持有成本提高，收益預期降低，或將催生「買房容易養房難」的局面，從而遏制房地產的投資需求。

觀點二：房價和房租會漲，沒房者哭了。任何稅收都會反應到價格上去，羊毛出在羊身上，任何徵稅最終都會計入售價中，所以房子的價格和租房的房租都會因為房產稅而提高，沒房的人住房壓力更大了。

　　觀點三：財政收入有了保障，地方政府笑了。開徵房地產稅無疑是一項可靠的財政收入，作為財產保有稅，它甚至可以不必在意當地房地產業是否過熱或過冷。將房地產稅的定價權有條件地交給地方政府，地方政府將能夠在一定的區間範圍內根據當地的具體情況自主確定具體稅率，對化解困擾已久的土地財政難題，具有積極的意義。

　　開徵房產稅後房價究竟會升高還是降低？能否穩定增加政府財政收入？

第四章 消費理論與應用

【知識結構】

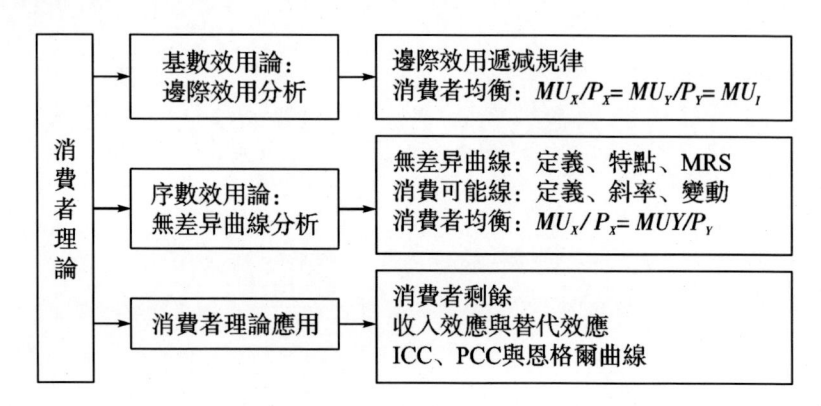

```
                    ┌─ 基數效用論:      ─→  邊際效用遞減規律
                    │  邊際效用分析          消費者均衡：$MU_X/P_X = MU_Y/P_Y = MU_I$
                    │
         消費者理論 ─┤─ 序數效用論:      ─→  無差異曲線：定義、特點、MRS
                    │  無差異曲線分析        消費可能線：定義、斜率、變動
                    │                       消費者均衡：$MU_X/P_X = MU_Y/P_Y$
                    │
                    └─ 消費者理論應用  ─→   消費者剩餘
                                            收入效應與替代效應
                                            ICC、PCC與恩格爾曲線
```

【導入案例】 窮人比富人丟錢更值得同情？

新聞報導中常有丟錢的事情播出，人們對於富人丟錢大多反應比較平淡，而對於窮人丟錢卻比較同情。同樣數目的錢，對於窮人和富人來說，效用一樣嗎？

企業如何設計薪酬體系才能讓員工獲得更大的滿足感和更多的工作動力？政府如何調節轉移支付，才能提高國民的福利水平？

第一節　慾望與效用概述

消費者（consumer）是指具有獨立經濟收入來源，能做出統一的消費決策的單位。消費者可以是個人，也可以是由若干人組成的家庭。消費者的最終目的不僅要從物品和勞務的購買和消費中獲得一定的滿足，而且在既定收入條件下獲得最大的滿足。

一、慾望與效用

1. 慾望

慾望（wants）也叫作需要（needs），是指想要得到而又沒有得到某種東西的一種心理狀態，即是不足之感與求足之願的心理統一。

人的慾望是多種多樣的，一種慾望被滿足之後，一種新的慾望便隨之產生，因此，從這種意義上說，人的慾望是無限的，但又有輕重緩急和層次不同之分。就特定的時間特定商品而言，人的慾望又是有限的。從有限性來說，慾望的強度具有遞減的趨勢。當一個人不斷增加某種商品消費時，他對這種商品的慾望逐漸減弱，最後對之完全無慾望。

2. 效用

效用（utility）就是消費者通過消費某種物品或勞務所能獲得的滿足程度。消費者消費某種物品能滿足慾望的程度高就是效用大；反之，就是效用小；如果不僅得不到滿足感，反而感到痛苦，就是負效用。因此，這裡所說的效用不同於使用價值，它不僅在於物品本身具有的滿足人們慾望的客觀的物質屬性（如麵包可以充饑，衣服可以禦寒），而且它有無效用和效用大小，還依存於消費者的主觀感受。

對效用概念的理解要注意兩點：

（1）由於效用是對慾望的滿足，所以，效用與慾望一樣都是消費者的一種心理感覺。這一概念強調的是消費者在消費某種物品時的主觀感受程度。

（2）效用與使用價值不同。使用價值反應的是物品本身所具有的自然屬性和客觀屬性，它不以人的主觀感受為轉移，而效用純粹是人的主觀心理感受，因時因地都會發生變化。

二、基數效用論與序數效用論

用效用觀點分析消費者行為的方法稱為效用分析。效用分析又分為基數效用分析與序數效用分析。

1. 基數效用論

基數效用論的基本觀點是：效用的大小是可以測度的，它可以像計量貨幣和物品一樣，用統一計數單位和基數（1、2、3…）來表示並可加總計量。例如，消費者消費1塊麵包的效用為5單位，一杯牛奶的效用為7單位，這樣，消費者消費這兩種物品所得到的總效用就是12單位。根據此理論，可以用具體數字來研究消費者效用最大化問題。基數效用論採用邊際效用分析法。

2. 序數效用論

序數效用論的基本觀點是：效用僅是次序概念，而不是數量概念。在分析商品效用時，無須確定其具體數字或商品效用多少，只需用序數（第一、第二、

第三⋯)來說明各種商品效用誰大誰小或相等,並由此作為消費者選擇商品的根據。例如,消費者認為消費牛奶的效用大於消費麵包的效用,那麼牛奶的效用是第一,麵包的效用是第二。序數效用論可通過無差異曲線進行分析比較。

由此可見,兩種效用分析方法儘管分析的方法不同,但其分析的目的、分析對象和分析的結論卻是一致的。兩者在分析方法上的最主要區別是:基數效用分析採用了效用可計量的假定,而序數效用分析採用了大小不可計量,只能分為高低、排順序的假定,序數效用避免了使用基數效用所存在的計算上的困難。

[案例 4-1] 滿足客戶的馬獅百貨

馬獅百貨集團是英國最大且盈利能力最高的跨國零售集團,以每平方英尺(1 英尺 = 0.304,8 米。下同)銷售額計算,倫敦的馬獅公司商店每年都比世界上任何零售商賺取更多的利潤。馬獅百貨在世界各地有 2,400 多家連鎖店,「聖米高」牌貨品在 30 多個國家出售,出口貨品數量在英國零售商中居首位。《今日管理》的總編羅伯特・海勒曾評論說:「從沒有企業能像馬獅百貨那樣,令顧客、供應商及競爭對手都心悅誠服。在英國和美國都難找到一種商品牌子像『聖米高』如此家喻戶曉、備受推崇。」這句話正是對馬獅在關係營銷上取得成功的一個生動寫照。

早在 20 世紀 30 年代,馬獅的顧客以勞動階層為主,馬獅認為顧客真正需要的並不是「零售服務」,而是一些他們有能力購買且品質優越的貨品,於是馬獅把其宗旨定為「為目標顧客提供他們有能力購買的高品質商品」。馬獅認為顧客真正需要的是質量高而價格不貴的日用生活品,而當時這樣的貨品在市場上並不存在。於是馬獅建立起自己的設計隊伍,與供應商密切配合,一起設計或重新設計各種產品。為了保證提供給顧客的是高品質貨品,馬獅實行依規格採購的方法,即先把要求的標準詳細訂下來,然後讓製造商一一按此製造。由於馬獅能夠嚴格堅持這種依規格採購之法,所以其貨品具備優良的品質並能一直保持下去。

馬獅要給顧客提供的不僅是高品質的貨品,而且是人人力所能及的貨品,要讓顧客因購買了物有所值甚至是物超所值的貨品而感到滿意。因而馬獅實行的是以顧客能接受的價格來確定生產成本的方法,而不是相反。為此,馬獅把大量的資金投入貨品的技術設計和研發,而不是廣告宣傳,通過實現某種形式的規模經濟來降低生產成本,同時不斷推行行政改革,提高行政效率以降低整個企業的經營成本。

此外,馬獅採用「不問因由」的退款政策,只要顧客對貨品感到不滿意,

不管什麼原因都可以退換或退款。這樣做的目的是要讓顧客覺得從馬獅購買的貨品都是可以信賴的，而且對其物有所值不抱有絲毫的懷疑。

在與供應商的關係上，馬獅盡可能地為其提供幫助。如果馬獅從某個供應商處採購的貨品比批發商處更便宜，其節約的資金部分，馬獅將轉讓給供應商，作為改善貨品品質的投入。這樣一來，在貨品價格不變的情況下，使得零售商提高產品標準的要求與供應商實際提高產品品質取得了一致，最終形成顧客獲得「物超所值」的貨品，增加了顧客滿意度和企業貨品對顧客的吸引力。同時，貨品品質提高增加銷售，馬獅與其供應商共同獲益，進一步密切了合作關係。從馬獅與其供應商的合作時間上便可知這是一種何等重要和穩定的關係。與馬獅最早建立合作關係的供應商時間超過100年，供應馬獅貨品超過50年的供應商也有60家以上，超過30年的則不少於100家。

在與內部員工的關係上，馬獅向來把員工作為最重要的資產，同時也深信，這些資產是成功壓倒競爭對手的關鍵因素，因此，馬獅把建立與員工的相互信賴關係、激發員工的工作熱情和潛力作為管理的重要任務。在人事管理上，馬獅不僅為不同階層的員工提供周詳和組織嚴謹的訓練，而且為每個員工提供平等優厚的福利待遇，並切實做到真心關懷每一個員工。

馬獅的一位高級負責人曾說：「我們關心我們的員工，不只是提供福利而已。」這句話概括了馬獅為員工提供福利所持的信念的精髓：關心員工是目標，福利和其他措施都只是其中一些手段，最終目的是與員工建立良好的人際關係，而不是以物質打動他們。這種關心通過各級經理、人事經理和高級管理人員真心實意的關懷而得到體現。例如，一位員工的父親突然在美國去世，第二天公司已代他安排好赴美的機票，並送給他足夠的費用；一個未婚的營業員生下了一個孩子，她同時要照顧母親，為此，她兩年未能上班，公司卻一直發薪給她。

馬獅把這種細緻關心員工的做法上升為公司的哲學思想，而不因管理層的更替有所變化，由全體管理層人員專心致志地持久奉行。這種對員工真實細緻的關心必然導致員工對工作的關心和熱情，使得馬獅得以實現全面而徹底的品質保證制度，而這正是馬獅與顧客建立長期穩固信任關係的基石。

思考：

（1）馬獅如何為客戶、員工和供應商增加效用？

（2）馬獅公司對中國零售企業在應對跨國競爭對手的競爭時能給予哪些啟示？

第二節　基數效用論：邊際效用分析法

一、總效用與邊際效用

1. 總效用

總效用（Total Utility，簡寫為 TU），是指消費者消費商品或勞務所獲得的總的滿足程度。根據上述效用的理解，總效用是所有單位的效用加總，用數學語言可表述為：如果 X 表示某種物品，TU 就是 X 的函數，即 $TU=f(X)$。

2. 邊際效用

邊際效用（Marginal Utility，簡寫為 MU），是指在一定時間內消費者每增加（減少）一個單位物品的消費量所起的總效用的增加（減少）量。即每增加一單位物品消費所增加的效用。其數學表達式為：$MU = \triangle TU / \triangle X$。其中 MU 為邊際效用，$\triangle TU$ 為總效用的增加量，$\triangle X$ 為 X 商品的增加量。下面用表 4-1 來表示總效用與邊際效用。

表 4-1　　　　　　　　　　總效用與邊際效用

消費數量	總效用	邊際效用
0	0	0
1	10	10
2	18	8
3	25	7
4	30	5
5	30	0
6	25	-5

3. 總效用與邊際效用

根據表 4-1 可以繪製出圖 4-1，以解釋總效用與邊際效用的關係。

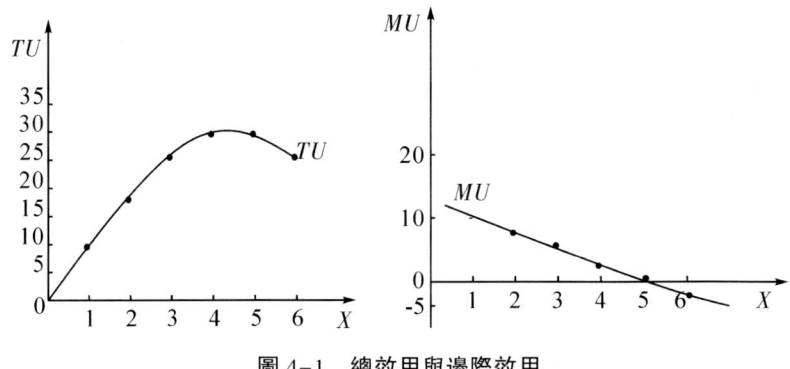

圖 4-1　總效用與邊際效用

從圖 4-1 中可以看出，橫軸代表 X 商品的數量，縱軸分別代表 X 商品的總效用和邊際效用，TU 線和 MU 線分別代表總效用曲線和邊際效用曲線。總效用曲線的變動趨勢是先遞增後遞減；邊際效用曲線的變動趨勢是遞減的。二者的關係為：MU 為正值時，TU 線呈上升趨勢；MU 為零時，TU 線達到最高點；MU 為負值時，TU 線呈下降趨勢。即當 MU>0 時，TU 上升；當 MU<0 時，TU 下降；當 MU＝0 時，TU 達到最大。

二、邊際效用遞減規律

從表 4-1 和圖 4-1 可以看到這樣一種情況：隨著一個人所消費的某種物品數量的增加，其總效用雖然相應增加，但物品的邊際效用隨所消費物品數量的增加而有遞減的趨勢。當邊際效用遞減到等於零直至變為負數時，總效用就不再增加甚至減少。這種現象被稱為邊際效用遞減規律（Law of Diminishing Marginal Utility）。所謂邊際效用為零或負數，意指對於某種物品的消費超過一定量以後，就不再增加消費者的滿足和享受，反而會引起痛苦和損害。

一般來說，消費者所消費的 X 商品的數量增加時，在一定範圍內所獲得的總效用也會增加。如表 4-1 和圖 4-1 所示，某消費者消費一個單位所獲得的效用為 10，邊際效用也是 10；消費二個單位所獲得的總效用為 18，邊際效用（即第二個單位所增加的效用）是 8；消費三個單位所獲得的總效用為 25，邊際效用（即第三個單位所增加的效用）是 7；消費四個單位所獲得的總效用為 30，邊際效用（即第四個單位所增加的效用）是 5。消費五個單位所獲得的總效用沒有增加，仍為 30，邊際效用（即第五個單位所增加的效用）是 0。而第六個單位的消費不但不能增加總效用，反而使總效用減少了 5 個單位，即邊際效用為-5。

為什麼邊際效用會遞減呢？可以通過以下兩個方面進行解釋：

1. 生理的或心理的原因

隨著消費者消費一種物品的數量增加，生理上得到滿足或心理上對重複刺激的反應會逐漸遞減，相應的滿足程度越來越小，到最後甚至會出現痛苦和反感。例如連續吃一種食物的感覺。

2. 每種物品用途的廣泛性

由於每種物品有多種用途，消費者會根據其重要程度不同進行排隊。當他只有一個單位的物品時，作為理性的人一定會將該物品用於滿足最重要的需要，而不會用於次要的用途上；當他可以支配使用的物品共有兩個單位時，其中之一會用在次要的用途上；有三個單位時，將以其中之一用在第三級用途上；如此等等。所以某種消費品最後一個單位給消費者提供的效用一定小於前一單位提供的效用，也就是邊際效用在遞減。

還有菜嗎？

老師在課上講到邊際效用遞減，說吃第三碗米飯的時候效用就很少了，第四碗就吃不下了。

小明問：「還有菜嗎？有就還可以吃得下。」

三、消費者均衡

在一定條件下，消費者手中的貨幣量是一定的，消費者用這一定的貨幣來購買各種商品可以有多種多樣的安排。一個有理性的消費者總是在選擇和購買商品時獲得最大的效用。

1. 消費者均衡的含義

消費者均衡（Consumer's Equilibrium）是指消費者在既定收入的條件下，如何實現效用最大化；或者說效用一定的情況下，如何做的支出最少，也就是當消費者所要購買的商品提供的總效用達到最大時，就不再改變他的購買方式，這時消費者的需求行為達到均衡狀態。

消費者均衡的假定包括：①消費者的嗜好或偏好既定，就是說，消費者對各種消費品的效用和邊際效用是已知和既定的；②消費者決定買進各種消費品的價格是已知和既定的；③消費者的貨幣收入是既定的，其收入全部用來購買相應的商品。

2. 消費者均衡的條件

在消費者收入和商品價格既定情況下，消費者所消費的各種物品的邊際效用與其價格之比相等，即每一單位貨幣所得到的邊際效用都相等。

假定消費者用一定的收入 I 購買 X、Y 兩種物品，兩種物品的價格分別為 P_X 和 P_Y，購買數量分別為 Q_X 和 Q_Y，兩種物品所帶來的邊際效用分別為 MU_X 和 MU_Y，每一單位貨幣的邊際效用為 MU_I。那麼消費者效用最大化的均衡條件可以表示為：

$$P_X \cdot Q_X + P_Y \cdot Q_Y = I \tag{3.1}$$

$$MU_X/P_X = MU_Y/P_Y = MU_I \tag{3.2}$$

（3.1）式表示消費預算限制的條件。如果消費者的支出超過收入，消費者購買是不現實的；如果支出小於收入，就無法實現在既定收入條件下的效用最大化。

（3.2）式表示消費者均衡的實現條件。每單位貨幣無論是購買 X 物品還是 Y 物品，所得到的邊際效用都相等。

消費者所以按照這一原則來購買商品並實現效用最大化，是因為在既定收入的條件下，多購買 X 物品就要減少 Y 物品的購買。隨著 X 購買量的增加，X 物品的邊際效用就會遞減，相應地 Y 物品邊際效用就會遞增。為了使所購買的 X、Y 的組合能夠帶來最大的總效用，消費者就不得不調整這兩種物品的組合數量，其結果是增加對 Y 物品的購買，減少對 X 物品的購買。當消費者所購買的最後一個單位 X 物品所帶來的邊際效用與其價格之比等於其所購買的最後一個單位 Y 物品所帶來的邊際效用與其價格之比時，也就是說，無論是購買哪種物品，每一單位貨幣所購買的物品其邊際效用都是相等的，於是就實現了總效用最大化，即消費者均衡，兩種物品的購買數量也就隨之確定，不再加以調整，即：

$MU_X/P_X > MU_Y/P_Y$　　多買 X，少買 Y

$MU_X/P_X = MU_Y/P_Y$　　總效用最大化

$MU_X/P_X < MU_Y/P_Y$　　多買 Y，少買 X

第三節　序數效用論：無差異曲線分析法

20 世紀初，洛桑學派的義大利經濟學家帕累托（V. Pareto, 1848—1923）引申出無差異曲線這個工具，建立了以序數效用論和無差異曲線為基礎的一般均

衡價格理論。

一、無差異曲線

(一) 無差異曲線

無差異曲線（Indifference Curve）又稱效用等高線、等效用線，是用來表示兩種商品的不同數量的組合給消費者所帶來的效用完全相同的一條曲線。或是說在這條曲線上，無論兩種商品的數量怎樣組合，所帶來的總效用是相同的。

假設有兩種商品 X 和 Y，它們在數量上可以有多種組合。表 4-2 列出了商品 X 和 Y 六種組合，還可以列出許多組合。這些組合所代表的效用都是相等的。因此，此表稱為無差異組合表。

表 4-2　　　　　　　　　　　　無差異組合表

組合方式	X 商品	Y 商品
a	2	18
b	4	15
c	5	13
d	8	10
e	11	7
f	15	4

根據無差異組合表的數據，可以作出無差異曲線。如圖 4-2 所示：

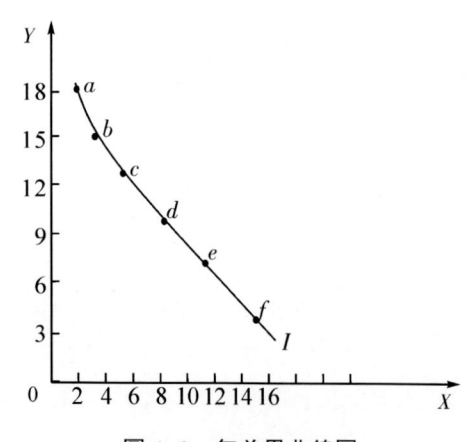

圖 4-2　無差異曲線圖

在圖 4-2 中，橫軸代表商品 X 的數量，縱軸代表商品 Y 的數量，I 代表無差異曲線。在無差異曲線上任何一點上商品 X 與商品 Y 不同數量的組合給消費者所帶來的效用都是相同的。

(二) 無差異曲線的特點

1. 無差異曲線是一條向右下方傾斜且凸向原點的曲線，其斜率為負值

無差異曲線是一條向右下方傾斜的曲線，其斜率為負值。這是因為，在收入和價格既定的條件下，消費者要得到同樣的滿足程度，在增加一種商品的消費時，必須減少另一種商品的消費。兩種商品在消費者偏好不變的條件下，不能同時增加或減少。

無差異曲線是一條向右下方傾斜且凸向原點的線，這是因為邊際替代率 (Marginal Rate of Substitution，簡寫為 MRS) 遞減。邊際替代率指為了保持同等的效用水平，消費者要增加一單位 X 商品就必須放棄一定數量的 Y 商品，表現為 Y 商品的減少量與 X 商品的增加量之比。假設 $\triangle X$ 為 X 商品的增加量，$\triangle Y$ 為 Y 商品的減少量，MRS_{XY} 為以 X 商品代替 Y 商品的邊際替代率，則有：

$$MRS_{XY} = \triangle Y / \triangle X \tag{3.3}$$

邊際替代率的值應為負數，但人們一般取其絕對值。邊際替代率之所以呈遞減趨勢，這是因為無差異曲線存在的前提是總效用不變，是邊際效用遞減規律的結果。因此，X 商品增加所增加的效用必須等於 Y 商品減少所減少的效用，用數學公式表示就是：$\triangle X \cdot MU_X = \triangle Y \cdot MU_Y$，或者 $\triangle Y / \triangle X = MU_X / MU_Y$，否則總效用就會改變。然而由於邊際效用遞減規律的作用，隨著 Y 商品的減少，它的邊際效用在遞增，因而每增加一定量的 X 商品，所能代替的 Y 商品的數量便越來越少，由此可見如果 X 商品以同樣的數量增加時，所減少的 Y 商品越來越少，因而 MRS_{XY} 必然是遞減的。

2. 在同一平面圖上可以有許多條無差異曲線

在同一平面圖上有無數條無差異曲線，不同的無差異曲線代表的效用滿足程度各不相同。離原點越遠的無差異曲線所代表的效用越大，越近的效用越小。

3. 在同一平面圖上，任意兩條無差異曲線不能相交

因為每一條無差異曲線代表同樣的效用水平，因此同一無差異曲線圖上任何兩條無差異曲線不可能相交。如果可以相交，其交點就是具有同等的效用水平，這就是說，兩條無差異曲線可以有相同的效用水平，顯然，這和前提是相矛盾的，因而是不可能的。

(三) 邊際替代率與無差異曲線的形狀

邊際替代率作為無差異曲線的斜率就決定了無差異曲線的形狀。

（1）如果 X、Y 兩種商品是完全替代性質的，則邊際替代率是常數，無差異曲線就是一條從左上方向右下方傾斜的直線，如美元與人民幣的兌換比例。

（2）如果 X、Y 兩種商品是互補性質的，則邊際替代率等於零，無差異曲線就是一條直角折線，如我們穿的鞋，需要一雙，缺一不可。

（3）如果 X、Y 兩種商品是獨立的，那麼無差異曲線就是一條垂線，如食鹽與汽車。

二、消費可能線

由於消費者的實際購買數量既受其收入水平、商品價格水平的影響，又受到把收入在各種商品之間進行分配等因素的制約。所以，可以借助消費可能線進一步分析消費者的行為。

（一）消費可能線

消費可能線（Consumption Possibility Line）又稱家庭預算線、等支出線，是一條表明在消費者收入與商品價格一定的條件下，消費者所能購買到的兩種商品數量最大組合的線。

消費可能線表明了消費者消費行為的限制條件。這種限制就是購買物品所花的錢不能大於收入，也不能小於收入。大於收入是在收入既定的條件下無法實現的，小於收入則無法實現效用最大化。這種限制條件可以寫為：

$$P_X \cdot Q_X + P_Y \cdot Q_Y = I$$

根據預算方程，就可以繪出預算線。例如 $I = 60$ 元，$P_X = 20$ 元，$P_Y = 10$ 元，則 $Q_X = 0$ 時 $Q_Y = 6$；$Q_Y = 0$ 時 $Q_X = 3$。於是可以作出圖 4-3：

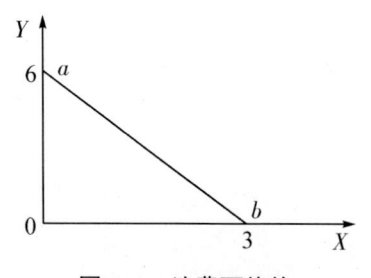

圖 4-3 消費可能線

在圖 4-3 中，連接 ab 兩點的直線就是消費可能線。在消費可能線上的任何

一點都是在收入與價格既定的條件下，能購買到的 X 商品與 Y 商品的最大數量的組合。消費可能線之外的消費組合超出了消費者的消費能力，是不可能實現的；而消費可能線之內的消費組合沒有超出消費者的消費能力，是可以實現的。

（二）消費可能線的移動

消費可能線會發生移動，其主要原因有兩個：一是消費者收入變化引起的移動；二是商品價格變化引起的移動。

1. 消費者收入變化

如果商品價格不變，消費者收入增加，則消費可能線平行向右上方移動，即預算水平增加；反之，消費者收入減少，則消費可能線平行向左下方移動，即預算水平減少。如圖 4-4 所示，消費者收入增加，消費可能線 ab 平行向右上方移動到 a_1b_1；消費者收入減少，消費可能線 ab 平行向左下方移動到 a_2b_2。

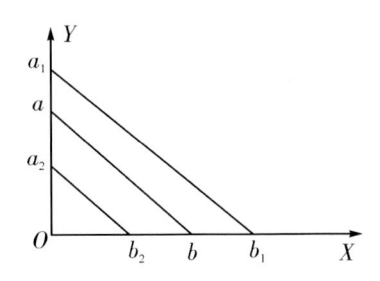

圖 4-4　消費者收入變化帶來的消費可能線的移動

2. 商品價格變化

如果消費者收入不變，而兩種商品的價格一種（如 Y）不變，一種（如 X）上升或下降，則消費可能線變動如圖 4-5 所示。Y 商品價格不變，X 商品價格上升，消費可能線 ab 向內移動到 ab_1；X 商品價格下降，消費可能線 ab 向外移動到 ab_2。

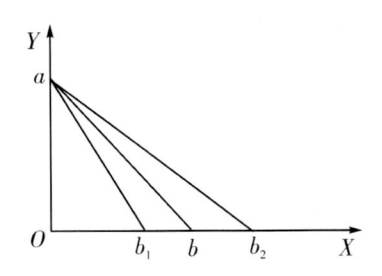

圖 4-5　商品價格變化帶來的消費可能線的移動

第四章｜消費理論與應用

三、消費者均衡的實現

根據序數效用論的無差異曲線分析法，在消費者的收入和商品價格既定的條件下，當無差異曲線與消費可能線相切時，消費者就實現了效用最大化。其消費均衡條件是：兩種商品的邊際替代率等於這兩種商品的價格之比，或無差異曲線的斜率等於消費可能線的斜率。其公式如下：

$MU_X/P_X = MU_Y/P_Y$　　或　$MU_X/MU_Y = P_X/P_Y$

如果無差異曲線與消費可能線結合在一個圖上，那麼，消費可能線必定與無差異曲線中的一條切於一點，在這個切點上就實現了消費者均衡。

如圖4-6所示，圖中三條無差異曲線效用大小的順序為 $U_1<U_0<U_2$。消費可能線 ab 與 I_0 相切於 E （此時消費可能線的斜率等於無差異曲線的斜率），這時實現了消費者均衡。這就是說，在收入與價格既定的條件下，消費者購買 OX_1 的 X 商品、OY_1 的 Y 商品，就能獲得最大的效用。

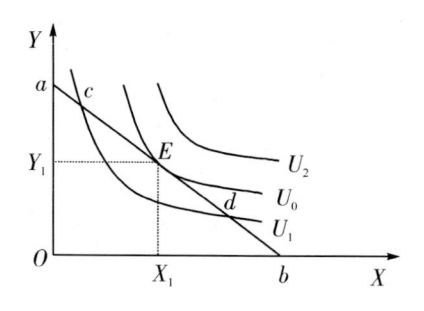

圖4-6　消費者均衡

為什麼只有在這個切點時才能實現消費者均衡呢？

從圖4-6可以看出：①只有在這一點上所表示的 X 與 Y 商品的組合才能達到在收入和價格既定的條件下效用最大。②無差異曲線 U_2 所代表的效用大於 U_0，但消費可能線 ab 同它既不相交又不相切，這說明達到效用 U_2 水平的 X 商品與 Y 商品的數量組合在收入與價格既定的條件下是無法實現的。③消費可能線 ab 同無差異曲線 U_1 有兩個交點 c 和 d，說明在 c 和 d 點上所購買的 X 商品與 Y 商品的數量也是收入與價格既定的條件下最大的組合，但 $U_1<U_0$。c 和 d 時 X 商品與 Y 商品的組合併不能達到最大的效用。此外，無差異曲線 U_0 除 E 之外的其他各點也在 ab 線之外，即所要求的 X 商品與 Y 商品的數量組合也在收入與價格既定的條件下是無法實現的。

所以，只有 E 點才能實現消費者均衡。

第四節　消費者行為理論的應用

一、消費者剩餘

消費者剩餘（Consumers' Surplus）指消費者對某種商品或服務願意支付的價格與其實際支付價格的差額。例如，你本來願意花費 5,000 元買一臺彩電，現在只需花費 4,000 元，那麼，消費者剩餘就是 1,000 元。

消費者剩餘的存在是因為消費者購買某種商品所願支付的價格取決於邊際效用，而實際支付的價格取決於市場上的供求狀況，即市場價格。消費者剩餘的概念可用圖 4-7 來說明。

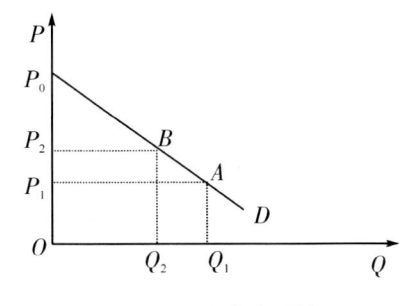

圖 4-7　消費者剩餘

在圖 4-7 中，橫軸表示商品量，縱軸代表價格，D 是消費的需求曲線，表明商品量少時，消費者願付出的價格高，隨著商品數量的增加，消費者願付出的價格越來越低。消費者對每單位商品所願付出的價格是不同的，當他購買 OQ_1 的商品時，願付出的貨幣總額為 OQ_1AP_0。但是，這時市場價格為 OP_1，所以他購買 OQ_1 商品實際支付的貨幣總額為 OQ_1AP_1。他願支付的貨幣減去他實際支付的貨幣的差額，在圖上表示為 $OQ_1AP_0 - OQ_1AP_1 = AP_0P_1$。這是消費者剩餘，當商品價格上漲為 OP_2 時，購買的商品量為 OQ_2，這時消費者願付出的貨幣總額為 OQ_2BP_0，實際付出的貨幣總額為 OQ_2BP_2，消費者剩餘為 BP_0P_2。這表示，當商品價格提高、需求量下降時，消費者剩餘減少。

理解這一概念應注意三個問題：

（1）消費者剩餘只是消費者的一種心理感覺，並不是指消費者實際收入的

增加。

（2）消費者剩餘的根源在於邊際效用遞減規律。因為市場價格是不變的，隨著消費者對某種物品購買數量的增加，他從中得到的邊際效用也在減少，所以他從每單位貨幣購買中所得到的消費者剩餘在減少，他所願意支付的價格也會減少。因而這一概念可以用來解釋批發價低於零售價的現象。

（3）一般來說，生活必需品的消費者剩餘較大，其他物品的消費者剩餘相對較小。

> 消費者剩餘的含義由英國經濟學家馬歇爾首先提出。他在《經濟學原理》中為消費者剩餘下了這樣的定義：「一個人對一物所付的價格，絕不會超過，而且也很少達到他寧願支付而不願得不到此物的價格。因此，他從購買此物所得的滿足，通常超過他因付出此物的代價而放棄的滿足；這樣，他就從這種購買中得到一種滿足的剩餘。他寧願付出而不願得不到此物的價格，超過他實際付出的價格的部分，是這種剩餘滿足的經濟衡量。這個部分可以稱為消費者剩餘。」生活中每當一宗交易由雙方自願達成，通常都是一個皆大歡喜的雙贏結果：賣方掙了錢，買方得到了實惠。這背後就有消費者剩餘在起作用。

二、收入效應與替代效應

1. 價格效應

一種商品價格變動，會對消費者產生兩方面的影響：一是使商品的相對價格發生變動，消費可能線的斜率發生變化；二是使消費者的收入相對於以前發生變動（實際收入水平變化），消費可能線平行移動。

2. 替代效應

替代效應，可分為希克斯替代效應與斯勒茨基替代效應，是指商品相對價格變化後，而令消費者實際收入不變情況下引起的商品需求量的變化。希克斯替代效應與斯勒茨基替代效應的差別，在於它們對什麼是消費者實際收入不變所下的不同定義。在希克斯替代效應中，實際收入不變是指使消費者在價格變化前後保持在同一條無差異曲線上（效用不變）；而在斯勒茨基替代效應中，實際收入不變是指消費者在價格變化後能夠買到價格變動以前的商品組合（保持以前的名義收入不變）。

圖 4-8 中的橫坐標表示某種特定的商品，縱坐標 y 表示除了 x 商品以外的所

有其他商品。我們討論 y 商品價格不變，x 商品價格下降以後的斯勒茨基替代效應。x 商品降價前，預算線為 aj_0，aj_0 與無差異曲線 U_0 相切於 E 點，E 點是消費者效用最大化的均衡點。在 E 點，x 商品的購買量為 q_0。x 商品降價後，預算線變為 aj_3，消費者效用最大化的均衡點為 P 點。

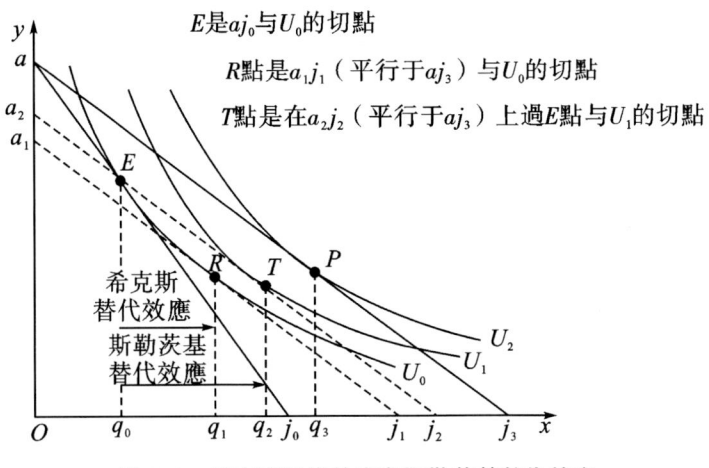

E 是 aj_0 與 U_0 的切點

R 點是 a_1j_1（平行於 aj_3）與 U_0 的切點

T 點是在 a_2j_2（平行於 aj_3）上過 E 點与 U_1 的切點

圖 4-8　希克斯替代效應與斯勒茨基替代效應

假定我們想在 x 商品降價後維持消費者的實際收入不變。按照希克斯替代效應中所定義的實際收入，應該使消費者在新的價格比率下回到 x 商品降價前的無差異曲線上，通過畫一條與 aj_3 相平行並與原無差異曲線 U_0 相切的預算線可以保證這種意義上的實際收入不變。圖 4-8 中 a_1j_1 線便是我們所需要的預算線，a_1j_1 與 U_0 相切於 R 點，與 R 點相對應的 x 商品的購買量為 q_1，q_1-q_0 便是希克斯替代效應。

按照斯勒茨基替代效應中所定義的實際收入，若想在 x 商品降價後維持消費者的實際收入不變，應該使消費者在新的價格比率下能夠購買他在降價前所能購買的商品數量，即能夠購買圖 4-8 中 E 點所表示的商品數量。通過畫一條與預算線 aj_3 相平行並且過 E 點的預算線可以保證這種意義上的實際收入不變。圖 4-8 中的 a_2j_2 線便是我們所需要的預算線。a_2j_2 和一條高於無差異曲線 U_0、低於無差異曲線 U_2 的無差異曲線 U_1 相切，切點為 T。與 T 點相對應的 x 商品的購買量為 q_2。q_2-q_0 為斯勒茨基替代效應。由於 q_2 大於 q_1，所以斯勒茨基替代效應大於希克斯替代效應。

3. 收入效應

收入效應是指由於一種商品價格變動而引起的消費者實際收入發生變動，從

第四章　消費理論與應用　111

而導致的消費者對商品需求量的改變,被稱為價格變動的收入效應。收入效應表現為均衡點隨消費可能線的平行移動在不同無差異曲線上的移動。

正常商品、低檔商品、吉芬商品的替代效應和收入效應分析如表 4-3 所示。

表 4-3　　正常商品、低檔商品、吉芬商品的替代效應和收入效應

類別	收入效應	替代效應	總效應
正常商品	增加	增加	增加
低檔商品	減少	增加	增加
吉芬商品	減少	增加	減少

[案例 4-2] 高鐵、飛機誰更牛?

北京到上海,乘高鐵還是飛機?京滬高鐵開通後,想要快速來往兩地及沿線的旅客又多了一種選擇。畢竟,北京至上海全程最快不到 5 小時的高鐵旅程已拉近了與飛機運行的時間,而高鐵全天候、正點率高的優勢也大大彌補了其時間上與航空之間的差距,高鐵、飛機將展開激烈競爭。

其實,在不同的距離和時間段上高鐵與航空的關係是不同的。一是合作,城際高鐵的發展無疑將在一定程度上為民航帶來大量的客源,有助於形成民航與高鐵共同營運的網絡體系。二是競爭,在一些航線上,高鐵的出現和發展必定會搶走民航的一部分客源,二者之間必就其客源展開一個激烈的競爭。三是替代,在一些路線上,由於二者之間的優劣勢相差較大,最後或許只會有一個較為適應的生存下來,另外的一個將被取締。

三、收入—消費曲線、恩格爾曲線與價格—消費曲線

(一) 收入—消費曲線

收入—消費曲線(ICC)又稱收入擴展線,是指在商品價格保持不變的條件下,隨著消費者收入水平的變動引起消費者均衡變動的軌跡。

收入—消費曲線反應的是消費長期變動趨勢的曲線。該曲線強調的是收入變動對消費均衡的長期影響。一般說來,隨著收入水平的提高,收入—消費曲線就是一條與收入水平方向一致向右上方傾斜的曲線,即把各個短期消費均衡點連接成一條光滑的曲線。如圖 4-9 所示。把 E_1、E_0、E_2 點連接起來所形成的曲線稱為收入—消費曲線。

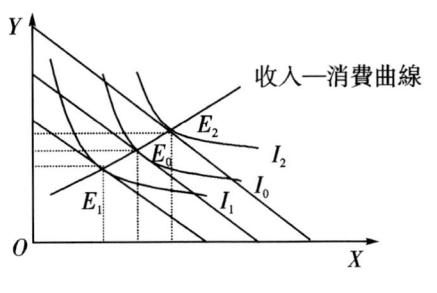

圖 4-9　收入—消費曲線

將收入和商品需求量的關係放在一個圖上，從收入—消費曲線中可以引出恩格爾曲線來。

(二) 恩格爾曲線

恩格爾曲線（Engel Curve）是指表明一種商品需求量與總收入關係的曲線。恩格爾曲線從收入消費曲線中引致的過程如圖 4-10 所示。圖（a）表明商品 X 是正常商品，而圖（b）表明商品 Y 是低檔商品。

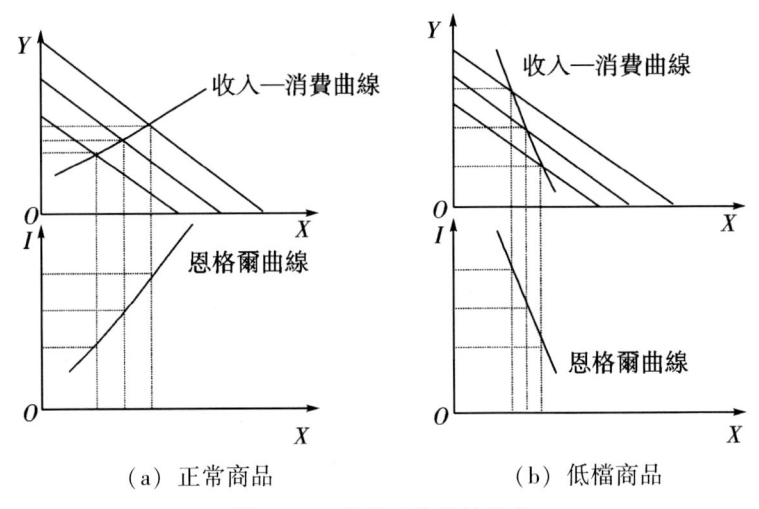

(a) 正常商品　　　(b) 低檔商品

圖 4-10　恩格爾曲線的形成

(三) 價格—消費曲線與需求曲線

1. 價格—消費曲線（PCC）

在圖 4-11（a）中，假定商品 1 的初始價格為 P_1^1，相應的預算線為 AB，它與無差異曲線 U_1 相切於效用最大化的均衡點 E_1。如果商品 1 的價格由 P_1^1 下降為 P_1^2，相應的預算線由 AB 移至 AB'，於是，AB' 與另一種較高無差異曲線 U_2 相切

第四章　消費理論與應用　113

於均衡點 E_2。如果商品 1 的價格再由 P_1^2 繼續下降為 P_1^3，相應的預算線由 AB' 移至 AB''，於是，AB'' 與另一條更高的無差異曲線 U_3 相切於均衡點 E_3……不難發現，隨著商品 1 的價格的不斷變化，可以找到無數個諸如 E_1、E_2 和 E_3 那樣的均衡點，它們的軌跡就是價格—消費曲線。

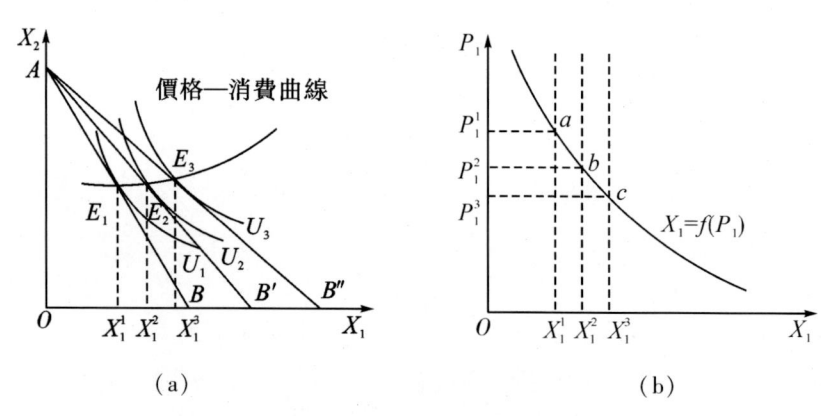

圖 4-11　價格—消費曲線和消費者的需求曲線

2. 由消費者的價格—消費曲線推導消費者需求曲線

分析圖 4-11（a）中價格—消費曲線上的三個均衡點 E_1、E_2 和 E_3 可以看出，在每一個均衡點上，都存在著商品 1 的價格與商品 1 的需求量之間一一對應的關係。這就是：在均衡點 E_1，商品 1 的價格為 P_1^1，則商品 1 的需求量為 X_1^1。在均衡點 E_2，商品 1 的價格由 P_1^1 下降為 P_1^2，則商品 1 的需求量 X_1^1 增加到 X_1^2。在均衡點 E_3，商品 1 的價格進一步由 P_1^2 下降為 P_1^3，則商品 1 的需求量由 X_1^2 再增加為 X_1^3。根據商品 1 的價格和需求量之間的這種對應關係，便可以得到單個消費者的需求曲線（b）。

管理實踐4-1　客戶的管理

1. 你認為企業的客戶包括哪些人？
2. 如何瞭解客戶的需求、信息與購買決策過程？
3. 如何提高客戶滿意度？怎麼來判斷忠誠客戶？怎樣培養客戶忠誠度？
4. 如何滿足客戶需求並建立長期關係？
5. 怎樣防止客戶流失？

[案例 4-3]　周春明的故事

「要坐我的車，最晚必須一星期前預訂。」周春明攤開他密密麻麻的時程表

開心地說，在採訪他時，他的預約已經排到兩個月後。當其他出租車司機還在路上急急尋找下一個客人時，他煩惱的，卻是挪不出時間照顧老客戶。

他有張密密麻麻的熟客名單，包括兩百多位教授和中小企業老板，譬如每天忙著在全臺灣到處上課的東吳政治系教授劉必榮、臺大 EMBA 執行長李吉仁、知名學者如石齊平、馬凱、傅佩榮以及曾幫金融業指導禮儀的嚴心鏞。

1. 亮眼成績

工時少兩小時，收入多一倍。周春明開一輛車齡已經三年半的福特 Metrostar，內飾有些陳舊，比不上配備 GPS、液晶電視的同業。華衛車隊總經理吳憶建估計，一般的個人出租車，每天開至少 12 小時，一個月平均做 6 萬元的生意。但是沒有華麗的配備、每天工作 8~10 小時的周春明，去年每月做超過 12 萬元的生意，全年約賺進 85 萬元。

一部車，他硬是用更短的時間，創造出別人兩倍的收入。過去，周春明跟其他遇上中年危機的人沒兩樣。今年 49 歲的他，7 年前，因為建築業不景氣，放棄水電工工作，每天從基隆開到臺北，跟其他 3 萬個司機在馬路上搶客人賺錢。競爭如此激烈，周春明盤算著該如何差異化。

周春明做的第一件和別人不同的事，是不計成本做長途載客服務。對一般出租車來說，載客人到新竹、臺中，要冒開空車回來的風險，等於跑兩趟賺一趟的錢，於是約定俗成將成本轉嫁給客戶，計價比跳表高 50%。但周春明觀察到，這群人才是含金量最高的商務旅客，為了穩住他們，他只加價 17%。

2. 鎖定長途商務客

不轉嫁成本，貼心贏得生意。周春明認為，計較就是貧窮的開始。表面上，他因此每趟收入比同業低，但因此贏得客戶的好感與信任，開始接到許多長途訂單。尤其，在他開車的第四年，從科學園區載到一個企管顧問公司的經理，對方被他貼心的服務打動，把載企管顧問公司講師到外縣市的長途生意全包給他，他因而打開一條關鍵性的長途客源。

那年起，他的客戶由街頭散客逐漸轉為可預期的長途商務客。翻開他的出車記錄，最多一年出了 100 趟長途車，但預計當年可達 800 趟。更大的意義是，他開闢出大量的可預期旅程客戶，不再是街頭漫無目的等待乘客的出租車司機，空車率大為降低。

有一位客戶告訴周春明：「新手在乎價格，老手在乎價值，只有高手懂得用文化創造長久的競爭力。」周春明每天接送企管顧問公司的講師，包括各大學的

名教授和資深企業家，吸收這群精英的觀念，耳濡目染，竟發展出管理出租車生意的一套標準作業程序和客戶關係管理方法。

3. 瞭解顧客喜好

從早餐到談天話題都客製化。周春明說，每個客人上車前，他都要先瞭解他是誰、關心的是什麼。如果約好5點載講師到桃園機場，他前一天就會跟企管顧問公司的業務人員打聽該客人的專長、個性，甚至早餐、喜好都問清楚。隔天早上，他會穿著西裝，提前10分鐘在樓下等客人，像隨從一樣，扶著車頂，協助客人上車。後座保溫袋裡已放著自掏腰包買來的早餐。

他連開口跟客人講話的方式都有講究。如果是生客，他不隨便搭訕，等客人用完餐後，才會問對方是要小睡一下、聽音樂還是聊天，從而從對方的選擇看出他當天心情如何；如果對方選擇聊天，周春明就會按照事前準備，聊一些跟客人專長相關的有趣話題。但是政治、宗教和其他客人的業務機密，他知道是談話的禁區，會主動避開。

甚至連機場送機，該如何送行，他都有標準做法。「不能說再見，要說一路順風。」如果是送老師到外縣市講課，一上車，也少不了當地名產和潤喉的金橘檸檬茶，這些都是他自掏腰包準備的。周春明強調：「差異化，就是把服務做到一百〇一分，你要做到客戶自己都想不到的服務，才拿得到那一分。」

他還有一本關於顧客關係管理的秘籍，裡面詳載了所有熟客的喜好，光是早餐的飲料，就有十種之多——有的要茶，有的要無糖可樂；如果要咖啡，幾包糖、幾包奶精，都要精確。

嚴心鏞記得，第一次坐周春明的車，下車時，周春明問他，為什麼不用他準備的米漢堡和咖啡。嚴心鏞說，他只吃中式早餐，從此以後，只要嚴心鏞早上坐他的車，車上一定放著一套熱騰騰的燒餅油條。透過有系統的管理，每個客戶愛聽什麼音樂，愛吃什麼小吃，關心什麼，坐上他的車，他都盡力量身服務。他就像是客戶專屬的私人司機。嚴心鏞說，一般租車公司無法提供這樣的個性化服務。

4. 重新定位角色

不是司機，而是問題解決者。慢慢地，越來越多的人指名道姓要乘他的車，周春明越來越忙，他開始把服務的標準作業流程複製到其他司機身上，用企業化方法經營車隊服務。「有一次他說有約不能來，但他推薦一個朋友來載我。」李吉仁回憶，一上車，雖然換了司機，但是該準備什麼，他喜歡什麼，周春明做服

務的方法，都一絲不差地重現在新司機身上。

現在，周春明的客戶多到要七八輛合作的出租車才跑得完。他的價值不只是一個載客人的司機，開始慢慢變成掌控質量的車隊老闆，他可以轉訂單給專屬車隊。有了車隊，他們能做更複雜的服務。有一次，他載奇異公司的副總詹建興到機場，好不容易穿過星期一的擁擠車潮到桃園機場，客人卻忘了帶護照。只剩一小時登機，如果開回去拿，根本來不及，周春明就調動在臺北的車隊，到客人家去拿護照，再從 4 公里外以快捷方式送到機場，在最後一刻送到焦急的副總手上。

客戶越來越多，為了擴大經營，他今年還計劃進大學，念一個服務業的學位。周春明說，他的目標，是包下像臺積電這樣的大公司，做車隊服務。面對更大企圖，李吉仁分析，周春明未來的挑戰，在於他必須學會用公司形態經營，才能大量複製高質量的服務，做更大的市場。

周春明的故事，其實是企業策略的好例子：他不把自己定位為司機，而是解決方案提供者（Solution Provider）。當出租車這項產品早已供給過剩，他卻重新定位，把自己定位成一群人的私家司機，提供更高附加值的服務。周春明同樣要和高油價、罰單、停車費甚至高鐵競爭，但他的例子證明，服務業是個軟件重於硬件的產業，懂得定位自己，就有機會。

[案例 4-4] 第四個把梳子賣給和尚的人

N 個人去參加一招聘，主考官出了一道實踐題目：把梳子賣給和尚。眾多應聘者認為這是開玩笑，最後只剩下甲、乙、丙三個人。主持人交代：「以 10 日為限，向我報告銷售情況。」10 天一到。主試者問甲：「賣出多少把？」答：「1 把。」「怎麼賣的？」

甲講述了歷盡的辛苦，遊說和尚應當買把梳子，無甚效果，還慘遭和尚的責罵，好在下山途中遇到一個小和尚，他一邊曬太陽，一邊使勁撓著頭皮。甲靈機一動，遞上木梳，小和尚用後滿心歡喜，於是買下一把。

主試者問乙：「賣出多少把？」答：「10 把。」「怎麼賣的？」

乙說他去了一座名山古寺，由於山高風大，進香者的頭髮都被吹亂了，他找到寺院的住持說：「蓬頭垢面是對佛的不敬。應在每座廟的香案前放把木梳，供善男信女梳理鬢髮。」住持採納了他的建議。那山有十座廟，於是買下了 10 把木梳。

主試者問丙：「賣出多少把？」答：「1,000 把。」

主試者驚問：「怎麼賣的?」

丙說他到一個頗具盛名、香火極旺的深山寶剎，朝聖者、施主絡繹不絕。

丙對住持說：「凡來進香參觀者，多有一顆虔誠之心，寶剎應有所回贈，以做紀念，保佑其平安吉祥，鼓勵其多做善事。我有一批木梳，您的書法超群，可刻上『積善梳』三個字，便可做贈品。」住持大喜，立即買下1,000把木梳。得到「積善梳」的施主與香客也很是高興，一傳十、十傳百，朝聖者更多，香火更旺。

然而故事並沒有結束。一挑戰者——丁，找到主持人說：「賣給和尚1,000把梳子算什麼，我可以讓和尚源源不斷地買我的梳子，至少也得上千萬吧。以一年為限。」許多人都認為丁在開玩笑。

他還是找到了那個主持，問他：「您這邊每天大概能贈出多少把梳子呢?」

主持回答：「差不多50把。」

他繼續問：「您覺得這與您所獲得的香火錢相比是不是也是成本呢?」

主持回答：「是的，雖然是贈，但是也是錢啊。佛門本來就沒有什麼錢。」

他又問：「你有沒有想過收費呢?」

主持回答：「怎麼收費?」

他說：「到您這裡來的人有達官貴人，也有平民百姓。總之是什麼樣的人都有吧。您可以在梳子上下點工夫，讓您的梳子在價格上有價值的區別，賣給不同的人。您另外準備幾把梳子，取名為『開光梳』，千金不賣，只贈送有緣人。然後把您的梳子再命名為『智慧梳』『姻緣梳』『流年梳』『功名梳』。一方面您的收入增加了，另一方面您的寺廟的檔次也體現出來了。」

這個主持一聽，覺得有點道理，讚同了丁的建議並把此事交給丁來辦。

丁很快就請了幾個記者來宣傳了一下這家寺院，然後造了一批梳子，舉行了一個盛大的「開光梳」儀式。當地的政府要人、各界明星都來了。當天就賣出了10,000把梳子。寺院的名氣一下便上去了。

丁又請人給這個寺院杜撰了一些歷史故事。很快，這個寺院成了當地的歷史文物。來的香客越來越多。梳子的銷量越來越好。人們也不在乎掏錢買把梳子。丁又出了一個策略：有的梳子掏錢也不賣。有的梳子必須掏錢才賣。

這樣過了一段時間，寺院掙了不少錢。主持很佩服丁。這個時候，丁找到主持說：「您有沒有發現前來的香客您都沒有記錄。據我觀察，有的香客都來了好幾次了。您是不是應該對經常來的香客提供一些紀念性的梳子呢?」

主持一聽，覺得也是，就很快讓小和尚開始記錄前來拜佛的香客。很快，小和尚發現，前來的人太多了，毛筆根本記不住。主持又找到丁，問他有什麼辦法。

丁說：「我可以給您解決這個問題，但是從今以後您必須聽我的。我保證你的主持能夠當得比現在還風光，寺院的香客更多。」主持想了想，還是相信了他。

丁於是購買了一些電腦，在寺院內很隱蔽地架構了一個局域網，連接到外部的 Internet，並安裝了一套 CRM 系統，又配備了硬件設備，在梳子裡面植入了 RFID 芯片。只要香客一進入寺院，關於這個香客的詳細記錄就全部在 CRM 系統裡面展現出來。

主持看到這個東西大吃一驚。丁開始用 CRM 來分析香客的詳細資料。經常有香客剛來到寺院，就被突然告之今天是他生日。香客們非常感動。香火錢更多了。

從那以後，香客們逢年過節的時候總能收到寺院寄的小禮品。梳子已經成為人們心中的聖物，只要去那家寺院就至少要為自己和家人帶幾把梳子，給遠方的親人、朋友帶幾把梳子。一旦梳子用壞了，就自然想到了那家寺院。

過了段時間，丁通過 CRM 發現，有些香客來得少了。一打聽，原來不遠處也有一家寺院採取了同樣的贈送梳子的方式。相當一部分香客去了那家寺院。主持開始著急。恰逢國外一重要人物來到本地。於是丁通過各種渠道請這個重要人物來了這家寺院。其中有一把製作精美的「開光梳」送給了這位國外友人。國內外 N 多記者記錄了這一時刻。丁給了主持一臺筆記本電腦說：「每天抽時間上網就可以指點您的小和尚了。」

於是，主持即使在國外，但是通過 CRM 系統也依然能知道寺院的營運情況，及時地指點小和尚。

寺院營運真的很不錯。丁每個月都能通過 CRM 的漏鬥來預測下一階段能賣出多少梳子。寺院業務蒸蒸日上。

一年過去了，丁不知道賣出了多少把梳子。他已經成為寺院的股東之一。他所掙的錢已經很多很多了。

故事還沒有結束。

一天丁找到寺院的主持說：「您看，我們賣梳子掙了不少錢，您有沒有想過賣其他的東西呢？有沒有想過在其他地方開設分院呢？有沒有想過舉辦一個佛學

院，培養後備人才？有沒有想過擁有更多的梳子使用者，然後在梳子上做廣告，並在 NASDAQ 上市，成為中國第一家在國外上市的寺廟呢？」

……

【經典習題】

一、名詞解釋

1. 消費者剩餘
2. 預算約束線
3. 消費者均衡
4. PCC
5. 吉芬物品
6. 商品的邊際替代率
7. ICC
8. 恩格爾系數
9. 恩格爾曲線
10. 劣等品
11. 邊際替代率遞減規律
12. 邊際效用遞減規律
13. 收入—消費曲線
14. 無差異曲線
15. 效用
16. 消費者剩餘
17. 基數效用論與序數效用論

二、選擇題

1. 商品價格變化引起的替代效應，表現為相應的消費者的均衡點的移動為（　）。

    A. 移動到另一條無差異曲線上

    B. 沿著原來的無差異曲線移動

C. 新均衡點代表的效用增加

2. 如果商品 X 和 Y 的價格以及消費者的收入都按同一比例同方向變化，消費可能線變動情況是（　　）。

　　A. 向左下方平行移動　　　　B. 不變動

　　C. 向右上方平行移動

3. 若某商品價格變化所引起的替代效應與收入效應相反方向變化且替代效應小於收入效應，則該商品是（　　）。

　　A. 正常品　　　B. 低檔品　　　C. 吉芬物品

4. 以下（　　）項指的是邊際效用。

　　A. 張某吃了第二個麵包，滿足程度從 10 個效用單位增加到了 15 個單位，增加了 5 個效用單位

　　B. 張某吃了兩個麵包，共獲得滿足程度 15 個效用單位

　　C. 張某吃了四個麵包後再不想吃了

　　D. 張某吃了兩個麵包，平均每個麵包帶給張某的滿足程度為 7.5 個效用單位

5. 若某消費者消費了兩個單位某物品之後，得知邊際效用為零，則此時（　　）。

　　A. 消費者獲得了最大平均效用

　　B. 消費者獲得的總效用最大

　　C. 消費者獲得的總效用最小

　　D. 消費者所獲得的總效用為負

6. 若消費者張某只準備買兩種商品 X 和 Y，X 的價格為 10，Y 的價格為 2。若張某買了 7 個單位 X 和 3 個單位 Y，所獲得的邊際效用值分別為 30 個單位和 20 個單位，則（　　）。

　　A. 張某獲得了最大效用

　　B. 張某應當增加 X 的購買，減少 Y 的購買

　　C. 張某應當增加 Y 的購買，減少 X 的購買

　　D. 張某想要獲得最大效用，需要借錢

7. 預算線向右上方平行移動的原因是（　　）。

　　A. 商品 X 的價格下降了　　　　B. 商品 Y 的價格下降了

　　C. 商品 X 和 Y 的價格按同樣的比率下降

8. 預算線繞著它與橫軸的交點向外移動的原因是（　　）。

   A. 商品 X 的價格下降了　　　　B. 商品 Y 的價格下降了

   C. 消費者的收入增加了

9. 一個消費者宣稱，他早飯每吃一根油條要喝一杯豆漿，如果給他的油條數多於豆漿杯數，他將把多餘的油條扔掉，如果給他的豆漿杯數多於油條數，他將同樣處理。（　　）。

   A. 他關於這兩種食品無差異曲線是一條直線

   B. 他的偏好破壞了傳遞性的假定

   C. 他的無差異曲線是直角的

   D. 他的無差異曲線破壞了傳遞性的假定，因為它們相交了

10. 無差異曲線上任一點斜率的絕對值代表了（　　）。

    A. 消費者為了提高效用而獲得另一些商品時願意放棄的某一種商品的數量

    B. 消費者花在各種商品上的貨幣總值

    C. 兩種商品的價格比率

    D. 在確保消費者效用不變的情況下，一種商品和另一種商品的交換比率

11. 對一位消費者來說古典音樂磁帶對流行音樂磁帶的邊際替代率是 1/3，如果（　　）。

    A. 古典音樂磁帶的價格是流行音樂磁帶價格的 3 倍，他可以獲得最大的效用

    B. 古典音樂磁帶的價格與流行音樂磁帶價格相等，他可以獲得最大的效用

    C. 古典音樂磁帶的價格是流行音樂磁帶價格的 1/3，他可以獲得最大的效用

    D. 他用 3 盤流行音樂磁帶交換 1 盤古典音樂磁帶，他可以獲得最大的效用

12. 一位消費者只消費 z 和 y 兩種商品。z 對 y 的邊際替代率在任一點 (z, y) 是 y/z。假定收入為 $B = 260$ 元，$P_z = 2$ 元，$P_y = 3$ 元，消費者消費 40 單位 z 商品和 60 單位 y 商品。（　　）。

    A. 消費者實現了效用最大化

    B. 消費者可以通過增加 z 商品的消費，減少 y 商品的消費來增加他的

效用

C. 消費者可以通過增加 y 商品的消費，減少 z 商品的消費來增加他的效用

D. 消費者可以通過增加 y 商品和 z 商品的消費，來增加他的效用

13. 如果在北京，芒果的價格比蘋果的價格貴 5 倍，而在海南，芒果的價格只是蘋果價格的 1/2，那麼兩地的消費者都達到效用最大化時，（　　）。

　　A. 消費者的芒果對蘋果的邊際替代率都相等

　　B. 北京的消費者多買蘋果，而海南的消費者多買芒果

　　C. 芒果對蘋果的邊際替代率，北京的消費者要小於海南的消費者

　　D. 蘋果對芒果的邊際替代率，北京的消費者要小於海南的消費者

14. 無差異曲線為斜率不變的直線時，表示相結合的兩種商品是（　　）。

　　A. 可以替代的　　　　　　　B. 完全替代的

　　C. 互補的　　　　　　　　　D. 互不相關的

15. 若無差異曲線上任何一點的斜率 $dy/dx = -1/2$，這意味著消費者有更多的 x 商品時，他願意放棄（　　）單位 x 而獲得 1 單位 y。

　　A. 1/2　　　　B. 2　　　　C. 1　　　　D. 1.5

16. 消費者剩餘是消費者的（　　）。

　　A. 實際所得　　　　　　　　B. 主觀感受

　　C. 沒有購買的部分　　　　　D. 消費剩餘部分

17. 在市場交換中消費者獲取的消費者剩餘表現為：（　　）。

　　A. 效用增加　　　　　　　　B. 主觀的滿足程度增加

　　C. 實際收入增加　　　　　　D. 利潤量增加

18. 替代效應和收入效應與價格變動的關係是（　　）。

　　A. 替代效應與價格反方向變動，收入效應與價格正方向變動

　　B. 替代效應與價格反方向變動，收入效應與價格反方向變動

　　C. 替代效應與價格反方向變動，收入效應與價格正方向或反方向變動

　　D. 替代效應與價格正方向變動，收入效應與價格反方向變動

19. 已知 X 的價格為 8 元，Y 的價格為 4 元。若消費者購買 5 個單位 X 和 3 個單位 Y，此時 X 和 Y 的邊際效用分別為 20 和 14，那麼，假設消費者的總花費不變，為獲得效用最大化，該消費者應該（　　）。

　　A. 停止購買兩種商品　　　　B. 增加 X 的購買，減少 Y 的購買

C. 增加 Y 的購買，減少 X 的購買　D. 同時增加對兩種商品的購買

20. 假設對於蘋果和橘子，甲更喜歡蘋果，乙更喜歡橘子，水果的價格對兩人相同，在效用最大化時（　　）。

　　A. 甲的蘋果對橘子的邊際替代率大於乙的

　　B. 甲將消費比他擁有的更多的橘子

　　C. 兩人的邊際替代率相等

　　D. 只有 B 和 C 正確

21. 一個橘子的邊際效用為 2，一個梨子的邊際效用為 4，則橘子對梨子的邊際替代率為：（　　）。

　　A. 2　　　　　B. 1　　　　　C. 0.5　　　　　D. 0.25

22. 橘子價格為 4，蘋果價格為 3。現在用 20 元錢，他消費 4 個蘋果，2 個橘子。此時橘子的邊際效用為 16，蘋果的邊際效用為 12。則該消費者應如何改進該計劃？（　　）。

　　A. 增加支出，同時增加蘋果和橘子的消費

　　B. 增加橘子的消費，減少蘋果的消費使總支出保持在 20

　　C. 增加蘋果的消費，減少橘子的消費使總支出保持在 20

　　D. 減少支出，同時減少蘋果和橘子的消費

23. 均衡市場上，一件襯衫的價格為 20 元，一份麥當勞快餐價格為 5 元，則麥當勞快餐對襯衫的邊際替代率為（　　）。

　　A. 400%　　　B. 100%　　　C. 50%　　　D. 25%

三、簡答與論述

1. 當消費者的收入或商品的價格發生變化時，無差異曲線本身是否會發生變化？

2. 作圖並說明價格提高時的替代效應及收入效應。

3. 試述序數效用論的消費者均衡。

4. 試用序數效用理論說明為什麼消費者對大多數商品的需求曲線具有向右下方傾斜這一特徵。

5. 試述基數效用論與序數效用論的區別與聯繫。

6. 用序數效用論說明消費均衡。

7. 商品價格下降通過哪些途徑影響到該商品需求？是增加還是減少？並據

此區分正常商品、低檔商品和吉芬商品。

8. 為什麼說需求曲線上的每一點都滿足消費者效用最大化條件？

9. 作「價格—消費曲線」圖。論述價格變化對消費者的均衡的影響，並推導和分析消費者的需求曲線。

10. 試用邊際收益遞減規律說明中國農村剩餘勞動力轉移的必要性。

11. 試解釋水和鑽石的價值悖論。

12. 簡述無差異曲線及其特點。

13. 如果你有一輛需要四個輪子才能開動的車子，有了三個輪子，那麼當你有第四個輪子時，這第四個輪子的邊際效用似乎超過第三個輪子的邊際效用，這是不是違反了邊際效用遞減規律？

四、計算

1. 某君愛好葡萄酒，當其他商品價格固定不變時，他對高質量的紅葡萄酒的需求函數為 $Q = 0.002M - 2P$。收入 $M = 7,500$ 元，價格 $P = 30$ 元。現在價格上升到 40 元，問價格上漲的價格效應是多少瓶酒？其中替代效應是多少瓶？收入效應又是多少瓶？

2. 若消費者張某的收入為 270 元，他在商品 X 和 Y 的無差異曲線上的斜率為 $dY/dX = -20/Y$ 的點上實現均衡。已知商品 X 和商品 Y 的價格分別為 $P_X = 2$，$P_Y = 5$，那麼此時張某將消費 X 和 Y 各多少？

3. 已知一輛自行車的價格為 200 元，一份麥當勞快餐的價格為 40 元，在某消費者關於這兩種商品的效用最大化的均衡點上，一份麥當勞快餐對自行車的邊際替代率 MRS 是多少？

【綜合案例】 手機商愛玩饑餓營銷

iPhone 的崛起讓智能手機行業徹底洗牌，蘋果的「饑餓營銷」最先使用，購買 iPhone 4、4s 時那種提前一兩天去零售店門口排隊的情景直到今天依舊歷歷在目。後來為了杜絕想買買不到的情況，蘋果在全球渠道開始採用了一種網上預約的購買方式，消費者在指定的時間內成功搶購到產品後，便可以去蘋果店內直接提貨。這時候拼網速、拼電腦配置、拼人品的時候到了，但很多用戶仍然搶不到。

緊接著這種模式不斷被各個廠商複製，隨即引發了整個手機行業的瘋狂跟風。消費者不得不銘記一些重要的時間點去搶購那些高性價比的手機，例如12點、10點、10點18、15點等，可是很多時候還是會無功而返，一些產品甚至事後標出「幾秒售罄」的字樣。利用饑餓營銷的方式配合營造搶購一空的盛況，以靠「搶」的形式來「刺激」消費者購買。

　　效用理論即消費者從對商品和服務的消費中所獲得的滿足感，效用不同於物品的使用價值，使用價值是物品所固有的屬性，由其物理性質或化學性質決定；而效用則是消費者的個人感受，是一個心理概念，具有主觀性。「越是得不到的越想要。」饑餓營銷也就是說商家採取大量廣告促銷宣傳，勾起顧客的購買欲，然後採取饑餓營銷手段，讓用戶苦苦等待，結果更加提高購買欲，為產品提價銷售或為未來大量銷售奠定客戶基礎。

　　請結合效用理論分析饑餓營銷的適用條件和使用時機。

第五章 生產理論與應用

【知識結構】

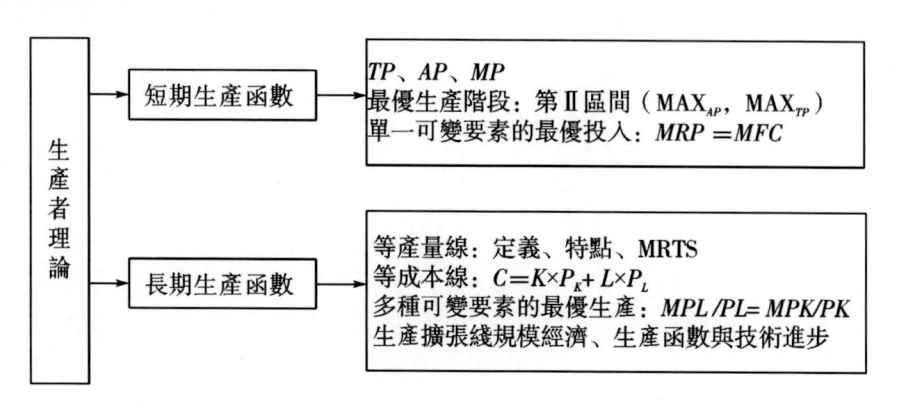

```
                    ┌─ 短期生產函數 ─→  TP、AP、MP
                    │                   最優生產階段：第Ⅱ區間（$MAX_{AP}$，$MAX_{TP}$）
生產者理論 ─────────┤                   單一可變要素的最優投入：$MRP = MFC$
                    │
                    │                   等產量線：定義、特點、MRTS
                    │                   等成本線：$C = K \times P_K + L \times P_L$
                    └─ 長期生產函數 ─→  多種可變要素的最優生產：$MPL/PL = MPK/PK$
                                        生產擴張綫規模經濟、生產函數與技術進步
```

【導入案例】「創客」緣何引總理點讚

「創客」一詞來源於英文單詞「Maker」。創客熱衷於創新，自己掌握生產工具，以用戶創新為核心理念，善於發現問題和需求並提出解決方案，通過創意、設計、製造提供各種產品和服務。創客發軔於網絡時代，互聯網、開源軟件和開源硬件以及3D打印等新技術的應用，降低了創業的邊際成本。

早在2006年，王滔在深圳拉著兩個夥伴，靠著網上的各種開源軟件、硬件資源，結合自身所學，做出了第一代無人機，隨後將其產品化，目前公司占據全球無人機較大的市場份額，員工規模超過2,500人。

目前，中國民間的創客團體正如雨後春筍般崛起，並形成以北京創客空間、深圳柴火、上海新車間為三大中心的創客生態圈。

創客有望給中國創新帶來三種東西：潛力無窮的產品、致力創新的精神、開放共享的態度。也正是如此，李克強總理新年到訪深圳的其中一站，就是柴火空間，面對激情澎湃的創客們。

第一節　生產與生產函數

一、生產與生產要素

生產是指企業把其可以支配的資源轉變為物質產品或服務的過程。這一過程不單純指生產資源物質形態的改變，它包含了與提供物質產品和服務有關的一切活動。

企業的產出可以是服裝、麵包等最終產品，也可以是再用於生產的中間產品，如布料、面粉等。企業的產品還可以是各種無形的服務。

企業進行生產，需要有一定數量可供支配的資源作為投入，如土地、廠房、設備和原材料、管理者和技術工人等，這些投入生產過程用以生產物質產品或勞務的資源稱為生產要素或投入要素。經濟學中為方便起見，一般把生產要素分為：①勞動，包括企業家才能；②土地、礦藏、森林、水等自然資源；③資本，已經生產出來再用於生產過程的資本品；④知識、技術、信息等。

二、生產函數（Production Function）

生產函數是指在特定的技術條件下，各種生產要素一定投入量的組合與所生產的最大產量之間的函數關係式。其一般形式為：

$Q = f(L, K, \cdots, T)$

假定企業只生產一種產品，僅使用勞動與資本兩種生產要素，分別用 L 和 K 表示，則方程可以簡化為：

$Q = f(L, K)$

下面是幾種常用生產函數：

1. 柯布—道格拉斯（Cobb—Douglas）生產函數

$Q = AL^{\alpha}K^{\beta}$

2. 列昂惕夫（Lèontief）生產函數

列昂惕夫生產函數又稱固定投入比例生產函數，是指在每一個產量水平上任何一對要素投入量之間的比例都是固定的生產函數。假定生產過程中只使用勞動和資本兩種要素，則固定投入比例生產函數的通常形式為：

$Q = \mathrm{Min}\ (L/U, K/V)$

其中，Q 表示一種產品的產量，L 和 K 分別表示勞動和資本的投入量，U 和 V 分別表示固定的勞動和資本的生產技術系數，它們分別表示生產一單位產品所需要的固定的勞動投入量和資本投入量。該生產函數表示產量 Q 取決於兩個比值 L/U 和 K/V 中較小的那一個，即使其中的一個比例數值較大，也不會提高產量。Q 的生產被假定為必須按照 L 和 K 之間的固定比例，當一種生產要素的數量不能變動時，另一種生產要素的數量再多，也不能增加產量。

3. CES 生產函數

CES 生產函數即不變替代彈性生產函數。

$$f(x) = f(x_1, x_2, \cdots, x_\ell) = \gamma \left(\sum_{h=1}^{\ell} \delta_h x_h^{-\rho} \right)^{-\frac{v}{\rho}} \quad (x \in R_+^\ell)$$

一個最簡單的例子是 $f(L, K) = L+K$。

三、短期生產和長期生產

短期生產，指的是期間至少有一種生產要素的投入量固定不變的時期，可以變動的生產要素稱為可變要素或可變投入（比如 L），固定不可變動的生產要素稱為固定要素或固定投入（比如 K）。$Q = f(\bar{K}, L) = f(L)$

長期生產，指所有生產要素的投入量都可以變動的時期。

第二節　一種可變要素的最優生產

一、總產量、平均產量和邊際產量

$Q = f(L, K)$

$AP = Q/L$

$MP = dQ/dL$

（1）總產量與邊際產量的關係：邊際產量上任一點的值等於總產量上相應點切線的斜率。總產量最大（或最小）時，邊際產量的值為零。

（2）總產量與平均產量的關係：平均產量上任何一點的值，等於總產量上相應點與原點連接線的斜率。

（3）平均產量與邊際產量的關係：如果邊際產量大於平均產量，平均產量就呈上升趨勢；如果邊際產量小於平均產量，平均產量就呈下降趨勢。這意味著兩

個產量的交點一定發生在平均產量的最高或最低點。

總產量、平均產量和邊際產量之間的關係可以通過表 5-1 來反應：

表 5-1　　　　　總產量、平均產量和邊際產量之間的關係

資本 (K)	勞動 (L)	勞動增量 ($\triangle L$)	總產量 (Q)	總產量增量 ($\triangle Q$)	平均產量 (AP)	邊際產量 (MP)
15	0	0	0	0		
15	1	1	5	5	5	5
15	2	1	13	8	6.5	8
15	3	1	22.5	9.5	7.5	9.5
15	4	1	30.5	8	7.6	8
15	5	1	38	7.5	7.6	7.5
15	6	1	45	7	7.5	7
15	7	1	45	0	6.4	0
15	8	1	42	-3	5.3	-3

二、邊際收益遞減規律

1. 邊際收益遞減規律的內容

當兩種（或兩種以上）生產要素相結合生產一種產品時，若一種要素可以變動，其餘要素固定不變，隨著可變要素的增加，可變要素的邊際產量一般出現兩個階段。

（1）可變要素的邊際產量可能出現遞增現象。

（2）可變要素邊際產量遞減階段。

當可變要素增加到一定限度以後，再繼續增加可變要素，反而會引起總產量減少，即邊際產量成為負數，這種現象稱為可變要素的邊際產量遞減規律，亦稱生產要素報酬遞減規律（Law of Diminishing Returns）。

[案例 5-1] 人多力量大嗎？

總經理辦公室的秘書不斷增加，到一定程度後，新用的秘書的邊際產量是不斷減少的，在使用第二名秘書時，每天可多製作 10,000 字的文件，但繼續用第三名、第四名秘書時，每天可多製作的文件字數就分別減到 5,000 字和 2,000 字，完全可以預料，若繼續增加秘書的投入，可多製作的文件字數還要進一步減少，甚至為負，人越多越不出活。

在一塊土地上，只一味地增加勞動力的投入，產量增加的數量會越來越少，最後甚至還會隨著勞動力投入增加，總產量反而減少，這在中國農業生產中，是有深刻教訓的。這說明人們的生產活動最終會受到某一種或若干種資源的約束。

可變要素投入量達到一定的數量以前，固定要素的數量相對於變動要素而言，顯得較多，以致固定要素的效率不能很好地發揮，而隨著變動要素投入的不斷增加，固定要素的利用效率不斷提高，而可變要素也會因有效的分工、適當的協作而使勞動效率增加，從而變動要素的邊際產量會隨著投入的增加而增加。但到一定的界限以後，固定要素已經被充分地利用，若繼續增加變動要素的投入，在技術上沒必要數量的固定要素與變動要素相配合，變動要素的效率就必然下降，邊際產量也就下降。

2. 邊際收益遞減規律分析

首先，生產要素邊際產量遞減規律，是以生產技術給定不變為前提的。技術進步一般會使報酬遞減的現象延後出現，但不會使報酬遞減規律失效。

其次，生產要素報酬遞減，是以除一種要素以外的其他要素固定不變為前提來考察一種可變要素發生變化時其邊際產量的變化情況。若使用的要素同時發生同比例變化，由此引起的產量變動情況，屬於規模報酬（Returns to Scale）的問題。

最後，生產要素報酬遞減是在可變的生產要素使用量超過一定數量以後才出現。在此之前，當固定要素相對過多，即可變要素相對不足時，增加可變要素將出現報酬遞增的現象。也可能出現這樣一種情況，即繼續增加可變要素時，在一定範圍內要素的邊際產量處於恒定不變狀態，超過這個範圍再繼續追加可變要素時才進入報酬遞減階段。

三、生產階段

根據表 5-1，作圖 5-1。橫軸 OL 代表勞動量，TP、AP、MP 分別代表總產量、平均產量、邊際產量。總產量、平均產量和邊際產量之間的關係呈現以下特點：

（1）在資本量不變的情況下，隨著勞動量的增加，最初總產量、平均產量和邊際產量都是遞增的，但各自增加到一定程度以後就分別遞減。所以總產量曲線、平均產量曲線和邊際產量曲線都是先上升而後下降。

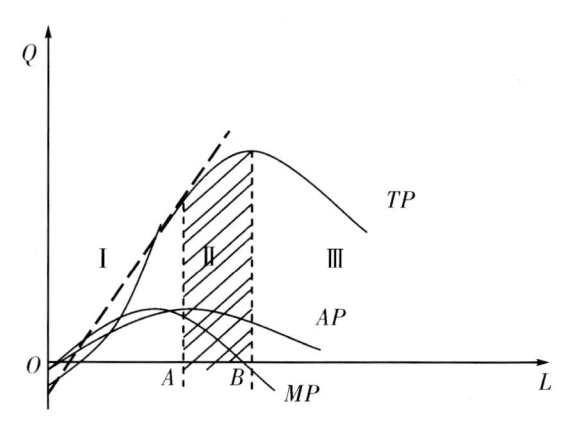

圖 5-1　總產量、平均產量、邊際產量曲線

（2）邊際產量曲線與平均產量曲線相交於平均產量曲線的最高點。在相交點左側，平均產量是遞增的，邊際產量大於平均產量（MP>AP）；在相交點右側，平均產量是遞減的，邊際產量小於平均產量（MP<AP）；在相交時，平均產量達到最大，邊際產量等於平均產量（MP=AP）。

（3）當邊際產量為正數時（MP>0），總產量就會增加；當邊際產量為零時（MP=0），總產量停止增加，並達到最大；當邊際產量為負數時（MP<0），總產量就會絕對減少。

第 I 區間是投入勞動 L 從零增加到 A 點（0，MAX_{AP}）。其特點是：TP 保持遞增趨勢；AP 由零遞增至最高點；MP>0，並且 MP>AP，MP 在達到最大值時，已經呈遞減趨勢。當 MP=AP 的最高點時，第一階段結束。

第 II 區間是投入勞動 L 從 A 點增加到 B 點（MAX_{AP}，MAX_{TP}）。其特點是：TP 保持遞增趨勢，AP 下降；AP>MP，MP>0；當 MP=0 時，TP 達到最大值，第二階段結束。

第 III 區間是投入勞動 L 從 B 點增加到無限大界定的區間（MAX_{TP}，∞）。其特點是：TP 由最高點依次遞減；AP 一直保持持續遞減趨勢；MP<0，第三階段結束。

顯然，I 區間和 III 區間都不是一種生產要素的合理投入範圍，因為在 I 區間，邊際產量大於平均產量，增加勞動，不僅可增加總產量，還可以提高平均產量。而在 III 區間，邊際產量小於零，增加勞動，會使總產量絕對減少。對廠商來說，最優的生產在第 II 區間。

四、單一可變要素的最優投入

1. 決策原理

投入最後一個單位要素時的總成本的增加量等於它所帶來的收益增加量。

2. 數學表達

$MRP = ME$ 或 $MRP = P_L$

MRP（邊際產量收益）是指增加一單位要素投入所獲得的產品銷售收益增加量。它等於生產要素的邊際產量 MP 乘以相應的邊際收益 MR。即 $MRP = MP \times MR$。

ME（邊際支出）是指增加一個單位的投入要素所帶來的總成本的增加量，即要素的價格，如勞動力或原材料的價格。

當生產要素的邊際產量收益等於它的邊際要素支出時，企業利潤最大。

MRP、MP、MR 三者的關係如圖 5-2 所示：

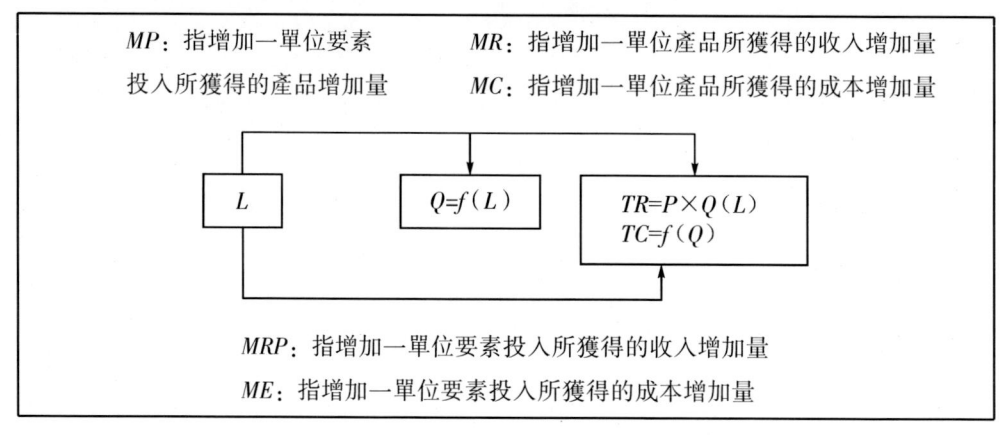

```
MP：指增加一單位要素              MR：指增加一單位產品所獲得的收入增加量
投入所獲得的產品增加量            MC：指增加一單位產品所獲得的成本增加量

         ┌─────┐      ┌────────┐      ┌──────────────┐
         │  L  │─────▶│ Q=f(L) │─────▶│ TR=P×Q(L)    │
         └─────┘      └────────┘      │ TC=f(Q)      │
                                       └──────────────┘

MRP：指增加一單位要素投入所獲得的收入增加量
ME：指增加一單位要素投入所獲得的成本增加量
```

圖 5-2　MRP、MP、MR 三者關係

[例 5-1] 已知某企業的生產函數為：$Q = 21L + 9L^2 - L^3$

（1）求該企業的平均產出函數和邊際產出函數。

解：

$AP = Q/L = 21 + 9L - L^2$

$MP = dQ/dL = 21 + 18L - 3L^2$

（2）如果企業現在使用 3 個勞動力，試問是否合理？合理的勞動使用量應在什麼範圍內？

解：

合理區域在第二階段，即在 $\max AP$—$\max Q$ 範圍內。

$\max AP$：$dAP/dL = 9 - 2L = 0$，$L = 4.5$

$\max Q$：$MP = 0$，$L = 7$

合理的勞動使用量應該為 4.5~7。

(3) 如果該企業產品的市場價格為 3 元，勞動力的市場價格為 63 元，該企業的最優勞動投入量是多少？

解：

$MRP = P_L$

$MR \times MP = P_L$

$3 \times (21 + 18L - 3L^2) = 63$

$L = 6$

該企業的最優勞動投入量是 6。

第三節　多種可變要素的最優生產

一、等產量線

1. 類型

（1）投入要素之間完全可以替代。例如，在發電生產中，如果發電廠的鍋爐燃料既可全部用煤氣又可全部用石油（當然也可以部分用煤氣、部分用石油），我們就稱這兩種投入要素是完全可以替代的。這種等產量曲線的形狀是一條直線。在這裡，煤氣替代石油的比例，即替代率，為 1.5：1，它是個常數。

（2）投入要素之間完全不能替代。如生產自行車，在投入要素車架和車輪之間是完全不能替代的。這種等產量曲線的形狀是一條直角線。完全不能替代的投入要素之間的比例是固定的。如車架與車輪之間的比例為 1：2。

這種等產量曲線有一種情況，即如果企業可以同時用幾種生產方法生產同種產品，儘管每種生產方法的投入要素比例都是固定的（即投入要素之間不能替代），但企業通過生產方法之間的不同組合，仍可以改變整個企業投入要素之間的比例。有兩個車間都可以生產某種產品，A 車間機械化水平高，用較多的資金與較少的勞力組合。B 車間機械化水平低，用較少的資金與較多的勞力組合。每

個車間內部投入要素的比例是固定的，但企業可以為每個車間分配不同的任務來調整整個企業投入要素之間的比例。

（3）投入要素之間的替代是不完全的。例如，在生產中，設備能夠代替勞力，但設備不可能替代所有的勞力。

2. 等產量線特點

（1）距離原點越遠的等產量線所代表的產量越多。

（2）一個等產量線圖上的兩條等產量線不能相交。

（3）要素相互之間可以替代。其替代量的關係用邊際技術替代率表示。

3. 邊際技術替代率

邊際技術替代率可定義為，過該點對等產量線所作切線的斜率的負數值，即

$MRTS_{LK} = -dK/dL$

等產量線上任一點的邊際技術替代率，又等於這兩種要素的邊際產量的比率，即

$MRTS_{LK} = -dK/dL = MP_L/MP_K$

邊際技術替代率是負數，且絕對值也是遞減的。

二、等成本線

所謂等成本線是這樣一條直線，在這條直線上的任一點表示，當資本與勞動的價格 P_K 與 P_L 為已知時，花費某一固定量總成本所能買進的資本與勞動量的組合。

等成本方程式為：$C = K \times P_K + L \times P_L$

可改寫為：$K = C/P_K - L \times P_L/P_K$

等成本線具有如下性質：

（1）離原點較遠的等成本線總是代表較高的成本水平。

（2）同一等成本線圖上的任意兩條等成本線不能相交。

（3）等成本線向右下方傾斜，其斜率是負的。要增加某一種要素的投入量而保持總成本不變，就必須相應地減少另一種要素的投入量。

（4）在要素價格給定的條件下，等成本線是一條直線，其斜率是一個常數。

三、兩個投入要素的最優利用

最優利用表示：成本一定，產量最大；產量一定，成本最小。把等產量線與

等成本線結合在一個圖上，那麼，等成本線必定與無數條等產量線中的一條切於一點。在這個切點上就實現了生產要素的最優組合。如圖 5-3 所示：

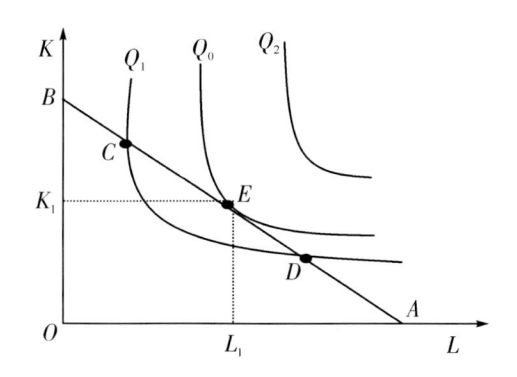

图 5-3　生產要素最優組合

在圖 5-3 中，三條等產量線，產量大小的順序為 $Q_1<Q_0<Q_2$。等成本線 AB 與 Q_0 相切於 E 點，這時實現了生產要素的最優組合。這就是說，在生產者貨幣成本與生產要素價格既定的條件下，OL_1 的勞動與 OK_1 的資本結合，能實現利潤的最大化，即既定產量下成本最小或既定成本下產量最大。

為什麼只有等產量線與等成本線的切點為最優組合呢？從圖 5-3 中可以看出，只有在 E 點上所表示的勞動與資本的組合才能達到在貨幣成本和生產要素價格既定條件下的產量最大。離原點遠的等產量曲線 Q_2 所代表的產量水平大於 Q_0，但等成本線 AB 同它既不相交又不相切，這說明達到 Q_2 產量水平的勞動與資本的數量組合在貨幣與生產要素價格既定的條件下是無法實現的。而離原點近的等產量線 Q_1，雖然 AB 線同它有兩個交點 C 和 D，說明在 C 點和 D 點上所購買的勞動與資本的數量也是貨幣成本與生產要素價格既定的條件下最大的組合，但 $Q_1<Q_0$。C 點和 D 點的勞動與資本的組合併不能達到利潤最大化。此外，Q_0 除 E 點之外的其他各點也在 AB 線之外，即所要求的勞動與資本的數量組合也在收入與價格既定的條件下是無法實現的。

利潤最大化條件：$MP_L/MP_K = P_L/P_K$

或 $MP_L/P_L = MP_K/P_K$

或 $MRP_K = P_K$　$MRP_L = P_L$

思考：假定 A、B 兩國各有一個鋼鐵廠，A 國鋼鐵廠生產 1 噸鋼需要 10 人，而 B 國只需 1 人，我們能否認 B 國鋼鐵廠的效率比 A 國高嗎？為什麼？

第四節　規模與收益

一、規模收益

1. 定性描述

規模收益：當所有生產要素的投入量按同一比例增加時，產出將如何變化。

（1）假如使用的生產要素都增加一倍，產量也增加一倍，稱為規模收益不變（Constant Returns to Scale）（如圖5-4（a）所示）。

（2）假如使用的兩種要素都增加一倍，產量的增加大於一倍，稱為規模收益遞增（Increasing Returns to Scale）（如圖5-4（b）所示）。

（3）假如使用的兩種要素都增加一倍，產量的增加小於一倍，稱為規模收益遞減（Diminishing Returns to Scale）（如圖5-4（c）所示）。

（a）規模收益遞增　　（b）規模收益不變　　（c）規模收益遞減

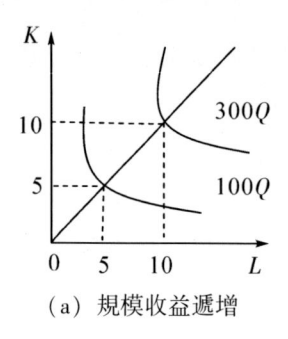

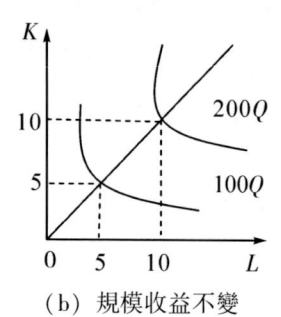

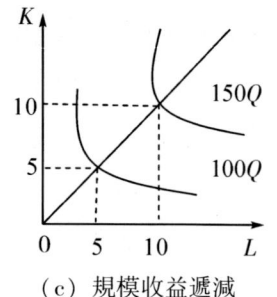

圖 5-4　規模收益

2. 規模收益的數學表達

設生產函數為：$Q = f(X_1, X_2, X_3, \cdots, X_m)$

假設使每種要素都擴大 λ 倍的產量 $hQ = f(\lambda X_1, \lambda X_2, \lambda X_3, \cdots, \lambda X_m)$，則：

若 $h = \lambda$，規模收益不變；

若 $h > \lambda$，規模收益遞增；

若 $h < \lambda$，規模收益遞減。

二、規模收益的原因

規模收益遞增是指一個廠商在生產規模擴大時由自身內部因素所引起的收益或產量增加。引起內在經濟變化的主要因素有：第一，生產規模擴大，可以購置

和使用更加先進的機器設備；可以提高專業化程度，提高生產效率；還有利於實行資源的綜合開發和利用，使生產要素效率得到充分發揮。第二，巨大的工廠規模能使廠商內部管理系統高度專門化，使各個部門管理者容易成為某一方面的專家，從而提高管理水平和工作效率。第三，在大規模生產中，可以對副產品進行綜合利用，可以更加快速地開發生產出許多相關產品，實行多元化生產。第四，在大規模生產中，可以對生產要素進行綜合、大批量採購，對產品進行大批量運輸，從而降低購銷成本。同時大規模生產相對容易形成生產經營上的壟斷，從而有利於獲取生產經營上的優勢，獲得遞增的規模收益。

但是，如果一個廠商本身生產規模過大而引起產量或收益的減少，這種情況就叫規模收益遞減。引起內在不經濟的原因主要有：第一，由於企業規模過大，管理層次複雜，管理幅度過大，管理機構龐大，可能會降低管理效率。第二，由於生產經營規模龐大，產品多樣化，可能會引起銷售費用增加等。第三，生產規模大、產品多樣化可能會使生產要素、製成品和在製品積壓，導致生產成本增加等。

三、柯布—道格拉斯生產函數的規模收益分析

柯布—道格拉斯生產函數是被使用得最廣泛的齊次生產函數，它的形式是：
$Q = AK^{\alpha}L^{\beta}$

當 K、L 兩種投入同時增加 t 倍時，有

$f(tK, tL) = A(tK)^{\alpha}(tL)^{\beta} = t^{(\alpha+\beta)}AK^{\alpha}L^{\beta} = t^{(\alpha+\beta)}Q$

當 $\alpha+\beta>1$，規模收益遞增；

當 $\alpha+\beta<1$，規模收益遞減；

當 $\alpha+\beta=1$，規模收益不變。

[案例 5-2] 王永慶的成功之路

臺塑集團老板王永慶被稱為「主宰臺灣的第一大企業家」「華人經營之神」。王永慶不愛讀書，小學時的成績總在最後 10 名之內，但他吃苦耐勞，勤於思考，終於成就了一番事業。王永慶大概也沒有讀過什麼經濟學著作，但他的成功之路卻與經濟學原理是一致的。

王永慶的事業是從臺塑生產塑膠粉粒 PVC 開始的。當時每月僅產 PVC 100 噸，是世界上規模最小的。王永慶知道，要降低 PVC 的成本只有擴大產量，所以擴大產量、降低成本，打入世界市場是成功的關鍵。於是，他冒著產品積壓的

風險，把產量擴大到 1,200 噸，並以低價迅速占領了世界市場。王永慶擴大產量、降低成本的做法正是經濟學中的規模經濟原理。

王永慶的成功正在於他敢於擴大產量，實現規模收益遞增。當時臺塑產量低是受臺灣需求有限的制約。王永慶敏銳地發現，這實際陷入了一種惡性循環：產量越低成本越高，越打不開市場；越打不開市場，產量越低成本越高。打破這個循環的關鍵就是提高產量，降低成本。當產量擴大到月產 1,200 噸時，可以用當時最先進的設備與技術，成本大幅度下降，就有進入世界市場、以低價格與其他企業競爭的能力。

當一個企業的產量達到平均成本最低時，就充分利用了規模收益遞減的優勢，或者說實現了最適規模。應該說，不同行業中最適規模的大小是不同的。一般而言，重工業、石化、電力、汽車等行業的最適規模都很大。這是因為在這些行業中所用設備先進、複雜，最初投資大、技術創新和市場壟斷程度都特別重要。王永慶經營的化工行業正屬於這種最適規模大的行業，所以，規模的擴大帶來了收益遞增。近年來，全世界掀起一股企業合併之風。企業合併無非是為了擴大規模，實現最適規模。合併之風最強勁的是汽車、化工、電子、電信這些產量越多，收益增加越多的行業。世界 500 強企業也以這些行業居多。對這些行業的企業而言，「大的就是好的」。

但千萬別忘了《紅樓夢》中王熙鳳的一句話：「大有大的難處。」一個企業大固然有許多好處，但也會引起一些問題。這主要是隨著企業規模擴大，管理效率下降，管理成本增加。一個大企業也像政府機構一樣會滋生官僚主義。同時，企業規模大也會缺乏靈活性，難以適應千變萬化的市場。所以，「大就是好」並不適用於一切企業。當企業規模過大引起成本增加、效益遞減時就存在內在不經濟，發生規模收益遞減。對那些大才好的企業來說，要特別注意企業規模大引起的種種問題，王永慶在擴大企業規模和產量的同時，注意降低建廠成本、生產成本和營銷成本，並精減人員，提高管理效率。這對他的成功也很重要。對那些未必一定要大的輕工、服務之類行業的企業來說，「小的也是美好的」。船小好掉頭，在這些設備、技術重要性較低，而適應市場能力要強的企業中，就不要盲目追求規模。甚至有些大企業也因管理效率差而分開。美國 IBM 公司就曾一分為三。

其實企業並不是一味求大或求小，而是以效益為標準。那種盲目合併企業，以追求進 500 強的做法往往事與願違。綁在一起的小舢板絕不是航空母艦。王永

慶的成功不在於臺塑大，而在於臺塑實現了規模收益遞增的最優規模。

（摘自：梁小民《微觀經濟學縱橫談》，生活·讀書·新知三聯書店，2000年版）

第五節　生產函數和技術進步

技術是知識在生產中的應用。從廣義說，它不僅包括技術本身的發明、創造、模仿和擴散等硬技術知識，也包括組織、管理、經營等方面的軟技術知識。技術進步就是技術知識及其在生產中的應用有了進展。本節將探討如何通過對生產函數的分析來解釋技術進步、劃分技術進步的類型。

一、技術進步導致生產函數的改變

（1）技術進步的定義。廣義的技術進步是指能夠使一定數量的投入組合產出更多產品的所有因素共同作用的過程。

（2）技術進步的體現：知識的創新；技術裝備的改進；生產工藝的變革；勞動者素質的改善；管理決策水平的提高（包括管理手段、管理機制的完善）。

（3）技術進步導致生產函數的改變。由於新知識的應用，技術進步應當表現為用較少的投入，能夠生產出與以前同樣多的產品來。所以，技術進步導致生產函數的改變。這種改變可以用等產量曲線的位移來說明（見圖5-5）。

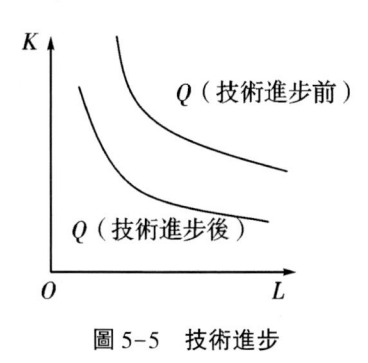

圖5-5　技術進步

二、技術進步的類型

1. 勞動節約型技術進步

勞動節約型技術進步是指這樣一種技術進步，它能使資本的邊際產量比勞動的邊際產量增加更快，因此，人們就會相對多用資本而少用勞力，從而導致勞動

| 第五章 | 生產理論與應用　141

力的節約大於資本的節約。

2. 資本節約型技術進步

資本節約型技術進步是指這樣一種技術進步，它能導致勞動的邊際產量比資本的邊際產量增加更快，因此，為了提高經濟效益，人們就會相對多用勞動而少用資本，從而導致資本的節約大於勞動的節約。

3. 中立型技術進步

中立型技術進步是指這樣一種技術進步，它引起的勞動的邊際產量的增長率與資本的邊際產量的增長率相等，因而人們節約勞動和節約資本的比例相等。

三、技術進步的衡量

全部產出的增長剔除了資本投入、勞動投入對產出增長的影響後視為技術進步的作用：

$Q = A \cdot K^\alpha L^\beta$

$\Delta Q = MP_K \cdot \Delta K + MP_L \cdot \Delta L + \Delta Q'$

$\Delta Q/Q = (MP_K \cdot \Delta K)/Q + (MP_L \cdot \Delta L)/Q + \Delta Q'/Q$

$\Delta Q/Q = \alpha \cdot \Delta K/K + \beta \cdot \Delta L/L + \Delta Q'/Q$

$G_Q = \alpha G_K + \beta G_L + G_T$

[**例** 5-2] 假定某企業期初的生產函數為：$Q = 5 K^{0.4} L^{0.6}$。在這期間，該企業資本投入增加了 10%，勞動力投入增加了 15%，到期末總產量增加了 20%。

（1）在此期間該企業因技術進步引起的產量增長率是多少？

解：

$G_T = G_Q - \alpha G_K - \beta G_L = 20\% - 0.4 \times 10\% - 0.6 \times 15\% = 7\%$

（2）在此期間，技術進步在全部產量增長中所起的作用是多大？

解：

$G_T/G_Q = 7\%/20\% = 35\%$

[**案例** 5-3] 3D 打印雙層別墅，3 小時建好拎包入住

兩層精裝別墅，3 小時建成？對於這個問題，大多數人表示懷疑，2015 年 7 月 17 日上午，由 3D 打印的模塊新材料別墅現身西安，建造方在 3 個小時完成了別墅的搭建。這座 3 個小時建成的精裝別墅，只要擺上家具就能拎包入住。

工作現場除了一臺起重機，還有獨立的客廳、卧室、廚房、衛生間等模塊，工人們陸續將這些建築模塊吊起來，拼接安裝。不到 3 個小時，一棟 2 層別墅

落成。

　　生產企業90%的建房工序已經在工廠完成，即所有的建築模塊在工廠裡流水線生產，現場只是對這些模塊進行拼接、組裝、搭建。傳統的別墅建築大約要花上半年的時間，而3D打印模塊搭建別墅從生產到搭建只需要十幾天的時間。目前這套精裝別墅有6個模塊，每平方米重100千克，成本價格為每平方米2,500~3,500元。儘管房屋建造時間短，但因為每個模塊能夠獨立承重，能夠抗9級地震。同時，鋼制籠式結構能夠充分填充保溫材料，達到很好的保溫效果。

管理實踐 5-1　如何面對新的需求環境

　　在激烈競爭的市場上，產品日新月異，企業為了持久地占領市場，競相推出一些生產週期短而生產數量少的產品，形成多品種小批量生產方式，這是今後製造業生產的主要特徵。為適應該特徵，在組織多品種小批量生產時，就必須採取一系列的組織技術措施，改變以大量生產為特點的傳統管理方式和方法，尋求適應多品種小批量生產特點的現代生產管理方式和方法。

　　[案例 5-4]　工業 4.0 時代來了

　　「工業 4.0」已經成為製造業的一個流行概念。這個詞起源於幾年前的德國漢諾威工業博覽會（Hannover Messe），它被定義為製造業的電子計算機化，包括更高層次的互聯性、更智能的設備和機器與設備之間的通信。

　　第一次工業革命是水和蒸汽動力帶來的機械化。第二次工業革命是電力的使用使大規模生產成為可能。第三次工業革命是電子工程和 IT 技術的採用，以及它們帶來的生產自動化。

　　工業 4.0 是第四次工業革命。相對來說，這一次變革仍然處於起步階段。依靠高級的軟件和能夠通信的機器設備，工業 4.0 將使工業生產進一步優化。「工業 4.0」包含三大主題：

　　智能工廠——一種高能效的工廠，它基於高科技的、適應性強的、符合人體工程學的生產線。智能工廠的目標是整合客戶和業務合作夥伴，同時也能夠製造和組裝定制產品。

　　智能生產——主要涉及整個企業的生產物流管理、人機互動以及3D技術在工業生產過程中的應用等。該計劃將特別注重吸引中小企業參與，力圖使中小企業成為新一代智能化生產技術的使用者和受益者，同時也成為先進工業生產技術的創造者和供應者。

智能物流——主要通過互聯網、物聯網、務聯網，整合物流資源，充分發揮現有物流資源供應方的效率，而需求方則能夠快速獲得服務匹配，得到物流支持。

未來的智能工廠突出在生產效率和安全性方面具有更大的自主決策能力。工業4.0更多的是依靠機器進行工作並解釋數據，而不是依靠人類的智慧。當然，人的因素仍然是製造工藝核心，但人更多是起到控制、編程和維護的作用，而不是在車間進行作業。

位於德國安貝格（Amberg）的西門子電子工廠（Siemens Electronic Works）是新一代智能工廠，面積為10.8萬平方英尺，其內部是一組智能機器，它們能夠協調從生產線到產品配送等一切要素。西門子電子工廠擁有超過16億個機器組件，其產品種類多達950種。這意味著該工廠的生產系統所處理的數據真正是海量的。儘管如此，Gartner在2010年進行的一項產業研究發現，西門子電子工廠的可靠率超過99%，每百萬件產品中只有15件缺陷產品。

在工業4.0時代，機器設備具有強大數據處理能力，它們提供的信息、統計數據和動態分析能夠使生產變得更精益、更節能。

企業如何適應新的需求環境？

【經典習題】

一、名詞解釋

1. 柯布—道格拉斯生產函數
2. 邊際技術替代率
3. 資本的產出彈性
4. 邊際報酬遞減規律

二、選擇題

1. 如果某一投入要素的使用是免費的，那麼，企業應當（　　）。

　　A. 只使用這種投入要素

　　B. 使用這種投入要素越多越好

　　C. 用這種投入要素生產產品，直到它的邊際產量為零時為止

D. 用這種投入要素生產產品，直到單位投入要素的平均產量最大時為止

2. 生產函數 $Q=AK^{1-a}L^{2a}$（$a>0$）的規模報酬屬於（　　）。

　　A. 規模報酬不變　　　　　　B. 規模報酬遞增
　　C. 規模報酬遞減　　　　　　D. 都不是

3. 在（　　）情況下邊際產量等於平均產量。

　　A. MP 最大　　　　　　　　B. AP 最大
　　C. TP 最大　　　　　　　　D. 總產量為零

4. 阿五開了一個麻繩廠，他發現在一定限度內多雇用工人麻繩的產量會增多。這表明：（　　）。

　　A. 平均產量增加　　　　　　B. 邊際替代率遞減
　　C. 邊際產量大於零　　　　　D. 邊際產量小於零

5. 若企業生產函數為 $Q=X^{0.4}Y^{0.3}Z^{0.3}$，X、Y、Z 為三種要素，則企業所處階段為：（　　）。

　　A. 規模報酬遞增　　　　　　B. 規模報酬遞減
　　C. 規模報酬不變　　　　　　D. 都有可能

6. 某企業發現，在現有的技術條件下，勞動與資本的邊際產量之比高於勞動和資本的價格之比，說明：（　　）。

　　A. 該企業只要願意多投入成本就可能取得更多的產量
　　B. 只要資本的價格下降，以同樣的成本就可以取得更多的產量
　　C. 以同樣的成本增加勞動的投入，減少資本的投入，就可以取得更多的產量
　　D. 以同樣的成本減少勞動的投入，增加資本的投入，就可以取得更多的產量

三、簡答與論述

1. 請簡要回答技術創新在經濟模型中的貢獻。
2. 畫圖說明題

設某企業有兩個生產車間，車間 1 使用的年限已經比較長，規模小，設備陳舊，但比較靈活，適合於小規模生產。車間 2 建成不久，規模大，設備現代化，適合於大規模生產。請根據題意，粗略地畫出兩個車間的邊際生產成本線。假設現在企業接到一筆訂單任務，要生產 Q 單位的產出，請畫圖說明企業如何在這

兩個車間分配生產任務才能使生產成本達到最小。

3. 請回答規模報酬的遞增、不變和遞減這三種情況與邊際產量遞增、不變、遞減的三種區別。「規模報酬遞增的廠商不可能也會面臨報酬遞減的現象」，這個命題是否正確？為什麼？

4. 如果兩種生產要素可以完全相互替代，等產量線是什麼形狀？如果兩種要素價格相同，最優成本組合情況如何？

5. 表 5-2 是一張一種可變生產要素的短期生產函數的產量表。

表 5-2　　　　　一種可變生產要素的短期生產函數的產量表

可變要素的數量	可變要素的總產量	可變要素的平均產量	可變要素的邊際產量
1		2	
2			10
3	24		
4		12	
5	60		
6			6
7	70		
8			0
9	63		

（1）在表中填空。

（2）是否表現出邊際報酬遞減？如果是，是從第幾個單位的可變要素投入量開始的？

6. 寫出柯布—道格拉斯生產函數 $Q = AL^a K^{1-a}$ 關於勞動的平均產量和勞動的邊際產量的生產函數。

7. 在一條既定的等產量曲線上，為什麼隨著勞動對資本的不斷替代，邊際技術替代率 $MRTS_{LK}$ 是遞減的？

8. 用圖說明廠商在既定條件下實現最大產量的最優要素組合原則。

9. 用圖說明廠商在既定條件下實現最小成本的最優要素組合原則。

10. 企業裁員問題

企業有時會碰到需要裁員的情況，特別是當國民經濟不景氣、需求不足、企業需要減產時。企業通過裁員可以降低成本，扭虧為盈。從事生產的員工往往不止一種，每種員工應當各裁減多少？

某企業的產品，長期銷路不好，今打算減產 3,000 件/月，並裁減相應的員工，以節省開支。共有 6 名員工承擔該產品的生產任務。A、B 是高級工，C、D、E、F 是初級工。他們每月的生產力和工資如表 5-3 所示：

表 5-3　　　　　一種可變生產要素的短期生產函數的產量表

工人	邊際產量（件/人·月）	工資（元/人·月）
A	3,000	3,000
B	3,000	3,000
C	1,500	2,000
D	1,500	2,000
E	1,500	2,000
F	1,500	2,000

企業應該如何裁員？

11. 圖 5-6 是一張生產函數 $Q=f(L, K)$ 的要素組合與產量的對應表，這張表是以坐標平面的形式編製的。其中，橫軸和縱軸分別表示勞動投入量和資本投入量，交點上的數字表示與該點的要素投入組合相對應的產量。

（1）表中是否存在規模報酬遞增、不變和遞減？
（2）表中是否存在邊際報酬遞減？
（3）表中哪些要素組合處於同一條等產量曲線上？

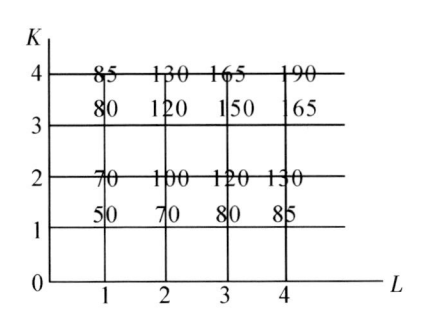

圖 5-6　要素組合與產量的對應表

四、計算與證明

1. 試證明：勞動和資本的產出彈性為常數當且僅當生產函數具有柯布—道格拉斯的形式時，即 $F(L, K) = AK^{\alpha}L^{\beta}$。

2. 若某企業僅生產一種商品，並且唯一可變要素是勞動，也有固定成本，其短期生產函數為 $Q=-0.1L^3+3L^2+8L$。其中，Q 是每月的產量，單位為噸；L 是雇用工人數。試問：

(1) 欲使勞動的平均產量達到最大，該企業需要雇用多少工人？

(2) 欲使勞動的邊際產量達到最大，該企業需要雇用多少工人？

(3) 在其平均可變成本最小時，生產多少產量？

3. 廠商的生產函數為 $Y=24L^{1/2}K^{2/3}$，生產要素 L 和 K 的價格分別為 $r_L=1$ 和 $r_K=2$。求：

(1) 廠商的最優生產要素組合；

(2) 資本的數量 $K=27$ 時廠商的短期成本函數；

(3) 廠商的長期成本函數。

4. 表 5-4 列出的是每畝（1 畝 = 666.67 平方米。下同）地上土豆的產量和用人工數。

表 5-4

人工數	產量
1	100
2	107
3	112
4	116
5	119
6	120
7	110

假如工人工資為每人 40 元，土豆的單位價格為 10 元，最優的用工數量應該是多少？

5. 設某企業的生產函數為 $Q=LK$，式中 Q 為年產量，L 為使用的勞動力數，K 為使用的資本數。假定勞動力的成本為每單位 2 元，資本成本為每單位 4 元。如果該企業打算每年生產 50 單位產品。當投入勞動力和資本各多少時成本最低？

6. 請判斷下列每個生產函數的規模收益類型：

(1) $Q=120K^{0.75}L^{0.25}$

（2）$Q = 20L + 4KL + 2K$

（3）$Q = 32M + 10L + 5K$

（4）$f(bK, bL) = b^{1/2} f(K, L)$

7. 已知生產函數為 $Q = L^{0.5} K^{0.5}$，證明：

（1）該生產過程是規模報酬不變；

（2）受報酬遞減規律的支配。

8. 已知生產函數為 $Q = KL - 0.5L^2 - 0.32K^2$，$Q$ 表示產量，K 表示資本，令上式的 $K = 10$。

（1）寫出勞動的平均產量（AP_L）函數和邊際產量（MP_L）函數。

（2）分別計算當總產量、平均產量、邊際產量達到極大值時廠商雇用的勞動力人數。

（3）證明當 AP_L 達到極大時 $AP_L = MP_L = 2$。

9. 已知某廠商的生產函數為 $Q = L^{3/8} K^{5/8}$，又設 $P_L = 3$ 元，$P_K = 5$ 元。

（1）求產量 $Q = 10$ 時的最低成本支出和使用的 L 與 K 的數量；

（2）求產量 $Q = 25$ 時的最低成本支出和使用的 L 與 K 的數量；

（3）求總成本 $= 160$ 元時廠商均衡的 Q、L 與 K 之值。

10. 某廠商使用的要素投入為 X_1 和 X_2，其產量函數為 $Q = 10X_1 X_2 - 2X_1^2 - 8X_2^2$。試求 X_1 和 X_2 平均產量函數和邊際產量函數。

11. 已知某企業的生產函數為 $Q = L^{2/3} K^{1/3}$。勞動的價格 $\omega = 2$，資本的價格 $\gamma = 1$。求：

（1）當成本 $C = 3,000$ 時，企業實現最大產量時的 L、K、Q 的均衡值；

（2）當產量 $Q = 800$ 時，企業實現最小成本時的 L、K、C 的均衡值。

12. 已知某廠商只有一種可變要素勞動 L，產出一種 Q，固定成本為既定，短期生產函數 $Q = -0.1L^3 + 6L^2 + 12L$。求解：

（1）勞動平均產量 AP_L 為極大時雇用的勞動人數；

（2）勞動的邊際產量 MP_L 極大時雇用的勞動人數；

（3）平均可變成本極小（AP_L 極大）時的產量；

（4）假如每人工資 $W = 360$ 元，產品價格 $P = 30$ 元，求利潤極大時雇用的勞動人數。

【綜合案例】紅領集團的個性化定制與數字化生產

傳統的規模化批量生產很難滿足消費者個性化的需求，而個性化的定制往往又伴隨著較高的成本，很難為中低收入消費者所接受。紅領集團很好地解決了這一問題。紅領集團成立於1995年，是一家以生產經營高檔正裝系列產品為主的專業服裝製造企業。2013年，紅領集團生產服裝700萬件套，實現銷售收入16.76億元，利稅3.15億元。2003年以來，紅領集團在大數據支撐下，運用互聯網思維，投入2.6億元資金，專心、專業、專注於電子商務服裝定制及流水線規模化生產全程解決方案的研究和試驗。

經過11年的累積，紅領實現了全球化電子商務定制服裝解決方案，形成了具有完全自主知識產權的電商平臺系統和獨特商業價值的「紅領模式」。客戶的信息可以通過中國、美國、歐洲服務器進入多語言交互系統，全球客戶都可以在這個平臺上進入自主下單系統、自主研發系統、自主拍照系統、生產執行系統，再根據工廠的生產能力和設備能力進行分單。這樣生產出來的衣服不再只有「M」「L」「XL」等標準化的號碼，每一件衣服更會根據每一個顧客的身材特點體現出細微差別。成品進入紅領的自動物流系統，物流系統與UPS和順豐直接聯通。客戶從下訂單到拿到衣服不超過7個工作日，而傳統的成衣高級定制最快也要20天交貨。

數字化生產有效降低了定制產品的生產成本，進一步提高了生產柔性與處理能力。紅領集團形象地把自己的生產模式叫作「數字化大工業3D打印模式」。將3D打印邏輯思維運用到工廠的生產實踐中，把整個企業看作一臺數字化大工業3D打印機，解決了個性化與工業化的矛盾。紅領數字化3D打印模式支持全球客戶DIY自主設計；款式、工藝、價格、交貨期、服務方式個性化自主決定，客戶自己設計藍圖，實現了研發設計程序化、自動化、市場化的初步智能體系，計算機系統建模、智能匹配，可滿足99.9%消費者個性化需求。一組客戶數據驅動所有的定制、服務全過程，無須人工轉換、紙質傳遞，數據完全打通、即時共享傳輸。生產人員在互聯網端點上工作，從網絡雲端上獲取數據，與市場和用戶即時對話，零距離、跨國界、多語言同步交互。按照紅領管理人員的測算，紅領的生產成本是普通成衣生產成本的1.1倍，但收益是手工定制的2.1倍。

結合生產理論分析互聯網時代生產模式的創新與發展。

第六章 成本理論與應用

【知識結構】

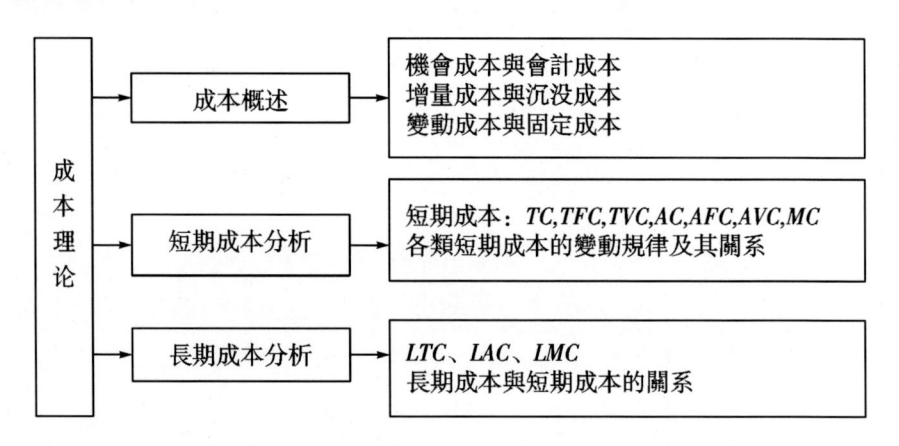

```
                    ┌─→  成本概述      →  機會成本與會計成本
                    │                     增量成本與沉沒成本
                    │                     變動成本與固定成本
                    │
 成本理論 ──────────┼─→  短期成本分析  →  短期成本：TC、TFC、TVC、AC、AFC、AVC、MC
                    │                     各類短期成本的變動規律及其關係
                    │
                    └─→  長期成本分析  →  LTC、LAC、LMC
                                          長期成本與短期成本的關係
```

【導入案例】 餘額寶的長尾效應

與以往以「高大上」為特性標籤的傳統金融機構偏愛「白富美」的本能相比，互聯網金融從誕生之日起就在投融資兩端傾向服務於理財需求不能被滿足的「屌絲人群」和得不到銀行貸款的中小微創業企業。

「屌絲人群」的基本特徵在於個人所擁有、能夠支配的資產數量較小，但是這部分人群的數量龐大，尤其是在貧富差距不斷擴大的國內更為顯著。而在融資端，金融體制固有的問題，使得銀行嫌貧愛富的本性暴露無遺，導致中小企業一直深陷融資難、融資貴的兩難問題的漩渦中。

而在市場方面，收益較好且安全性高的銀行理財產品，動輒最低 5 萬元的消費金額，其過高的投資門檻，顯然對於資產流動性較差的「屌絲人群」是欠缺吸引力的。偏愛國有資產的銀行貸款業務，因中小微企業較高的風險和較低的收益率，使得銀行的貸款變得異常困難。

長尾效應，英文名稱為 Long Tail Effect。「頭」(head) 和「尾」(tail) 是兩個統計學名詞。正態曲線中間的凸起部分叫「頭」；兩邊相對平緩的部分叫「尾」。新競爭形勢下，從人們需求的角度來看，大多數的需求會集中在頭部，而這部分我們可以稱為流行，而分佈在尾部的需求是個性化的，零散的小量的需求。而這部分差異化的、少量的需求會在需求曲線上面形成一條長長的「尾巴」，而所謂長尾效應就在於它的數量上，將所有非流行的市場累加起來就會形

成一個比流行市場還大的市場。

長尾效應的優勢在於數量。將數量眾多的非主流要素進行累計疊加，將會形成一個比主流市場還要大的市場。在以數量與貸款金額/資產總額為坐標的分佈圖上來看，「屌絲人群」與中小微創業企業顯然處於「小而美」的長尾部分。就實例來看，餘額寶在短短一年半的時間裡，4,900 萬的用戶量、2,500 億元的資金規模顯然是最佳的證明。

只要存儲和流通的渠道足夠大，需求不旺或銷量不佳的產品共同占據的市場份額就可以和那些數量不多的熱賣品所占據的市場份額相匹敵甚至更大。對於企業來說，首先面臨的一個問題就是如何降低固定成本，而互聯網和信息化特別有助於降低固定成本。在理論狀態下，如果能夠將固定成本降到足夠低，供貨量的大小就和單個產品的成本無關，此時量大和量小的產品具有同樣的市場開發價值。

第一節　企業成本

斯蒂格利茨說：「雖然理性的選擇涉及對成本和效益的仔細權衡，經濟學家卻總是用更多的時間來研究成本而非效益，這在很大程度上是因為個人和廠商往往把每種可能供選擇的效益看得比較清楚，而往往在成本的估算上犯錯誤。」由此可見選擇合適的成本分析至關重要。

一、相關成本與非相關成本

相關成本是指適合決策的成本。而非相關成本對決策並無影響，決策時不予考慮。常用的相關成本與非相關成本見表 6-1：

表 6-1　　　　　　　　　相關成本與非相關成本

相關成本	非相關成本
機會成本	會計成本
增量成本	沉沒成本
變動成本	固定成本

二、增量成本與沉沒成本

增量成本指一項經營管理決策所引起的總成本的增加量。例如，某企業決定增設一條電視機生產線以擴大產量，由此需引進設備、增雇工人、增加購買原材料等，所有這些經濟活動都會增加企業的總成本，其增加量就是增量成本。

沉沒成本指已經投入並無法收回的成本。其表現為過去已經支付的費用或根據過去的決策將來必須支付的費用，通常是顯性成本，但不成為後來決策及分析的組成部分。

［案例6-1］ 虧損仍然營業

在20世紀80年代初，許多大的航空公司都曾大量虧損。美洲航空公司1992年報告的虧損為4.75億美元，三角航空公司虧損5.65億美元，而美國航空公司虧損6.01億美元。但是，儘管有虧損，這些航空公司還是繼續出售機票並運送乘客。乍一看，這種決策似乎讓人驚訝：如果航空公司飛機飛行要虧損，為什麼航空公司的老闆不乾脆停止他們的經營呢？現在仍然有很多企業虧損並繼續營業著，為什麼？

三、變動成本與固定成本

在短期中，廠商不能根據他所要達到的產量來調整其全部生產要素的時期，其中不能在短期內調整的生產要素的費用，屬於固定成本（Total Fixed Cost，簡寫為TFC）。如廠房和設備的折舊、管理人員的工資等。固定成本不隨產量的變動而變動。

在短期內可以調整的生產要素的費用，如原料、燃料的支出和工人工資，屬於可變成本（Total Variable Cost，簡寫為TVC）。可變成本隨產量的變動而變動。

在長期中，廠商可以根據他所要達到的產量來調整其全部生產要素，因此一切成本都是可變的，不存在固定成本和可變成本的區別。

為什麼打開冰箱時冷藏櫃會亮而冷凍櫃卻不會亮？

要回答這個問題，必然會對比相關成本與效益。不管是在冷凍室還是在冷藏室，安一盞打開門就會自動亮的燈，成本差不多都是一樣的。這就是所謂固定成本，在這裡指的是，它不隨你開關冰箱門次數的多寡而發生變化。從收益方面來看，櫃子裡有一盞燈，你找東西更方便。由於大多數人打開冷藏櫃的次數比打開冷凍櫃的次數要多得多，顯然，在冷藏櫃安裝一盞燈的好處更大。所

以，既然加裝一盞燈的成本相同，那麼，根據成本效益原則，在冷藏櫃安燈就比在冷凍櫃安燈更划算。

當然，並不是所有消費者都認為在冷凍櫃安裝一盞燈不划算。大體上，若從什麼人願意為這類功能的好處買單來衡量，一個人收入越高，就越有可能願意為附加的功能買單。所以，成本效益原則告訴我們，為了享受冷凍櫃有燈所帶來的便利性，收入越高的消費者可能越願意多花錢。果然如此。高檔冰箱生產商 Sub-Zero 生產的 Pro 48 冰箱，不僅在冷凍櫃安了燈，甚至連每一層單獨的冰格裡都安了燈。這種冰箱的售價是多少？14,450 美元。

第二節　短期成本分析

一、短期成本的分類

短期成本包括短期總成本、短期平均成本和短期邊際成本。

1. 短期總成本

短期總成本（Short-Run Total Cost，簡寫 STC）是指短期內生產一定量的產品所需的成本總和。總成本包括總可變成本和總固定成本。如果以 STC 代表短期總成本，TFC 代表短期總固定成本，TVC 代表短期總可變成本，則有：

$STC = TFC + TVC$

2. 短期平均成本

短期平均成本（Short-Run Average Cost，簡寫 SAC）是指短期內生產每一單位產品平均所需的成本。它等於短期總成本 STC 除以產量所得之商，即 $SAC = STC/Q$。短期平均成本包括短期平均可變成本和短期平均固定成本。

如果以 SAC 代表短期平均成本，AFC 代表短期平均固定成本，AVC 代表短期平均可變成本，則：

短期平均可變成本是可變成本除以產量的商，即 $AVC = TVC/Q$；

短期平均固定成本是固定成本除以產量的商，即 $AFC = TFC/Q$。

$SAC = AVC + AFC$

3. 短期邊際成本

短期邊際成本（Short-Run Marginal Cost，簡寫 SMC）是指廠商每增加一單位產量所增加的總成本量。如果以 SMC 代表短期邊際成本，$\triangle STC$ 代表短期總成

本的增量，$\triangle Q$ 代表增加的產量，則有：

$SMC = \triangle STC / \triangle Q = dSTC/dQ$

短期總成本、短期平均成本、短期邊際成本是互相聯繫、密切相關的，而其中短期邊際成本的變動又是短期總成本和短期平均成本變動的決定性因素。

二、短期成本的變動及其關係

各類短期成本隨產量增加而變動的規律及其關係，可以通過表 6-2 所列數字表示出來：

表 6-2　　　　　　　　　短期成本變動情況表

產量 $Q(1)$	固定成本 $TFC(2)$	可變成本 $TVC(3)$	總成本 STC $(4)=(2)+(3)$	邊際成本 $SMC(5)$	平均固定成本 AFC $(6)=(2)/(1)$	平均可變成本 AVC $(7)=(3)/(1)$	平均成本 $SAC(8)$ $=(6)+(7)$
0	64	0	64	–	–	–	–
1	64	20	84	20	64	20	84
2	64	36	100	16	32	18	50
3	64	51	115	15	21.3	17	38.3
4	64	64	128	13	16	16	32
5	64	80	144	16	12.8	16	28.8
6	64	111	175	31	10.7	18.5	29.2
7	64	168	232	57	9.1	24	33.1

根據表 6-2 可以繪製出各類成本的曲線圖（圖 6-1）。圖中橫軸 OQ 代表產量，縱軸 OC 代表成本。

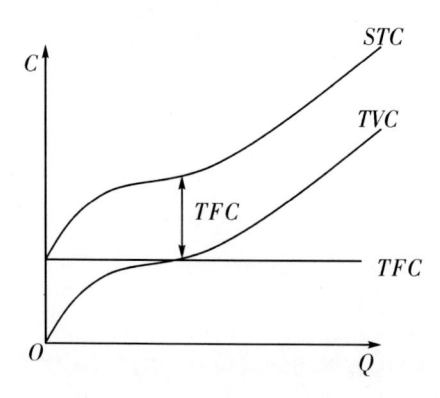

圖 6-1　$STFC$、$STVC$ 和 STC 曲線

1. 短期固定成本、可變成本和總成本

短期固定成本曲線 TFC 是一條平行於 X 軸的水平線，表明固定成本是一個既定的數量（本例為 64），它不隨產量的增減而改變。短期可變成本 TVC 是產量的函數，是一條向右上方傾斜的曲線。其變動規律是從原點出發，隨著產量的增加，成本相應增加，也就是說可變成本先是隨產量的增加而以越來越慢的速度增加，而後轉為以越來越快的速度增加。

短期總成本 STC 線是由固定成本線與可變成本線相加而成，其形狀與可變成本曲線一樣，且在總變動成本的正上方，只不過是可變成本曲線向上平行移動一段相當於 TFC 大小的距離，即總成本曲線與可變成本曲線在任一產量上的垂直距離等於固定成本 TFC，但 TFC 不影響總成本曲線的斜率。因此，固定成本的大小與總成本曲線的形狀無關，而只與總成本曲線的位置有關。總成本曲線也是產量的函數，其形狀也取決於邊際收益遞減規律。總成本的變動趨勢與可變成本的變動趨勢是一致的。三種成本的形狀如圖 6-1 所示。

2. 短期平均固定成本、平均可變成本和平均成本

短期平均固定成本曲線 SAFC 是一條向右下方傾斜的線，開始比較陡，以後逐漸平緩，這表示隨著產量的增加，平均固定成本一直在減少，但開始時減少的幅度大，以後減少的幅度越來越小。短期平均可變成本曲線 SAVC 和短期平均成本曲線 SAC 二者均是「U」形曲線，表明隨著產量的增加先下降而後上升的變動規律。平均成本曲線在平均可變成本曲線的上方，開始時平均成本曲線比平均可變成本曲線下降的幅度大，以後的形狀與平均可變成本曲線基本相同，二者的變動規律相似。如圖 6-2 所示：

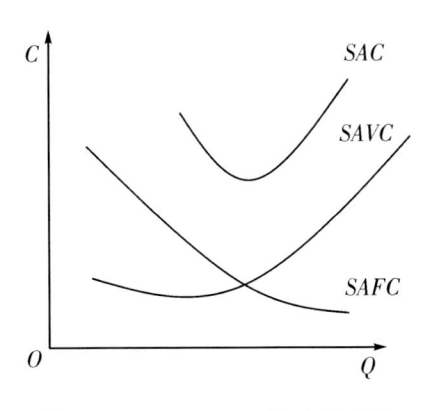

圖 6-2　SAFC、SAVC 和 SAC 曲線

3. 短期邊際成本、短期平均成本和短期平均可變成本

短期邊際成本曲線 SMC 是一條先下降而後上升的「U」形曲線，開始時，邊際成本隨產量的增加而減少，當產量增加到一定程度時，就隨產量的增加而增加。如圖 6-3 所示：

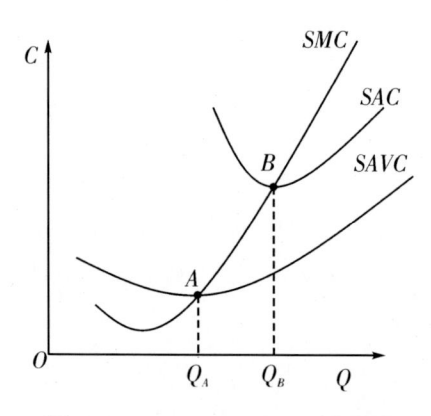

圖 6-3　SMC、SAC 和 SAVC 曲線

（1）短期邊際成本 SMC 和短期平均可變成本 SAVC 的關係

造成 SMC 曲線和 SAVC 曲線「U」形的原因都是由於投入要素的邊際成本的遞減或遞增，也就是邊際收益率的遞增或遞減，但兩種成本的經濟含義和幾何含義不同，SMC 曲線反應的是 STVC 曲線上的一點的斜率。而 SAVC 曲線則是 TVC 曲線上任一點與原點連線的斜率。SMC 曲線與 SAVC 曲線相交於 SAVC 曲線的最低點 A。由於邊際成本對產量變化的反應要比平均可變成本靈敏得多，因此，不管是下降還是上升，SMC 曲線的變動都快於 SAVC 曲線，SMC 曲線比 SAVC 曲線更早到達最低點。在 A 點上，SMC＝SAVC，即邊際成本等於平均可變成本。在 A 點之左，SAVC 在 SMC 之上，SAVC 一直遞減，SAVC＞SMC，即邊際成本小於平均可變成本。在 A 點之右，SAVC 在 SMC 之下，SAVC 一直遞增，SAVC＜SMC，即邊際成本大於平均可變成本。A 點被稱為停止營業點，即在這一點上，價格只能彌補平均可變成本，這時的損失是不生產也要支付平均固定成本。如果低於 A 點，不能彌補可變成本，則生產者無論如何也不能開工。

（2）短期邊際成本 SMC 和短期平均成本 SAC 的關係

短期邊際成本 SMC 和短期平均成本 SAC 的關係和短期平均可變成本 SAVC 的關係相同。SMC 曲線與 SAC 曲線相交於 SAC 曲線的最低點 B。在 B 點上，SMC＝SAC，即邊際成本等於平均成本。在 B 點之左，SAC 在 SMC 之上，SAC 一

直遞減，$SAC>SMC$，即平均成本大於邊際成本。在 B 點之右，SAC 在 SMC 之下，SAC 一直遞增，$SAC<SMC$，即平均成本小於邊際成本。B 點被稱為收支相抵點，這時的價格為平均成本，平均成本等於邊際成本，生產者的成本（包括正常利潤在內）與收益相等。

第三節　長期成本分析

一、長期總成本（LTC）

在長期中，廠商生產一定量產品所投入的總成本，長期要素均可變，所以沒有固定成本，長期總成本是從原點出發的，如圖 6-4：

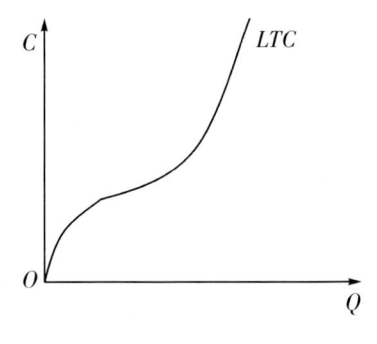

圖 6-4　長期總成本

二、長期平均成本（LAC）

長期是由無數個短期組成。以三個典型的生產規模為例：小規模生產、適度規模生產和大規模生產。根據規模經濟規律，三條相應的短期平均成本曲線如圖 6-5：

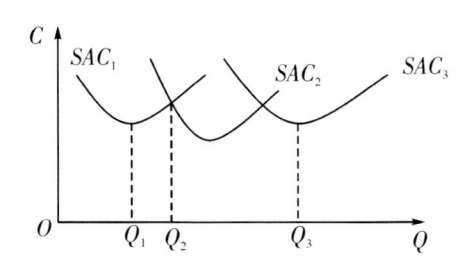

圖 6-5　長期平均成本

當市場需求量為 Q_1 時，應選擇小規模生產，平均成本為 C_1，是最低的。

當市場的需求量為 Q_2 時，則小規模生產或者適度規模生產均可，平均成本均為 C_2。那麼到底選擇哪一種規模生產，則應該結合市場的銷售前景來確定。當市場前景看好時，選擇適度規模生產，否則選擇小規模生產。

當市場需求量為 Q_3 時，選擇大規模生產，此時成本最小。

長期平均成本曲線就是所有可能的短期平均成本曲線交點以下部分的連線。當有無數條短期成本曲線時，其交點以下部分縮小為一個點，這些點的軌跡就是長期成本曲線。因此長期成本曲線是所有短期成本曲線交點以下部分的連線，它把所有的短期成本曲線包在其中，所以又稱「包絡線」。

注意：這種「包絡線」在大多數情況下都不是短期成本曲線最低點的連線。這是因為規模經濟有遞增、不變和遞減三個階段，所有的短期成本曲線不會都處於同一條水平線上，因此這條「包絡線」不可能成為所有短期成本曲線最低點的連線。

在規模經濟遞增階段，長期成本曲線與短期成本曲線相切於短期成本曲線的左端。（在規模經濟遞增階段，規模經濟還沒有充分顯示時，擴大生產規模可以降低成本，也就是說，在 SAC 未達到最佳生產狀態時，企業就選擇了較大的生產規模，而此較大的生產規模的平均成本較低。）在規模經濟不變階段，長期成本曲線與短期成本曲線相切於短期成本曲線的最低點。在規模經濟遞減階段，長期成本曲線與短期成本曲線相切於短期成本曲線的右端，如圖 6-6：

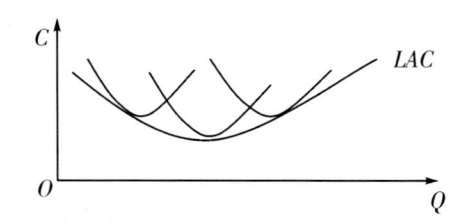

圖 6-6　長期平均成本是短期平均成本的包絡線

三、長期邊際成本（LMC）和長期平均成本

長期邊際成本是指在長期中增加一單位產品所增加的成本。長期邊際成本也是先下降後上升的。它與長期平均成本曲線相交於長期平均成本曲線的最低點。在 LAC 的最低點，SAC、SMC、LAC、LMC 相交與一點，如圖 6-7。

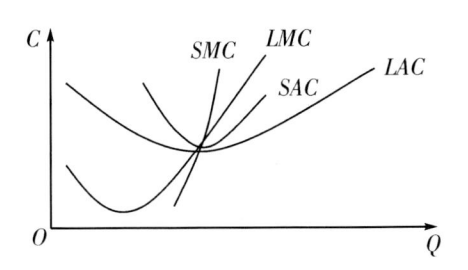

圖 6-7　長期邊際成本和長期平均成本

> **為什麼硬幣上的人像都是側面像，紙幣上的人像卻是正面像？**
>
> 　　看看口袋裡的零錢，你會發現，出現在硬幣上的前總統頭像都是側面像，分幣上的林肯、杰弗遜，角幣上的羅斯福、華盛頓和肯尼迪，全都側著臉。可在錢包裡的紙幣上，你卻找不到側面像。1 美元紙幣上的華盛頓、5 美元上的林肯、10 美元上的漢密爾頓、20 美元上的杰克遜、50 美元上的格蘭特，還有百元美妙上的富蘭克林，皆為正面肖像。除去極少的例外，其他國家的情況也都差不多：硬幣上是側面像，紙幣上是正面像。為什麼存在這樣的差異呢？
>
> 　　簡單地說．儘管畫家大多偏愛正面肖像，可金屬版中存在的技術難題，使得人們難以在硬幣上畫出辨識度高的正面肖像來。硬幣上可供作畫的空間一般不過 4 厘來見方，由於精細度不夠，很難畫出一張能叫人輕易辨識的正面肖像。反之，如果只畫側面像，要認出主體來就容易多了。要在硬幣上畫出足夠精細的正面肖像，技術上辦得到，但費用極高。同時，隨著硬幣的流通，精致的細節很快就會磨損掉。
>
> 　　既然側面像更容易製造和識別，為什麼紙幣上又棄而不用呢？這是因為，正面肖像的精細和複雜，能防止製造偽鈔。

第四節　規模經濟與範圍經濟

一、規模經濟與企業規模的選擇

　　規模經濟性就是企業在生產規模擴大時其長期平均成本變化的性質。
　　規模經濟：隨著企業規模的擴大，生產的平均成本逐步下降。
　　規模不經濟：企業規模擴大而生產的平均成本上升。
　　規模經濟不變：企業規模擴大的時候，其平均成本既不降低也不上升，規模經濟性與長期平均成本變化：當 LAC 曲線下降時，規模的擴張就存在規模經濟；

第六章　成本理論與應用　161

當 LAC 曲線上升時，規模的擴張就存在規模不經濟；當 LAC 曲線保持水平趨勢時，就是規模經濟不變。

二、範圍經濟

範圍經濟：多產品企業的成本低於單一產品企業的成本之和。

1. 含義

範圍經濟是指由一個企業聯合生產若干種產品，要比由多個企業分別生產各自產品更節約成本。範圍經濟可以利用成本函數表示為：

$C(Q_1,0)+C(0,Q_2)>C(Q_1,Q_2)$

2. 範圍經濟程度（SC）的度量

$SC=[C(Q_1,0)+C(0,Q_2)-C(Q_1,Q_2)]/C(Q_1,Q_2)$

若 SC>0 則表明存在範圍經濟，並且 SC 越大範圍經濟越明顯，SC 越小則範圍經濟越不明顯；SC<0 則存在範圍不經濟。

[案例 6-2] 7-11 的範圍經濟

臺灣最牛的特產是什麼？或許比鳳梨酥和高山茶更有代表性的便是便利店，無論貨品、功能與服務都可以稱得上是全世界最便利的便利店。

走在臺北街頭幾乎每三五百米就能看到一家便利店，在臺東、花蓮、阿里山這些偏遠地區也能找到，全天 24 小時營業。臺灣便利店數量已達 1 萬多家，成為全世界便利店最密集的地區——無論你身在何處，都能在 5 分鐘之內找到一家便利店；就連在醫院候診、政府機構排隊辦事、廳內都有便利店服務，照相、印資料、喝咖啡、吃早餐一站搞定。

臺灣便利店貨品豐富細緻，一間不到 100 平方米的小便利店儲備 3,000 多種商品，囊括衣食住行。甚至一日三餐都可在便利店解決，除零食、飲料，連便當都有 21 種選擇，可讓店員加熱後舒舒服服坐在餐桌前享用，邊吃邊看電視或書報雜誌。

除了免費 WiFi、充電、熱水服務，還有乾淨的洗手間可用。洗漱用品、化妝品、換洗衣物、常規藥品、日用品都配備齊全。錢花完了，便利店裡就有 ATM 提款機，銀聯卡都可直接提現。有些旅遊區的便利店甚至允許直接用人民幣付款，收銀臺旁的匯率信息是每天更新的。一路上買了特產不想帶，可在便利店用「宅急便」寄回家。就連需要冷藏的食品都能用低溫速運限時抵達，而且許多便利店還代購當地名店特產，省去了人生地不熟的尋找之苦。

7-11是第一間進入臺灣的便利店,至今仍是業界的龍頭老大。因此,「Seven」幾乎成了臺灣人口中便利店的代名詞,臺灣人日常生活的許多方面都與便利店捆綁在一起——寄郵件、發傳真、繳各種費、買各種票、預約各種機構辦事……

就連過年定年菜、買年貨都由便利店代勞。還有些便利店甚至在假期聘請輔導老師駐店為周圍居民提供照看小孩做功課等服務。

管理實踐6-1 短期決策——貢獻分析

一、貢獻分析法

貢獻分析法是增量分析法在成本利潤分析中的應用。貢獻是指一個方案能夠為企業增加利潤。通過貢獻的計算和比較來判斷一個方案是否可以接受的方法,稱為貢獻分析法。所以貢獻也就是增量利潤,它等於由決策引起的增量收入減去由決策引起的增量成本。

利潤($T\pi$)=總收入(TR)-總成本(TC)

貢獻(C)(增量利潤)=增量收入($\triangle TR$)-增量成本($\triangle TC$)

如果貢獻大於零,說明這一決策能使利潤增加,因而是可以接受的。如果有兩個以上的方案,它們的貢獻都是正值,則貢獻大的方案就是較優的方案。

在產量決策中,常常使用單位產品貢獻這個概念,即增加一個單位產量能給企業增加多少利潤。如果產品的價格不變,增加單位產量的增量收入就等於價格,增加單位產量的增量成本就等於單位變動成本,所以,單位產品貢獻就等於價格減去單位變動成本。

單位產品貢獻(C)=價格(P)-單位變動成本(AVC)

由於價格是由變動成本、固定成本和利潤三部分組成的,所以,貢獻也等於固定成本加利潤,意思是企業得到的貢獻,首先要用來補償固定成本的支出,剩下部分就是企業的利潤。當企業不盈不虧(利潤為零)時,貢獻與固定成本的值相等。

貢獻分析法主要用於短期決策。所謂短期是指這個期間很短,以至於在諸種投入要素中至少有一種或若干種要素的數量固定不變。在這裡,設備、廠房、管理人員工資等固定成本,即使企業不生產,也仍然要支出,所以屬於沉沒成本,在決策時不應加以考慮。正因為這樣,在短期決策中,決策的準則應是貢獻(增量利潤),而不是利潤。

貢獻是短期決策的根據，但這並不等於說利潤不重要了，利潤是長期決策的根據。如果問要不要在這家企業投資，要不要新建一家企業，就屬於長期決策。在虧損的情況下，接受訂貨，即使有貢獻，也只能是暫時的。企業如果長期虧損得不到扭轉，最終是要破產的。

二、貢獻分析法應用

1. 是否接受訂貨

如果企業面臨一筆訂貨，其價格低於單位產品的全部成本，對這種訂貨，企業要不要接受？初一看，價格低於全部成本，肯定會增加企業的虧損，其實不然。在一定條件下，即使接受的訂貨的價格低於全部成本，也能增加企業的利潤，這些條件是：

（1）企業有剩餘的生產能力；

（2）新的訂貨不會影響企業的正常銷售；

（3）雖然訂貨價格低於產品的全部成本，但高於產品的單位變動成本。

[例6-1] 某電子設備公司生產 A 型計量儀器。這種產品的價格一般是平均變動成本的 200%（即單位貢獻等於價格的 1/2）。公司剛剛接到一個客戶的訂單，願以 7,000 元/臺的價格購買公司 B 型儀器 80 臺（只需對 A 型稍加改造）。生產經理估計生產這 80 臺儀器的成本如下：

原材料	120,000 元
直接人工	80,000 元
變動間接費用	40,000 元
固定間接費用	64,000 元
B 型專用的工具和衝模成本	24,000 元
總成本	328,000 元

這家客戶還特別指出 80 臺儀器必須在 6 個月內交貨。由於公司現有生產能力有限，為了生產這 80 臺，不得不放棄銷售額為 560,000 元的 A 型儀器的生產。問根據以上條件，公司是否應該接受這筆訂貨？

解：如承接生產 B 型儀器：

增量收入 = 7,000×80 = 560,000（元）

增量成本 = 120,000+80,000+40,000+24,000+280,000 = 544,000（元）

貢獻 = 560,000−544,000 = 16,000（元）

因為貢獻大於 0，可承接這筆訂貨。

2. 是自制還是外購

企業經常面臨這樣的選擇：產品中的某個部件或零件是自制還是外購？在進行這樣的決策時，通常要比較部件或零件的自制和外購的成本。在做這種決策時，關鍵是選擇好合適的成本（相關成本）。如果使用了不應該使用的成本，遺漏了應該使用的成本，就會導致決策的錯誤。

[例 6-2] 泰山汽車公司所用的 10,000 個 CRX-16 零件，過去每年都是自己生產的。其成本如下：

材料（變動成本）	20,000 元
勞動力（變動成本）	55,000 元
其他變動成本	45,000 元
固定成本	70,000 元
全部成本	190,000 元

今有大陸汽車裝配廠提出，願意以 18 元/個的價格向泰山公司出售這種零件 10,000 個。如果泰山公司同意購買，那麼現在用於生產這種零件的部分設備可以租給其他公司使用，租金收入每年 15,000 元。另外，還可以節省固定成本 40,000 元。問泰山公司是否應該購買這批零件？為什麼？

解：如購買這批零件：

增量收入(節省成本) = 20,000+55,000+45,000+15,000+40,000 = 175,000(元)

增量成本 = 10,000×18 = 180,000（元）

貢獻 = 175,000−180,000 = −5,000（元）

因為貢獻小於 0，說明外購不合算。

3. 發展何種新產品

當企業打算利用剩餘的生產能力增加生產新產品時，如有幾種新產品可供選擇，應選擇貢獻大的產品，而不應選擇利潤大的產品。

[例 6-3] 大興公司用同一臺機器既可以生產甲產品，也可以生產乙產品 (但不能兩者都生產)。他們的有關數據預計如表 6-3：

表 6-3　　　　　　　　　　大興公司產品數據

產品 項目	甲產品	乙產品
銷售量（件）	100	50
單　價（元）	11.50	26.80
單位變動成本（元）	8.20	22.60

第六章　成本理論與應用

問：大興公司生產哪一種產品更有利？

解：生產甲產品的貢獻＝（11.50－8.20）×100＝330（元）

生產乙產品的貢獻＝（26.8－22.6）×50＝210（元）

因為 330＞210，所以應生產甲產品。

4. 虧損的產品要不要停產或轉產

若企業生產幾種產品，其中有的產品是虧損的，則會面對兩個問題：①虧損的產品要不要停產？②要不要轉產？轉產是否合算？

[例6-4] 假定力華公司本年度生產甲、乙、丙三種產品，其損益情況如下：

甲產品淨盈利　　　　　　　　　　　　　　5,000 元

乙產品淨虧損　　　　　　　　　　　　　　2,000 元

丙產品淨盈利　　　　　　　　　　　　　　1,000 元

淨利潤合計　　　　　　　　　　　　　　　4,000 元

又假定三種產品的銷售量、單價和成本資料如表6-4：

表6-4　　　　　　　　　力華公司產品數據

項目＼產品	甲產品	乙產品	丙產品
銷售量（件）	1,000	500	400
單價（元）	20	60	25
單位變動成本（元）	9	46	15
固定成本總額（元）	18,000		

問：（1）乙產品是否要停產？

（2）如果將乙產品停產，轉產丁產品，丁產品的銷售價格為50元，單位變動成本為30元，根據市場預測，一年可銷售600件，假定轉產這600件不需要新投資，問轉產丁產品是否可行？

解：（1）生產乙產品的貢獻：（60－46）×500＝7,000（元）

因為貢獻大於0，所以不應該停產。

（2）丁產品的貢獻：（50－30）×600＝12,000（元）

因為 12,000＞7,000，所以轉產丁產品是可行的。

5. 有限資源這樣最優使用

企業的資源是指企業生產產品時所使用的原材料、設備、熟練勞動力等。有

時企業所需的某種資源的來源可能受到限制，數量有限，成為生產中的「瓶頸」。

如果這家企業是生產多種產品的，就有一個如何把有限資源分配給各種產品才能使企業獲利最多的問題。這裡需要指出的是，有限資源應當優先用於什麼產品以及使用的先後順序，不是根據每種產品單位利潤的多少，也不是根據每種產品單位貢獻的大小，而是應當根據單位有限資源能提供的貢獻大小來決定。

[例 6-5] 假定大昌公司原設計能力為 5,000 機器工時，但實際開工率只有原生產能力的 80%，現準備將剩餘生產能力用於發展新產品甲或新產品乙。老產品和甲、乙兩種新產品的有關資料如表 6-5：

表 6-5　　　　　　　　　　大昌公司產品數據

產品 項目	老產品（實際）	新產品甲（預計）	新產品乙（預計）
每件定額工時	20	5	2
銷售單價（元）	60	82	44
單位變動成本(元)	50	70	38
固定成本總額（元）	14,000		

問：根據以上資料，公司開發哪種產品最為有利？

解：可利用的機器工時限定為：5,000×20% = 1,000（工時）

開發甲：單位產品貢獻 = 82−70 = 12（元）

單位工時貢獻 = 12/5 = 2.4（元）

開發乙：單位產品貢獻 = 44−38 = 6（元）

單位工時貢獻 = 6/2 = 3（元）

因為 3>2.4，故有限的工時應優先用來開發產品乙。

6. 向公司內還是向公司外購買

大公司下面都設有分公司（或者說，一個企業集團是由許多企業組成的）。各分公司常常是利潤中心，自負盈虧，有定價自主權。假如一家分公司打算購買一種產品或勞務，既可以向公司內部的分公司購買，也可以向公司外部的企業購買。這時，如果公司內部分公司開出的價格高於公司外部企業的價格，想購買產品或勞務的分公司就會向外部購買。但是，總公司對分公司的這種購買行為是同意還是不同意？根據是什麼？根據應當是從總公司觀點（不是從分公司利益角度），看哪一個方案能使淨購買成本最低。這裡，淨購買成本是指從總公司角度

看，購買產品（或勞務）的淨支出，等於付出的價格，減去下屬各分公司因購買而引起的貢獻收入。

[例6-6] 某木材加工聯合公司，下設三個分公司。它們是鋸木廠分公司、家具製造分公司和木製品批發分公司。這三家分公司自負盈虧，有定價自主權。但分公司之間在定價上如有爭議，總公司有裁決權。現木製品批發分公司擬訂購一批高級家具。它可以向本公司內部的家具製造分公司訂購，後者出價每套5,000元；也可以向外面的家具商A或B訂購，A出價每套4,500元，B出價每套4,000元。如果由本公司家具製造分公司生產這批家具，變動成本為4,000元，其中有75%為木料費用，購自鋸木廠分公司。鋸木廠分公司生產這批木料所付變動成本占售價的60%。如果由外面的家具商A生產這批家具，則需要委託本公司家具製造分公司進行油漆，油漆價格為每套800元，其中變動成本占70%。現聯合公司的家具製造分公司堅持這批訂貨的價格不能低於5,000元，但木製品批發分公司認為太貴，打算向外面家具商B訂購。如果你是聯合公司總經理，應如何裁決？

解：這裡一共有三個購買方案：

（1）向公司內部家具製造分公司購買；

（2）向公司外家具商A購買；

（3）向公司外家具商B購買。

從分公司的觀點看，第一方案最貴，價格為5,000元；第二方案次貴，為4,500元；第三方案最便宜，為4,000元。但這不應是決策的根據，決策的根據應當是從聯合公司的觀點，看哪個方案的淨購買成本最低。下面計算淨購買成本：

（1）向公司內部的家具製造分公司訂購

淨購買成本=5,000−[（5,000−4,000）+（4,000×75%−4,000×75%×60%）]=2,800（元）

（2）向公司外面的家具商A訂購

淨購買成本=4,500−(800−800×70%)=4,260（元）

（3）向公司外面的家具商B訂購

淨購買成本=4,000元

比較三個方案的淨購買成本，以第一方案為最低。所以總經理應裁決向公司內部的家具分公司購買家具。

管理實踐 6-2　長期決策——利潤分析

一、盈虧分界點分析法

盈虧分界點分析法也稱量—本—利分析法或保本點分析，是一種在企業裡得到廣泛應用的決策分析方法，它是指對產品銷售數量、成本和利潤三者關係的數量分析。對於企業經營者來講，產品銷售達到什麼水平能夠保本，銷售達到什麼水平才能實現預期利潤，在確保利潤目標的前提下，價格、成本、業務量可在什麼範圍內浮動，這些都是時刻必須掌握的信息。而盈虧分界點分析法正好提供了這種信息，所以進行盈虧分界點分析對於掌握企業經營狀態十分有益。

二、獨立方案盈虧平衡分析

獨立方案盈虧平衡分析的目的是通過分析產品產量、成本與方案盈利能力之間的關係找出投資方案盈利與虧損在產量、產品價格、單位產品成本等方面的界限，以判斷在各種不確定因素作用下方案的風險情況。

投資項目的銷售收入與產品銷售量（如果按銷售量組織生產，產品銷售量等於產品產量）的關係有兩種情況：線性和非線性。

1. 線性盈虧平衡分析

該項目的生產銷售活動不會明顯地影響市場供求狀況，假定其他市場條件不變，產品價格可以看作一個常數，不會隨該項目的銷售量的變化而變化。銷售收入與銷售量呈線性關係，即 $TR=PQ$。

項目投產後，其生產成本可以分為固定成本與變動成本兩部分，總成本是固定成本與變動成本之和，它與產品產量的關係也可以近似地認為是線性關係，即 $TC=TFC+AVC \cdot Q$（圖6-8）。

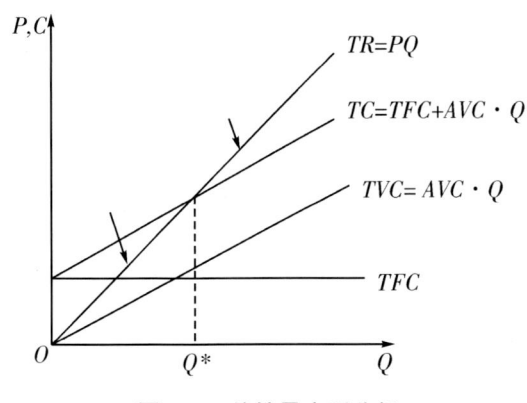

圖6-8　線性量本利分析

圖 6-8 中縱坐標表示銷售收入與產品成本，橫坐標表示產品產量。銷售收入線 TR 與總成本線 TC 的交點稱盈虧平衡點（Break Even Point，簡稱 BEP），也就是項目盈利與虧損的臨界點。在 BEP 的左邊，總成本大於銷售收入，項目虧損，在 BEP 的右邊，銷售收入大於總成本，項目盈利，在 BEP 點上，項目不虧不盈。

在銷售收入及總成本都與產量呈線性關係的情況下，可以很方便地用解析方法求出以產品產量、生產能力利用率、產品銷售價格、單位產品變動成本等表示的盈虧平衡點。在盈虧平衡點，銷售收入 TR 等於總成本 TC，設對應於盈虧平衡點的產量為 Q^*，則有：

$PQ^* = TFC + AVC \cdot Q^*$

盈虧平衡產量：$Q^* = TFC/(P-AVC)$

常寫作：$Q^* = F/(P-V)$

在目標管理體制下，目標利潤是企業整個目標管理指標體系的龍頭。企業根據目標利潤確定銷售目標，然後再確定生產目標、成本費用目標等。保利分析就是在目標利潤確定以後，計算實現目標利潤所必須完成的銷售量和銷售額。

$PQ^* = TFC + AVC \cdot Q^* + \pi$

保利點：$Q^* = (F+\pi)/(P-V)$

[例 6-7] 假定某旅行社經辦到風景點 A 地的旅遊業務，往返 10 天，由汽車公司為旅客提供交通、住宿和伙食。往返一次所需成本數據如表 6-6 所示：

表 6-6　　　　　　　　　　　旅行社數據　　　　　　　　　　　單位：元

固定成本		變動成本	
折舊	1,200	每個旅客食宿費	475
職工工資	2,400	每個旅客的其他變動費用	25
其他	400	變動成本總計	500
固定成本總計	4,000		

（1）如果向每個旅客收費 600 元，至少有多少旅客才能保本？如果收費 700 元，至少有多少旅客才能保本？

（2）如果收費 600 元，預期旅客數量為 50 人；如果收費 700 元，預期旅客數量為 40 人。收費 600 元和 700 元時的安全邊際和安全邊際率各為多少？

（3）如果公司往返一次的目標利潤為 1,000 元，定價 600 元，至少要有多少旅客才能實現這個利潤？如定價 700 元，至少要有多少旅客？

（4）如收費 600 元/人，汽車往返一次的利潤是多少？如果收費 700 元/人，往返一次的利潤是多少？

解：（1）如定價為 600 元：

$Q^* = F/(P-V) = 4,000 \div (600-500) = 40$（人）

所以保本的旅客數為 40 人。

如定價為 700 元：

$Q^* = 4,000 \div (700-500) = 20$（人）

所以保本的旅客數為 20 人。

（2）如定價為 600 元：

安全邊際 = 預期銷售量 - 保本銷售量 = 50 - 40 = 10（人）

安全邊際率 = 安全邊際 ÷ 預期銷售量 = 10 ÷ 50 = 20%

如定價為 700 元：

安全邊際 = 40 - 20 = 20（人）

安全邊際率 = 20 ÷ 40 = 50%

定價 700 元時的安全邊際率大於定價 600 元時的安全邊際率，說明定價 700 元比定價 600 元更為安全。

（3）如定價為 600 元：

$Q = (F+\pi)/(P-V) = (4,000+1,000) \div (600-500) = 50$（人）

即保目標利潤的旅客人數應為 50 人。

如定價為 700 元：

$Q = (4,000+1,000) \div (700-500) = 25$（人）

即保目標利潤的旅客人數應為 25 人。

（4）如定價為 600 元：

$\pi = 600 \times 50 - 500 \times 50 - 4,000 = 1,000$（元）

如定價為 700 元：

$\pi = 700 \times 40 - 500 \times 40 - 4,000 = 4,000$（元）

定價 700 元比定價 600 元的利潤多，所以，價格應定為 700 元/人。

2. 非線性盈虧平衡分析

在生產實踐中，由於產量擴大到一定水平，原材料、動力供應價格會引起上

漲等原因造成項目生產成本並非與產量呈線性關係，也由於市場容量的制約，當產量增長後，產品售價也會引起下降，價格與產量呈某種函數關係，因此，銷售收入與產量就呈非線性關係（圖6-9）。

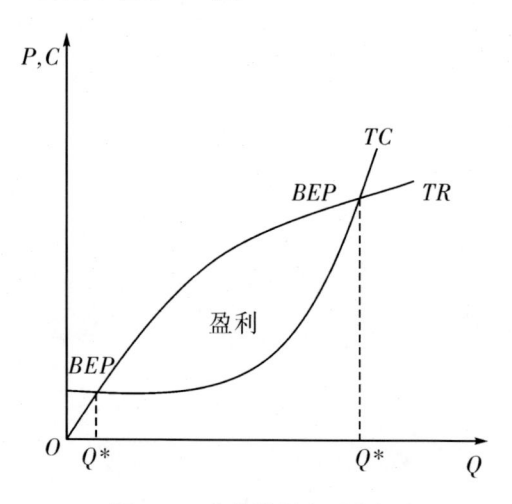

圖6-9 非線性量本利分析

三、多方案盈虧平衡分析

在需要對若干個互斥方案進行比選的情況下，如果是某一個共有的不確定因素影響這些方案的取捨，選擇利潤大的作為參考。

[**例**6-8] 生產某種產品有三種工藝方案：採用方案1，年固定成本為800萬元，單位產品變動成本為10元；採用方案2，年固定成本為500萬元，單位產品變動成本為20元；採用方案3，年固定成本為300萬元，單位產品變動成本為30元。分析各種方案適用的生產規模。

解：各方案年總成本均可表示為產量Q的函數：

$TC_1 = TFC_1 + AVC_1 \cdot Q = 800 + 10Q$

$TC_2 = TFC_2 + AVC_2 \cdot Q = 500 + 20Q$

$TC_3 = TFC_3 + AVC_3 \cdot Q = 300 + 30Q$

各方案的年總成本函數曲線如圖6-10所示。三個方案的年總成本函數曲線兩兩相交於L、M、N三點，各個交點所對應的產量就是相應的兩個方案的盈虧平衡點。在本例中，Q_M是方案2與方案3的盈虧平衡點，Q_N是方案1與方案2的盈虧平衡點。顯然，當$Q<Q_M$時，方案3的年總成本最低；當$Q_M<Q<Q_N$時，方案2的年總成本最低；當$Q>Q_N$時，方案1的年總成本最低。

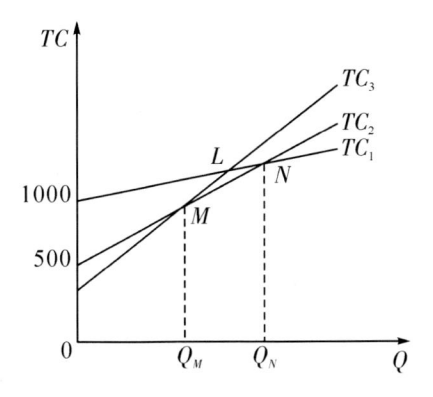

圖 6-10　各方案的總成本函數

當 $Q=Q_M$ 時，$TC_2=TC_3$，即 $TFC_2+AVC_2 \cdot Q = TFC_3+AVC_3 \cdot Q$，$Q_M=20$（萬件）。同理 $Q_N=30$（萬件）。

由此可知，當預期產量低於 20 萬件時，應採用方案 3；當預期產量在 20 萬件和 30 萬件之間時，應採用方案 2；當預期產量高於 30 萬件時，應採用方案 1。

【經典習題】

一、名詞解釋

1. 停止營業點
2. 盈虧平衡點

二、選擇題

1. 在決策前已經發生的成本被稱為（　　）。
    A. 機會成本　　　　　　　　B. 內涵成本
    C. 沉沒成本　　　　　　　　D. 會計成本
2. 當邊際成本等於平均成本時（　　）。
    A. 總成本最低　　　　　　　B. 邊際成本最低
    C. 平均成本最低　　　　　　D. 總利潤最高
3. 在短期邊際成本曲線與短期平均成本曲線的相交點，（　　）。
    A. 邊際成本等於平均成本　　B. 邊際成本大於平均成本
    C. 邊際成本小於平均成本　　D. 不確定

第六章　成本理論與應用　173

4. 已知產量為 9 單位時，總成本為 95 元，產量增加到 10 單位時平均成本為 10 元，由此可知邊際成本為（　　）。

    A. 5 元　　　　B. 3 元　　　　C. 10 元　　　　D. 15 元

5. 當邊際成本低於平均成本時，（　　）。

    A. 平均成本上升　　　　　　B. 平均可變成本可能上升也可能下降

    C. 總成本下降　　　　　　　D. 平均可變成本上升

三、簡答與論述

1. 說明為什麼在產量增加時，平均成本（AC）與平均可變成本（AVC）越來越接近。

2. 有人說，因為 LAC 曲線是 SAC 曲線的拋物線，表示長期內在每一個產量上廠商都將生產的平均成本降到最低水平，所以，LAC 曲線應該相切於所有的 SAC 曲線的最低點。你認為這句話對嗎？為什麼？

四、計算與證明

1. 大陸儀器公司生產各種計算器，一直通過它自己的銷售網絡進行銷售。最近有一家大型百貨商店願意按每臺 8 元的價格向它購買 20,000 臺 X1-9 型計算器。大陸公司現在每年生產 X1-9 型計算器 160,000 臺，如果這種型號的計算器再多生產 20,000 臺，就要減少生產更先進的 X2-7 型計算器 5,000 臺。與這型號有關的成本、價格數據如表 6-7 所示：

表 6-7　　　　　　　　　大陸儀器數據　　　　　　　　單位：元

	X1-9 型	X2-7 型
材料費	1.65	1.87
直接人工	2.32	3.02
變動間接費用	1.03	1.11
固定間接費用	5.00	6.00
利潤	2.00	2.40
批發價格	12.00	14.40

大陸儀器公司很想接受百貨商店的這筆訂貨，但又不太願意按 8 元的單價出售（因為在正常情況下 X1-9 型計算器的批發價格為 12 元）。可是，百貨商店則

堅持只能按8元單價購買。大陸儀器公司要不要接受這筆訂貨？

2. 假定通用電氣公司製造No.9零件20,000個，某成本數據如下表6-8所示：

表6-8　　　　　　　　　　通用電氣數據　　　　　　　　　單位：元

	20,000個總成本	單位成本
直接材料費	20,000	1
直接人工費	80,000	4
變動間接費用	40,000	2
固定間接費用	80,000	4
合計	2,200,000	11

如果外購，每個零件的價格為10元，可以節省固定間接費用20,000元（因為如果不製造這種零件，班長可以調做其他工作，從而可以節省班長工資20,000元）。同時，閒置的設備可以出租，租金收入35,000元。通用公司應自製還是外購這種零件？

3. 假定某企業生產三種產品A、B、C，其中產品C是虧損的。每月的銷售收入和成本利潤數據如下表6-9所示：

表6-9　　　　　　　　　　通用電氣數據　　　　　　　　　單位：元

項目	A	B	C
銷售收入	1,000,000	1,500,000	2,500,000
成本			
變動成本	700,000	1,000,000	2,200,000
固定成本	200,000	300,000	500,000
利潤	100,000	200,000	-200,000

（1）產品C要不要停產？

（2）假如把產品C的生產能力轉產產品D，產品D每月的銷售收入為2,000,000元，每月變動成本為1,500,000元。試問要不要轉產產品D？

（3）假如產品C停產後，可以把部分管理人員和工人調往他處，使固定成本下降80,000元，騰出的設備可以出租，租金收入預計每月250,000元。問產品C要不要停產？

4. 大陸公司的總變動成本函數為：$TVC = 50Q - 10Q^2 + Q^3$（Q 為產量）。問：
(1) 邊際成本最低時的產量是多少？
(2) 平均變動成本最低時的產量是多少？
(3) 在題（2）的產量上，平均變動成本和邊際成本各為多少？

5. 對於生產函數 $Q = 10KL/(K+L)$，在短期中令 $P_L = 1$，$P_K = 4$，$K = 4$。請：
(1) 推導出短期總成本、平均成本、平均可變成本及邊際成本函數；
(2) 證明當短期平均成本最小時，短期平均成本和邊際成本相等。

6. 已知某廠商長期生產函數為 $Q = 1.2A^{0.5}B^{0.5}$，Q 為每期產量，A、B 為每期投入要素，要素價格 $P_A = 1$ 美元，$P_B = 9$ 美元。試求該廠商的長期總成本函數、平均成本函數和邊際成本函數。

7. 假定某企業的短期成本函數是 $TC(Q) = Q^3 - 10Q^2 + 17Q + 66$。
(1) 指出該短期成本函數中的可變成本部分和不變成本部分；
(2) 寫出下列相應的函數：$TVC(Q)$、$AC(Q)$、$AVC(Q)$、$AFC(Q)$、$MC(Q)$。

8. 已知某企業的長期總成本函數是 $LTC(Q) = 0.04Q^3 - 0.8Q^2 + 10Q$。求最小的平均可變成本值。

【綜合案例】富士康加速向印度轉移

2015 年，富士康計劃在印度投資數十億美元，建設每年產量達到 4 億部手機的製造工廠。2014 年，全球手機出貨量 18.9 億部，其中 16 億部在中國製造，占到全球產量的 85%。隨著印度手機製造業的崛起，將會有超過 20% 的手機製造訂單會從中國轉移至印度。吸引中國企業的，是印度遠超中國的智能手機增速，以及更豐富、低價的勞動力資源。

對於主打低價手機的印度市場而言，10% 的成本幾乎決定生死。排名第二的 Micromax 靠 70 美元售價的低價手機搶占排名第一的三星份額，而排名第三的 Intex 則依靠售價 45 美元的智能手機，實現了高達 52% 的市場增速。而中國手機廠商也均在印度主打 400~800 元的產品。很多分析師指出，印度對於低價手機的需求大到無法想像。

此外，在印度 12 億人口中，智能手機用戶占比不足 10%。龐大的市場體量下，印度製造帶來的稅收紅利進一步被放大。隨著手機增量市場從中國轉移到印

度，新的手機戰場將在此展開。受到印度政府邀請之後，三星、索尼、LG 開始在印度建設手機製造中心。

對於勞動力密集的製造產業而言，35 歲以下人口占比達到 64% 的印度無疑是最佳的製造基地。而且，印度 25 歲以下人口達到 5.98 億，可以保障未來 20 年內的勞動力充足。廉價、充足的勞動力，一定程度上也確保了手機廠商的低生產成本以及競爭力。

最早計劃在印度建設製造中心的中國廠商是小米、金立、華為，其後，酷派在今年 5 月宣布在印度建設製造中心。2015 年 7 月，Vivo 也宣布啓動印度生產線的建設。當然，除此之外，Vivo 還在印度投資接近 40 億元，建設本地化銷售渠道。目前，Vivo 已經在印度 22 個邦取得了營業執照、稅號、銀行帳號等經營資質。

富士康、文泰進入印度之後，也將主導印度的手機製造產業，事實上，富士康在印度的項目是目前「印度製造」中最大的投資。

結合成本理論分析產業佈局與轉移的原理。

第七章 市場結構與企業行為

【知識結構】

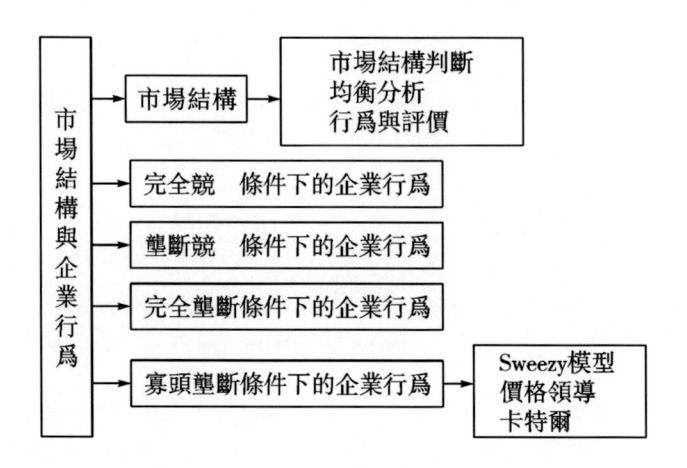

```
                    ┌─────────────┐      ┌──────────────────┐
                    │  市場結構    │─────▶│ 市場結構判斷     │
                    │             │      │ 均衡分析         │
         ┌──────────┤             │      │ 行為與評價       │
         │          └─────────────┘      └──────────────────┘
         │          ┌──────────────────────────┐
市        │          │ 完全競  條件下的企業行為 │
場  ─────┤          └──────────────────────────┘
結        │          ┌──────────────────────────┐
構        │          │ 壟斷競  條件下的企業行為 │
與  ─────┤          └──────────────────────────┘
企        │          ┌──────────────────────────┐
業        │          │ 完全壟斷條件下的企業行為 │
行  ─────┤          └──────────────────────────┘
為        │          ┌──────────────────────────┐     ┌──────────────┐
         │          │ 寡頭壟斷條件下的企業行為 │────▶│ Sweezy模型   │
         └──────────└──────────────────────────┘     │ 價格領導     │
                                                      │ 卡特爾       │
                                                      └──────────────┘
```

【導入案例】 褚橙、柳桃、潘蘋果

2002年，75歲的褚時健和老伴馬靜芬種起了冰糖橙，初期並不以掙錢為首要目的；2006年，褚時健的橙園總產量只有1,000噸；而2011年，橙園的產量達到8,600噸。從2012年開始，生鮮電商逐漸成為電商領域的新熱點。而2013年，本來生活網成功地借助了一場年輕人的營銷，利用互聯網，把褚橙推向一個新的巔峰，同時也讓本來生活網借助褚橙這個產品迅速地提升了影響力。

2010年進軍農業的聯想控股，迄今在藍莓和獼猴桃兩個項目上的投資已超過10億元。作為柳傳志寄予厚望的聯想控股現代農業板塊，佳沃品牌於2013年5月8日正式發布。佳沃從2011年年末開始搭建冷鏈物流體系，目前可以覆蓋20個大城市。

褚時健的「勵志橙」和柳傳志的「良心果」在2013年11月聯手推出「褚橙柳桃」組合裝，這被讚譽為「2013年分量最重的禮品」。

而近期，潘石屹也開始為家鄉的蘋果代言。5千克「褚橙」網絡售價達128元，3千克「柳桃」價格達168元，3千克潘蘋果價格達88元。這些產品雖然價格偏高1~2倍，但仍然在部分城市賣斷貨。

人們一般認為農產品幾乎接近於完全競爭市場，農產品是否因為產地的特殊性或品牌的樹立而不處於完全競爭市場呢？

第一節　市場結構

一、市場結構的含義

我們在市場上購買產品時，往往會面臨可供選擇的不同廠商，他們都能供給同種產品。一般來講，越是消費者所必需的商品或越是易於生產的商品，其生產廠商越多，消費者的選擇範圍也越大。比如我們買衣服時，會面臨全中國甚至全世界的衣服廠商的產品，但要是購買微軟公司的核心技術或是可口可樂的配比秘方則只有唯一的廠商可供選擇。

如果某種或某類產品有眾多的生產廠家，廠商之間的產量競爭或價格競爭非常激烈，我們就說生產該種或該類產品的產業是競爭的或壟斷競爭的；反之，如果生產某種或某類產品有唯一的或數目很少的生產廠家，廠商之間競爭較弱，我們就說生產該種或該類產品的產業是壟斷的或寡頭壟斷的。因此我們可以用生產同種或同類產品的廠商之間的競爭程度或其反面——壟斷程度，來劃分產業的結構或市場的結構。

二、市場結構的劃分依據

1. 廠商的數量

一般來講，廠商的數量越大，市場的競爭程度越高，而壟斷程度越低；反之，廠商數量越少，市場的競爭程度越低，而壟斷程度越高。

2. 產品屬性

假定廠商數量一定，則廠商生產的產品同質性越高，市場競爭也就越激烈，而壟斷性越弱；反之，產品的同質性越低，則市場的競爭程度也會越低，而壟斷性程度越高。

3. 要素流動障礙

如果某行業要素流進流出很容易，則廠商很容易進入或退出該行業，行業競爭程度就高，壟斷程度就低；反之要素流通不易，廠商進入和退出的成本都很高，則該行業競爭程度就很弱，而壟斷程度很高。

4. 信息充分程度

信息越充分，廠商越容易根據市場調整自己的決策，市場競爭程度越高，而壟斷程度越低；反之，信息越不充分，則掌握較多信息的廠商有競爭優勢，逐漸

處於壟斷地位，導致市場壟斷程度很高而競爭程度很弱。

三、市場結構的分類

根據各個決定因素的強度的不同，微觀經濟學把市場結構劃分為四種：完全競爭市場、壟斷競爭市場、寡頭壟斷市場和完全壟斷市場。其中完全競爭和完全壟斷處於兩個極端狀態，而壟斷競爭和寡頭壟斷是介於這兩個極端之間的普遍存在的市場結構，壟斷競爭市場是偏向於完全競爭但又存在一定程度的壟斷，寡頭壟斷偏向於完全壟斷但又存在一定的競爭。如圖 7-1：

圖 7-1　市場結構分類

1. 完全競爭（Perfect Competition）

完全競爭又稱純粹競爭，是指一種競爭不受任何阻礙、干擾和控制的市場結構。完全競爭的條件如下：

（1）市場上有許多生產者與消費者，並且每個生產者和消費者的規模都很小，即任何一個市場主體所占的市場份額都極小，都無法通過自己的行為影響市場價格和市場的供求關係，因而每個主體都是既定市場價格的接受者，而不是決定者。

（2）市場上的產品是同質的，即不存在產品差別。產品差別是指同種產品在質量、包裝、牌號或銷售條件等方面的差別，不是指不同產品之間的差別。例如，創維彩電與長虹彩電的差別，而不是彩電與空調的差別。因此，廠商不能憑藉產品差別對市場實行壟斷。

（3）各種資源都可以完全自由流動而不受任何限制。任何一個廠商都可以按照自己的意願自由地擴大或縮小生產規模，進入或退出某一完全競爭的行業。

（4）市場信息是暢通的。廠商與居民戶雙方都可以獲得完備的市場供求信息，雙方不存在相互的欺騙。

具有上述條件的市場就叫作完全競爭市場。在現實中這樣的市場結構很少，比較符合條件的有農產品市場和沒有大戶操縱的證券市場，分析完全競爭市場的廠商行為具有重要的理論意義。

2. 壟斷競爭（Monopolistic Competition）

壟斷競爭是指一種既有壟斷又有競爭，既不是完全競爭又不是完全壟斷的市場結構。壟斷競爭市場的主要特徵有：

（1）市場上有眾多的消費者和廠商，每個廠商所占的市場份額較小。一個企業的競爭策略的制定和實施不必考慮別的企業的反應，也就是說，企業之間是彼此獨立的。

（2）企業生產的產品存在著差別，即有很大的替代性。而這種差別的存在是壟斷競爭形成的基本條件。企業之間的競爭就不再只是價格競爭（完全競爭企業因產品沒有差別，故企業之間的競爭只是價格競爭），而且存在著諸如質量競爭、服務競爭等非價格競爭。

（3）企業面臨的需求曲線是一條略微向下傾斜的需求曲線。需求曲線的傾斜程度與需求價格彈性有關，壟斷競爭企業的價格彈性不再像完全競爭企業那樣是無窮大，說明企業有了一定程度的價格制定權。因此，每個企業所面對的是一條向右下方傾斜的曲線。

（4）企業進入或退出一個行業是自由的。由於企業的規模較小，所花費的資金較少，因此，企業比較容易進入或退出一個行業。

在現實市場中，壟斷競爭是一種普遍現象。最明顯的壟斷競爭市場有電影、服裝、零售商店、飯店、輕工業品市場等。

3. 寡頭壟斷（Oligopoly）

寡頭壟斷也稱少數企業壟斷市場，是指幾家大廠商控制了一種產品的全部或大部分產量和供給的市場結構。這與完全壟斷和壟斷競爭市場不同。完全壟斷市場只有一家廠商，這家廠商的供給和需求就是一個行業的供給和需求。壟斷競爭市場則有較多的廠商，每家廠商只是行業中的一小部分。

寡頭壟斷市場主要有兩種類型：①無差別寡頭（純粹寡頭）：寡頭廠商生產的產品無差別，例如冶金、石油、建材等行業的寡頭。②有差別寡頭：寡頭廠商生產的產品有差別，例如飛機、汽車、機械、香菸等行業的寡頭。

寡頭壟斷市場的特徵包括：

（1）寡頭廠商之間存在著相互依存性。由於行業中只有少數幾家大廠商，它們的供給量均佔有市場的較大份額，各個寡頭廠商相互之間容易達成某種形式的相互勾結和妥協。

（2）寡頭廠商的決策互相影響，其決策產生什麼樣的結果具有很大的不確定性。因為任何一個寡頭廠商在做出決策時，都必須考慮競爭對手對其做出的反應。

（3）寡頭廠商的競爭手段是多種多樣的，價格和產量一旦確定，就具有相對的穩定性，這也就是說，各個寡頭由於難以捉摸對手的行為，一般不會輕易變

動已確定的價格與產量水平。

4. 完全壟斷（Perfect Monopoly）

完全壟斷，又稱壟斷，是指整個行業的市場完全處於為一家廠商所控制的狀態，即一家廠商控制了某種產品的市場。在這種情況下，完全壟斷企業就同完全競爭企業是一個價格接受者不同，是價格的制定者，它可以自行決定自己的產量和銷售價格，並因此使自己利潤最大化。如電力、煤氣等公用事業。壟斷企業還可以根據獲取利潤的需要在不同銷售條件下實行不同的價格，即實行差別價格（Price Discrimination）。

壟斷的特徵包括：①市場上只有一家企業生產和銷售產品；②產品缺乏近似替代品；③其他企業不可能進入該行業；④企業獨自決定價格。

第二節　完全競爭條件下的企業行為

一、完全競爭企業的特點

1. 完全競爭市場與企業的供求

在完全競爭市場的條件下，對整個行業來說，需求曲線是一條向右下方傾斜的曲線，供給曲線是一條向右上方傾斜的曲線。整個行業產品價格就由這種需求與供給決定，如圖7-2（a）所示。但對個別企業來說情況就不一樣了。當市場價格確定之後，對個別企業而言，這一價格就是既定的，無論它如何增加產量都不能影響市場價格。因此，市場對個別企業產品的需求曲線就表現為一條與橫軸平行的水平線，如圖7-2（b）所示。

（a）市場供需與均衡　　　（b）個別廠商的需求曲線

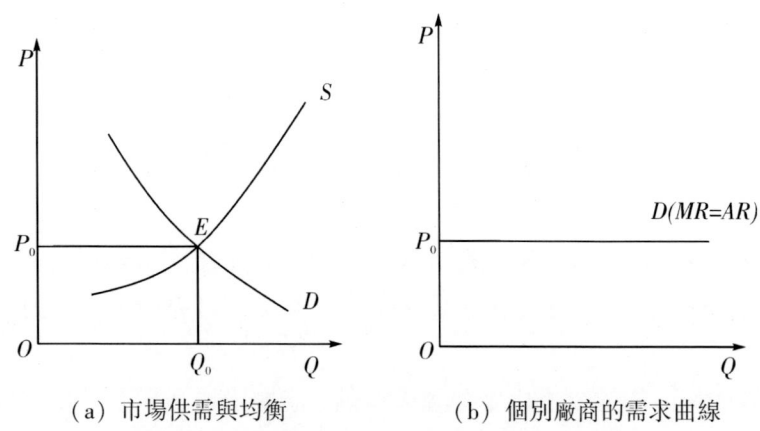

圖7-2　市場價格的決定與個別廠商的需求曲線

2. 完全競爭市場的收益

在各種類型的市場上，平均收益與價格都是相等的，即 $AR=P$。因為每單位產品的售價就是其平均收益。但只有在完全競爭市場上，對個別企業來說，平均收益、邊際收益與價格才相等，即 $AR=P=MR$，因為只有在這種情況下，個別企業銷售量的增加才不影響價格。在完全競爭市場上，企業每增加一單位產品的銷售，市場價格仍然不變，從而每增加一單位產品銷售的邊際收益 MR 也不會變，邊際收益也等於價格。

這條需求曲線的需求價格彈性系數為無限大，即在市場價格為既定時，對個別企業產品的需求是無限的。在完全競爭市場上，企業需求曲線 D 與平均收益曲線 AR 和邊際收益曲線 MR 三條線重合在一起。

二、完全競爭條件下企業的短期決策

當一個企業獲得最大利潤時，它既不增加生產也不減少生產，所以，它處於均衡狀態。前面已經證明，邊際收益等於邊際成本，即 $MR=MC$，是利潤最大化的條件。短期均衡是指企業不能根據市場行情調整其生產規模，也不能變換某一行業時的均衡。在完全競爭條件下，$MR=AR=P$，所以，完全競爭企業短期均衡即取得最大利潤的必要條件是 $MC=MR=AR=P$。

完全競爭企業的短期均衡隨著均衡價格的變化，大致可能發生以下四種情況：

1. 供不應求狀況下的短期均衡——企業獲得超額利潤（$P>SAC$ 最低點）

對個別企業來說，其需求曲線 D 是從行業市場價格 OP 引出來的一條平行線，該曲線同時也是平均收益曲線 AR 和邊際收益曲線 MR。SMC 為短期邊際成本曲線，SAC 為短期平均成本曲線。

在供不應求的情況下，由於行業市場價格 OP 在短期平均成本與短期邊際成本交點的上方，即市場價格大於個別企業的平均成本，從而 $AR>AC$，該企業面臨利潤存在。

企業為了實現利潤最大化，就必須滿足於邊際收益＝邊際成本，即 $MR=MC$。邊際收益曲線 MR 與邊際成本曲線 MC 的交點 E 決定了企業利潤最大化時的產量為 OQ^*。這時該企業的總收益 $TR=$ 平均收益 $AR\times$ 產量 OQ^*，即圖中的 OQ^*EP；總成本 $TC=$ 平均成本 $AC\times$ 產量 OQ^*，即圖中的 OQ^*FG。由於 $TR>TC$，這時，該企業可獲得超額利潤 $GFEP$（$TR-TC=GFEP$）。如圖 7-3 所示。

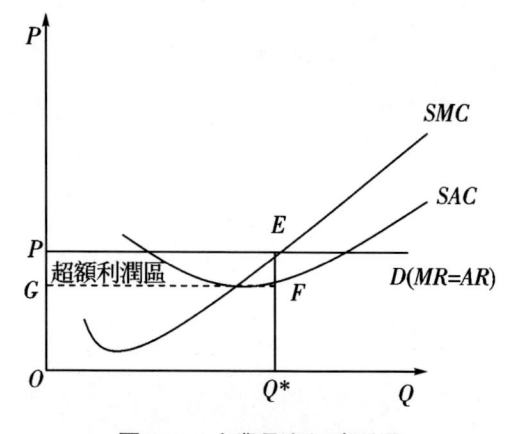

圖 7-3　企業具有經濟利潤

超額利潤的存在，會吸引更多企業的進入，其結果使整個行業的投資增加，生產規模擴大，產出增加，使整個行業出現了供過於求的狀況，進而使市場價格下降，導致部分企業出現虧損。

2. 供求平衡狀況下的短期均衡——企業獲得正常利潤（$P=SAC$ 最低點）

在供求平衡的情況下，由於行業市場價格 OP 通過短期平均成本與短期邊際成本的交點，即市場價格等於個別企業的平均成本，從而 $MR=MC=AR=AC$，此時企業的總收益 $TR=$ 平均收益 $AR \times$ 產量 OQ^*，總成本 $TC=$ 平均成本 $AC \times$ 產量 OQ^*。所以，總收益 $TR=$ 總成本 TC。此時，企業沒有超額利潤，可以獲得正常利潤，因為正常利潤是總成本的一部分。此時現有企業不願意離開這個行業，也沒有新的企業願意加入這個行業。如圖 7-4 所示：

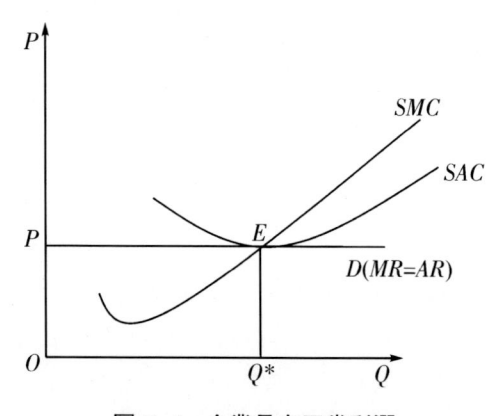

圖 7-4　企業具有正常利潤

3. 供過於求狀況下的短期均衡——企業遭受虧損（$AVC<P<SAC$）

在供過於求的情況下，由於行業市場價格 OP 在短期平均成本與短期邊際成本交點的下方，即市場價格小於個別企業的平均成本，從而 $AR<AC$，該企業面臨虧損。企業為了最大限度減少虧損，必須滿足邊際收益＝邊際成本（$MR=MC$）。邊際收益曲線與邊際成本曲線的交點 E 決定了企業虧損最小化時的產量為 OQ^*。這時該企業的總收益（TR）＝平均收益（AR）×產量（OQ^*），即圖中的 OQ^*EP；總成本（TC）＝平均成本（AC）×產量（OQ^*），即圖中的 OQ^*FG。由於 $TR<TC$，這時，該企業的虧損額為 $GFEP$（$TR-TC=GFEP$）。如圖 7-5 所示：

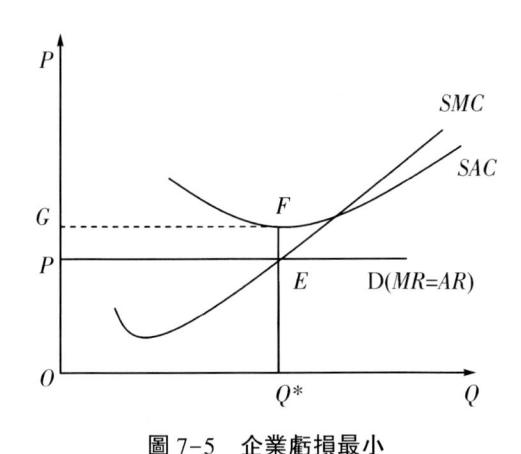

圖 7-5　企業虧損最小

虧損的存在，使得部分虧損企業退出該行業，其結果使整個行業的投資減少，生產規模縮小，產出下降，從而整個行業出現了供求平衡以至於供不應求的狀況，使得市場價格上升，結果出現了行業盈利的狀況。如此不斷循環往復，最終會趨於市場的長期均衡。

4. 停止營業點（$P<AVC$）

如果行業市場價格低於個別企業的平均成本，企業的平均收益不足以彌補平均成本的支出，該企業就面臨著收支相抵的問題。至於停不停止生產，還要看平均可變成本與行業市場價格之間的關係。

在圖 7-6 中，SAC 為短期平均成本曲線，$SAVC$ 為短期平均可變成本曲線。平均成本曲線與平均可變成本曲線之間的距離就等於平均固定成本。從前一章分析中可知，邊際成本曲線 SMC 相交於這兩條平均成本曲線的最低點，如圖中 A 點和 B 點所示。當市場價格高於 OP_A 時，如 OP_B，平均收益高於平均可變成本，但仍小於平均成本。這時，雖然虧損發生，但企業從事生產還是有利的，因為所

得到的收益能彌補一部分固定成本，使得虧損額比不生產時小一些。假若它停止生產，它將負擔全部的固定成本損失。當價格低於 OP_A 時，企業所得的收益連可變成本也不能補償，這樣，停止生產所受的虧損比從事生產時要小一些。當價格等於 OP_A 時，平均收益恰好等於平均可變成本，企業從事生產和不從事生產所受的虧損是一樣的，其虧損額都等於固定成本。這時企業處於營業的邊際狀態。因此，價格等於最低的平均可變成本這一點（圖中的 A 點）就叫作停止營業點。

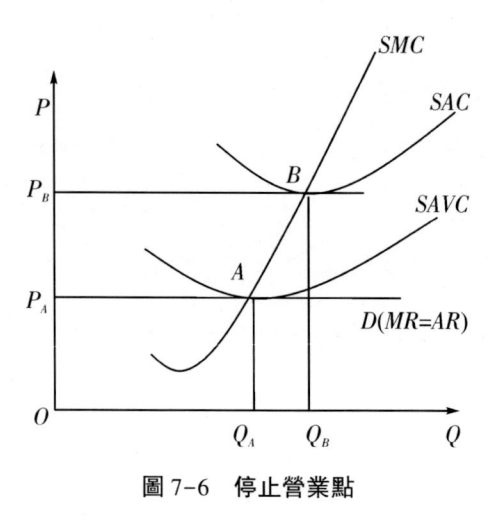

圖 7-6 停止營業點

三、完全競爭條件下企業的長期決策

完全競爭市場上企業的長期均衡是在完全競爭市場條件下，各個企業都可以根據市場價格來調整全部生產要素和生產，並自由進入或退出所屬行業的均衡生產狀態。這樣，整個行業供給的變動就會影響市場價格，從而影響各個企業的均衡。

在完全競爭市場結構中，各個企業的長期均衡實現過程是動態性質的。其機理作用過程如下：①當行業存在著超額利潤時，新資本大量進入→行業規模擴大→供給增加→市場價格下降→$AR=MR=P$ 隨之下降→超額利潤逐漸消失；②當行業出現虧損時，部分資本退出→行業規模縮小→供給減少→市場價格上升→$AR=MR=P$ 隨之上升→虧損消除；③當行業既無超額利潤又無虧損時，整個行業的供求均衡，各個企業的產量也不再調整，於是就實現了長期均衡。如圖 7-7 所示。

图 7-7 完全竞争市场长期均衡

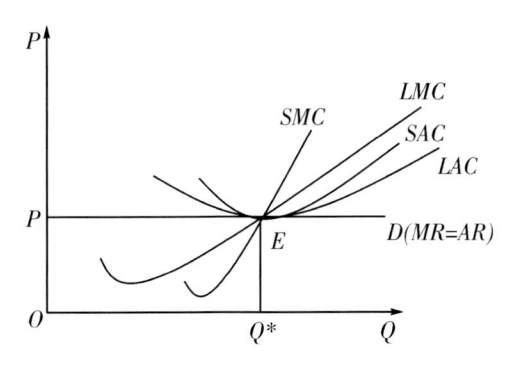

在图 7-7 中，完全竞争企业将长期均衡於 E 点。均衡价格为 OP，均衡产量为 OQ^*。企业的需求曲线 D 与四条成本曲线（两条短期、两条长期）相切（或相交）於 E 点。所以，完全竞争市场的长期均衡条件是：$P = MR = SMC = SAC = LMC = LAC$。

因此，在完全竞争市场上，企业在短期可能获得超额利润，也可能遭受亏损，但在长期，企业只能得到正常利润。短期均衡与长期均衡的区别在於：短期均衡不要求价格等於平均成本，但长期要求它们相等。

理解完全竞争市场长期均衡应注意：①长期均衡点就是第五章所说的收支相抵点，即：总成本＝总收益（$TC = TR$）；②企业尽管没有超额利润，但可获得作为生产要素之一的企业家才能的报酬——正常利润；③企业只要获得正常利润，就实现了利润最大化，即满足於 $MR = MC$；④在长期均衡点上，由於 $LMC = MR = LAC = AR = P$，所以，平均成本最小，表明在完全竞争条件下的经济效率最高。

[案例 7-1] 冷清的餐馆和淡季的小型高尔夫球场

你是否曾经走进一家餐馆吃午饭，发现里面几乎没人？你可能会问为什么这种餐馆还要开门呢。看来几个顾客的收入不可能弥补餐馆的经营成本。

在做出是否经营的决策时，餐馆老板必须记住固定成本与可变成本的区分。餐馆的许多成本，包括租金、厨房设备、桌子、盘子、餐具等都是固定的。在午餐时停止营业并不能减少这些成本。当老板决定是否提供午餐时，只有可变成本（增加的食物价格和额外的侍者工资）是相关的。只有在午餐时从顾客得到的收入少到不能弥补餐馆的可变成本，老板才在午餐时间关门，即使顾客寥寥无几，照常营业也不至於过多赔钱。

夏季度假區小型高爾夫球場的經營者也面臨著類似的決策。由於不同的季節收入變動很大，企業必須決定什麼時候開門和什麼時候關門。固定成本包括購買土地和建球場的成本又是無關的。只要在一年的這些時間，收入大於可變成本，小型高爾夫球場就要經營。

第三節　完全壟斷條件下的企業行為

一、完全壟斷企業特點

1. 需求曲線

在完全壟斷情況下，一家企業就是整個行業。因此，整個行業的需求曲線也就是一家企業的需求曲線。這時，需求曲線就是一條表明需求量與價格呈反方向變動的向右下方傾斜的曲線。作為唯一的供給者，壟斷企業可以制定任何其想要的價格，但向右下方傾斜的需求曲線又決定了企業如果提高價格，其銷售量必然會相應地下降。

$P = a - bQ$

2. 收益曲線

在完全壟斷市場上，每一單位產品的售價就是它的平均收益，也就是它的價格，即 $AR = P$。因此，平均收益曲線 AR 仍然與需求曲線 D 重合。

$TR = PQ = (a-bQ)Q = aQ - bQ^2$

$AR = TR/Q = a - bQ = P$

$MR = dTR/dQ = a - 2bQ$

但是，在完全壟斷市場上，當銷售量增加時，產品的價格會下降，從而邊際收益減少，邊際收益曲線 MR 就再也不與需求曲線重合了，而是位於需求曲線下方，而且，隨著產量的增加，邊際收益曲線與需求曲線的距離越來越大，表示邊際收益比價格下降得更快（如圖 7-8 所示）。

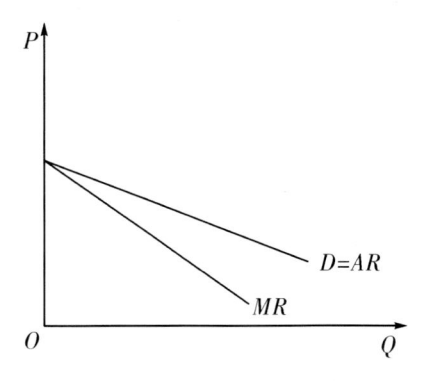

圖 7-8 壟斷市場需求曲線和收益曲線

二、完全壟斷企業的短期決策

與完全競爭企業一樣,壟斷企業生產的目的也是利潤最大化。但居於壟斷地位的企業也並不是為所欲為,同樣受到市場需求的限制。如果定價過高,消費者就會減少需求或尋求替代品。所以,在短期內,企業產量的調整,也要受到固定生產要素的限制。因而,壟斷企業雖然也是依據利潤最大化原則來決定產出數量和價格,但也要考慮短期市場需求狀況。也就是說,壟斷企業也會面臨供過於求或供不應求的情況,當出現供過於求時,就會出現虧損;反之,就會獲得超額利潤;當供求相等時,就會獲得正常利潤。在這裡,對壟斷企業短期均衡的分析,與完全競爭的短期分析基本是一樣的。壟斷企業不僅通過調整產量而且通過調整價格來實現利潤最大化。

壟斷企業雖然可以通過控制產量和價格實現利潤最大化,但在短期內產量的調整要受到固定生產要素無法調整的限制。和完全競爭企業一樣,壟斷企業在短期內可能出現以下三種情況:

1. 供不應求狀況下的短期均衡——企業獲得超額利潤

在供不應求的情況下,邊際收益曲線 MR 與邊際成本曲線 MC 的交點 E 決定了企業的產量為 OQ^*,從 Q^* 點向上的垂線與需求曲線 D 相交於 H 點,從而決定了價格水平為 OP。這時該企業的總收益 $TR=$ 平均收益 $AR×$ 產量 OQ^*,即圖中的 OQ^*HP;總成本 $TC=$ 平均成本 $AC×$ 產量 OQ^*,即圖中的 OQ^*FG。由於 $TR>TC$,這時,該企業可獲得超額利潤 $GFHP$($TR-TC=GFHP$)。如圖 7-9 所示。

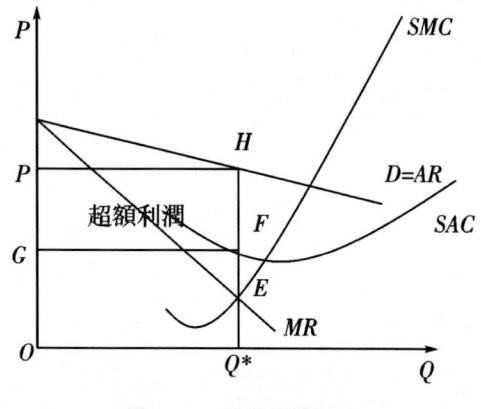

图 7-9　具有經濟利潤

2. 供求平衡狀況下的短期均衡——企業獲得正常利潤

在供求平衡狀況下，總收益與總成本相等，都為 OQ^*FP，所以收支相抵，只有正常利潤。如圖 7-10 所示：

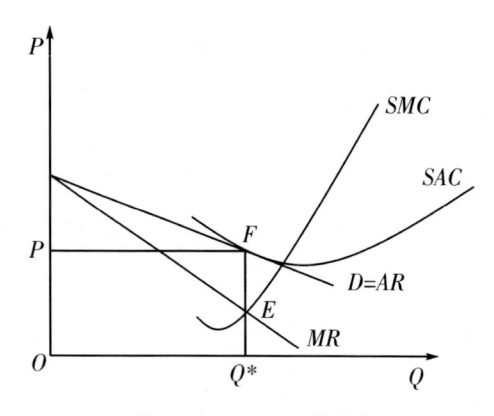

图 7-10　具有正常利潤

3. 供過於求狀況下的短期均衡——企業遭受虧損

在供過於求的情況下，企業的總收益 TR 為 OQ^*HP，總成本 TC 為 OQ^*FG。由於 $TR<TC$，這時，該企業的虧損額為 $GFHP$。由於平均可變成本曲線 AVC 與 H 點相切，可以維持產量 OQ^*。H 點為停止營業點，如果價格再低，就無法生產了。如圖 7-11 所示。

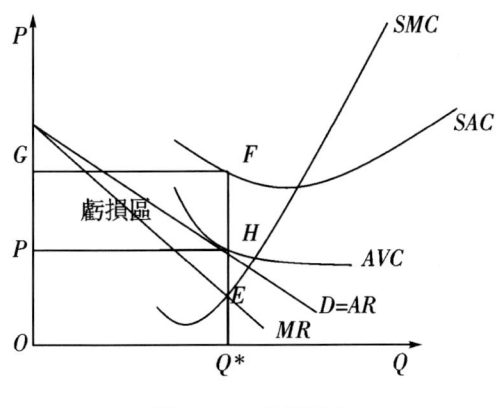

圖 7-11　虧損最小

完全壟斷企業短期決策規則：$MR = MC$

三、完全壟斷市場上的長期均衡

壟斷企業的長期均衡是指企業根據市場需求的變化，不斷調整生產規模，在長期內實現利潤最大化的均衡生產狀態。在長期生產過程中，由於壟斷市場上只有一家企業，沒有對手，壟斷企業有能力也有條件把價格和產量調整到最有利於自己的位置上，從而實現利潤最大化。

完全壟斷企業長期決策規則是：$MR = LMC = SMC$

在圖 7-12 中，短期邊際成本曲線 SMC、長期邊際成本曲線 LMC 和邊際收益曲線 MR 三線相交於 E 點，E 點確定的均衡產量為 OQ^*，此時，壟斷企業可以在長期內獲得最大利潤，其壟斷利潤為 $GFHP$。

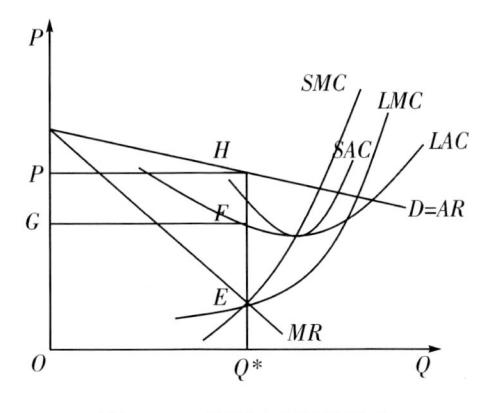

圖 7-12　壟斷市場長期均衡

壟斷企業在長期均衡中，如果要達到最優生產規模，不但要求 $MR = LMC = SMC$，還要求 LAC 最低，這就要求均衡產量 Q^* 位於 MR 通過 LAC 的最低點。由於 LMC 一定在 LAC 的最低點與 LAC 相交，所以，$MR = LMC = LAC$ 時，壟斷企業在長期均衡中達到最優生產規模。如果 MR 曲線與 LMC 的交點位於 LAC 曲線最低點的左邊，說明壟斷企業處於長期均衡時使用的是小於最優的生產規模；如果 MR 與 LMC 的交點位於 LAC 最低點的右邊，說明壟斷企業處於長期均衡時使用的是大於最優的生產規模。

四、壟斷形成原因

完全壟斷的成因有：

（1）原材料的控制。某些廠商控制了某些特殊的自然資源或礦藏，從而就能對用這些資源和礦藏生產的產品實行完全壟斷。

（2）專利權。對生產某些產品的特殊技術的控制。

（3）規模經濟大。某些產品市場需求很小，只有一家廠商生產即可滿足全部需求，某家廠商就很容易實行對這些產品的完全壟斷。

（4）政府特許。政府借助於政權對某一行業進行完全壟斷或政府特許的私人完全壟斷。

[案例7-2] 尋租（Rent Seeking）——創造壟斷的活動

尋求政府的保護或干預，來阻止其他企業參與競爭，以維護其獨占地位；企業採取種種手段，獲取政府的「特殊照顧」，通過減免稅收或財政補貼的辦法，使既定的經濟利益在企業間重新分配，讓自己享有其他企業的「輸血」，從而獲得一種經濟租。

尋租活動的連鎖性：假設一個城市，政府通過發放經營執照的方式，人為地限制出租汽車的數量，可能會使出租車的數量過少，出租車車主就會賺取超額利潤，亦即經濟租。這會誘使人們想辦法從政府官員那裡得到營業執照。如果執照的發放在很大程度上取決於主管官員的個人意志，人們就會爭相賄賂討好他們，從而產生第一個層次的尋租活動。由於官員們在第一個層次的尋租活動中享有特殊的利益，這又會吸引人力物力為爭奪主管官員的肥缺而發生第二個層次的尋租活動。要抑制這些活動，可以用徵收執照費的形式，將出租車車主的超額利潤轉化成政府的財政收入，那麼，為了爭取這筆收入的分配，各利益集團又有可能展開第三個層次的尋租活動。

尋租活動就如同「看不見的腳」踩了「看不見的手」。

克魯格在《尋租社會的政治經濟學》一文中，曾經對印度和土耳其兩國的尋租浪費做過估計。她發現，1964年印度由此形成的租金約占當年國民收入的7.3%，而在土耳其，1968年尋租活動造成的浪費則占當年國民收入的15%！如此驚人的資源浪費，甚至遠遠超過了尋租者得到的好處。

第四節　壟斷競爭條件下的企業行為

一、壟斷競爭企業的短期決策

在短期均衡實現過程中，壟斷競爭市場同壟斷市場一樣，也會出現超額利潤、收支相抵、虧損三種情況。與壟斷市場不同之處在於壟斷競爭企業面對的市場需求曲線斜率較小。在考慮生產成本因素之後，壟斷競爭企業會選擇在邊際成本與邊際收益相等的條件下生產，即圖7-13中的E點。E點所決定的產量為OQ^*，價格為OP^*。由於此時的短期平均成本為OG，所以，壟斷競爭企業是有利潤的，其利潤為$GFHP^*$。

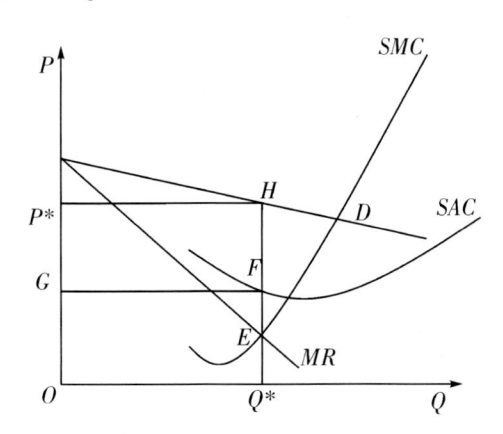

圖7-13　壟斷競爭企業短期決策

壟斷競爭企業短期決策規則：$MR=MC$。

壟斷競爭企業在決定產量和價格的方式時與壟斷企業完全相同。另外，壟斷競爭企業也可能會有損失出現。在圖7-13的產量OQ^*下，如果短期平均收益低於短期平均成本，壟斷企業就會虧損。但無論是有利潤還是虧損，在短期內都不會吸引其他企業加入或使原有企業退出。長期的情形則不同，因為在壟斷競爭市

場下，每家企業的規模都不大，而且企業數目很多，企業進出市場都非常自由。所以，當企業在短期內有利潤存在時，就會吸引新的企業加入，當企業有虧損時，就會有企業退出。

二、壟斷競爭市場的長期均衡

在長期，企業可以任意變動一切生產投入要素。如果一行業出現超額利潤或虧損，會通過新企業進入或原有企業退出，最終使超額利潤或虧損消失，從而在達到長期均衡時整個行業的超額利潤為零。因此，壟斷競爭與壟斷不同（壟斷在長期擁有超額利潤），而是與完全競爭一樣，在長期由於總收益等於總成本，只能獲得正常利潤。如圖7-14所示：

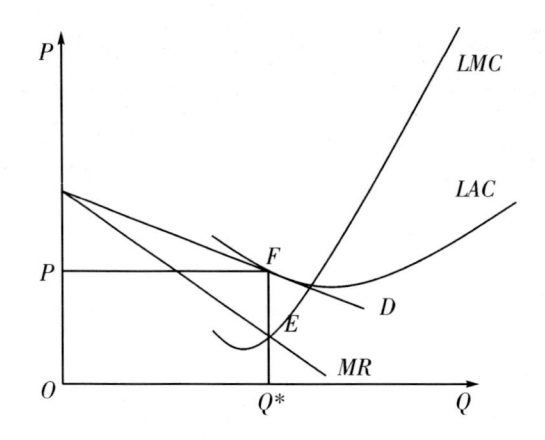

圖 7-14　壟斷競爭企業長期決策

在圖7-14中，長期內壟斷競爭企業仍然會維持在 $MR=MC$ 條件下生產，即圖7-14中的 E 點。E 點所決定的產量為 OQ^*，價格為 OP。在長期均衡時，平均收益等於平均成本，因此，利潤為零。此時不會有新的企業加入，也不會有舊的企業退出，市場達到長期均衡。

因此，壟斷競爭企業長期決策規則為：①$P = SAC = LAC$；②$MR = SMC = LMC$。

三、壟斷競爭企業的差異化競爭

在壟斷競爭市場中，企業之間不僅存在著價格競爭，而且存在著非價格競爭。

非價格競爭的例子表現在更好的服務、產品保證、免費送貨、更吸引人的包裝、廣告等方面。非價格競爭的結果使壟斷競爭企業在長期中獲得的經濟利潤為零，只能獲得正常利潤。如果有一家創新的企業發現一種把它的需求曲線向右移動的方法，比如說提供更優質的服務或更吸引人的廣告，那麼在短期中它可能獲得利潤。這意味著其他缺乏創新的企業的需求曲線將向左移動，他們損失的銷售額轉向了創新的競爭對手。

接下來，所有的企業都將效仿他們之中最成功者的做法。如果是產品保障使得某些企業取得了經濟利潤，那麼所有企業都將提供產品保障；如果是廣告起的作用，那麼所有企業都將捲入廣告戰。在長期中，我們可以預期所有的壟斷競爭企業都要開展廣告宣傳、關心他們的服務以及採納被行業中其他企業證明有盈利可能的任何措施。所有這些非價格競爭都要在企業廣告、產品保障、員工培訓等方面支付費用，而這些成本必須包含在每個企業的向上移動的平均成本曲線之中。

在短期中，企業可能盈利是因為有相對較少的競爭者或是它發現了吸引消費者的新方法。但在長期中，盈利的企業會發現由於新企業的進入，它的成功的非價格競爭做法被仿效，或兩者兼而有之，使它的需求曲線向左移動。最後，平均成本曲線與需求曲線相切，該企業仍將取得零經濟利潤。

[案例 7-3] 雅戈爾試點 O2O 體驗店

O2O 就是 Online to Offline，讓線上和線下的資源有效地整合起來。O2O 時代的到來，整個零售行業的游戲規則也發生了巨大變革，當線上和線下一個從空中走向地面，一個從地面走向空中時，一種全新的商業經濟將應運而生。

體驗館搭建對於電商平臺上的營銷模式來說有不可比擬的優勢。精致的購物環境、愉悅的購物體驗和個性化的服務，這是單純的平面電商無法企及的。它既滿足了消費者對產品感官認識的需要，又可將自身的品牌理念和產品品質以更直接的方式傳達給消費者。

現在，只要通過微信搜索「雅戈爾」，進入微購物平臺，你就可以直接選購產品。雅戈爾已經開始試點 O2O 營銷模式，位於寧波銀泰商場的專廳承擔了 O2O 的線下服務工作。

雅戈爾在寧波銀泰商場推出了首家 200 平方米的大型服飾體驗館，在將體驗館的微信預售和線上訂購等服務進行推廣時，雅戈爾的電商戰略就已經穩步開啓了。

雅戈爾試水的這家體驗店擁有量體定制、綉簽名等個性化服務。消費者既能

網上購物，又能享受在線導購、預約試衣等服務。雅戈爾希望通過這家店的線上銷售吸引更多的年輕消費者，並將消費者引導到實體店。

體驗店還把雅戈爾旗下的高端定製品牌 MAYOR 和美式都市休閒品牌 HSM 加入其中，可謂超級專廳。

在雅戈爾眾多的子公司中，寧波分公司是雅戈爾探索 O2O 模式落地的第一站，寧波品牌旗艦店倡導店員玩「指尖上的營銷」，背後則是公司以微營銷聚人氣、強化服務提升品牌形象的營銷戰略。

很快，「掃一掃，衣服送到家」的景象就會變成現實。雅戈爾寧波分公司最新一條微信顯示，消費者不僅可通過手機掃描二維碼或直接點擊微信，在線上訂購商品，更值得一提的是，目前寧波銀泰商場的雅戈爾專廳已經可以開展預約量體定制服務了。

今天的中國服裝業進入了一個複雜多變的「新常態」階段，在服裝業整體疲軟的大環境下，雅戈爾通過「零售基因」與「電商基因」的有機結合，塑造出了一個嶄新的虛擬經濟加實體經濟的平臺，不失為一條突破瓶頸之道。

那麼，服裝行業處於什麼樣的市場結構中？如何提升服裝行業的競爭力？

管理實踐 7-1　廣告競爭和廣告決策

1. 廣告及其爭論

（1）廣告的批評者認為：①商業廣告操縱了人們的嗜好；②商業廣告抑制了競爭。

（2）廣告的擁護者認為：①廣告提供了包括價格、新產品、質量等信息；②廣告可以促進競爭。

2. 廣告決策

企業利潤 $\pi = P \times Q(P,A) - C(Q) - A$

對 A 求導，簡化得：

$P(\partial Q/\partial A) = 1 + MC(\partial Q/\partial A)$

或 $P(\Delta Q/\Delta A) = 1 + MC(\Delta Q/\Delta A)$

即 $MR_A = MC_A$

正確的決策是不斷增加廣告支出直至從 1 美元增加的廣告的邊際收益 MR_A 恰好等於廣告的全部邊際成本。這個全部邊際成本是直接花在廣告上的這 1 美元與廣告帶來的增加的銷售所引起的邊際生產成本之和。這個原則常常被經營者忽

略掉，他們常常只是通過將期望收入（即加總的銷售）與廣告成本的比較來判斷廣告預算。但增加的銷售意味著增加的生產成本，這也是應該考慮進去的。

[例7-1] 某空調企業的空調售價3,000元，其中變動成本1,500元，企業現有多餘產能。估計支出廣告費200,000元，會使空調銷量增加400臺。

（1）這筆廣告費支出合算嗎？

（2）如果不合算，應該增加還是減少？

解：$MC_A = 1$

$MR_A = (3,000-1,500) \times 400 \div 200,000 = 3$

$MR_A > MC_A$

所以，廣告費偏少，應該增加廣告投入。

第五節　寡頭壟斷企業決策

一、寡頭壟斷

寡頭壟斷（Oligopoly）直譯的意思是賣者很少。在現代經濟體系中，寡頭壟斷是一種常見的市場結構形式。美國的谷類食品、汽車和鋼鐵行業都符合這一條件。不過，寡頭壟斷不僅是全國性的，而且地方上也有。例如，儘管有成千家加油站分佈全國，一般的消費者考慮的只是附近的幾家。遠處的其他賣者即使價格較低、服務較好，但他們仍主要是在附近加油。因此，每個單個消費者面臨的汽油市場可以看作是寡頭壟斷型的。只要少數幾個企業佔有大部分的市場就可看作寡頭壟斷。寡頭壟斷企業行為四種模式為：合作的價格領導、卡特爾以及非合作的彎折的需求曲線、博弈論。

二、價格剛性：彎折的需求曲線模型

寡頭壟斷的早期學者注意到，在有些市場價格在很長一段時期裡保持不變。例如，1901年鋼軌的價格定為每噸28美元，15年內一直未變。1922—1933年，價格一直保持在43美元未變。

為瞭解釋寡頭壟斷產品價格的剛性，美國經濟學家P. Sweezy 1939年提出一種假說，認為這種產品的需求曲線不是一條順滑的曲線，而是在某一價格水平出現拐折點，然後再轉向下傾斜。這樣的需求曲線成為拐折的需求曲線（Kinked Demend Curve）。

拐折的需求曲線是基於下面的前提推導出來的：

假如一個壟斷廠商降低現行價格，他的競爭者隨之降低他們的售價以避免喪失他們的銷路（需求曲線 D_2），由於降價能增加的銷售量較小，OP^* 以下，需求彈性小，D_2 的斜率絕對值較大（如圖 7-15 所示）。

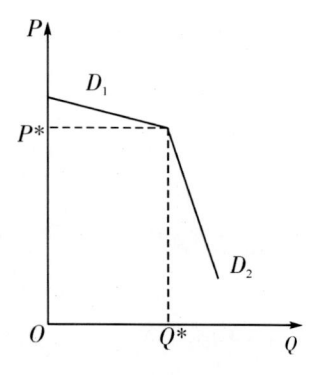

圖 7-15　彎折的需求曲線

假如他提高售價，他的競爭者不會跟著提價（有關的需求曲線為 D_1），因而提價將使他的銷售量大為減少，這意味著 D_1 有較大的需求彈性，表現為 D_1 的斜率的絕對值較小（如圖 7-15 所示）。

三、價格領導

假定一個行業由一家大企業和幾家小企業組成。大企業，或由於具有規模經濟性，或由於管理水平高，成本較低，因而在行業中成為最大的賣者。不管什麼原因，假定該企業現在行業中能決定價格。小企業如果不跟著定價，就會陷入一場自遭滅亡的價格戰。但是，由於由支配企業定的價格一般要高於在激烈競爭中形成的價格，小企業讓支配企業領導定價反而能獲得更多利潤。從行業領袖的角度看，嚴格遵循的價格領導模式可省去執行行業價格紀律所需的費用。還有，如果大企業在市場競爭中有過分行為，可根據反托拉斯法令對它的非法壟斷進行起訴。

價格領導制是指一個行業的價格通常由某一寡頭率先制定，其餘寡頭追隨其後確定各自價格。領價者往往既不是自封的，也不是共同推陳出新選的，而是自然形成的。這種自然形成的領價者或者說價格領袖，一般有三種情況：

（1）支配型價格領袖。領先確定價格的企業是本行業中最大的、具有支配地位的企業。它在市場上所占份額最大，因此對價格的決定舉足輕重。它根據自

己利潤最大化的原則確定產品價格及其變動，其餘規模較小的寡頭就像完全競爭企業一樣，是價格的接受者，需根據支配企業的價格來確定自己的價格以及產量。

（2）晴雨表型價格領袖。這種企業並不一定在本行業中規模最大、成本最低、效率最高，但它在掌握市場行情變化或其他信息方面明顯優於其他企業。這家企業價格的變動實際上首先傳遞了某種信息，因此，它的價格在該行業中具有晴雨表的作用，其他企業會參照這家企業的價格變動而變動自己的價格。

（3）效率型價格領袖。領先確定價格的企業是本行業中成本最低、效率最高的企業。它對價格的確定也使其他企業不得不隨之變動。如果高成本企業按自己利潤最大化的原則確定價格，將會喪失自己的銷路而得不償失。

四、正式的勾結：卡特爾

如果寡頭壟斷行業中的各家企業通過明確的、通常是正式的協議來協調各自的產量、價格或其他諸如銷售地區分配等事項，它們就形成一個卡特爾。在一些國家，卡特爾是法律所允許的，因而也是較普遍的。美國早在 1890 年就已通過《謝爾曼法》對公開的或秘密的共謀行為加以限制。因此，在美國不存在公開的卡特爾，企業要進行暗中串通也要冒受到法律制裁的風險。

通常說來，如果某行業滿足下列條件，將會促使行業中建立卡特爾，並且容易維持較長的時間。這些條件包括：一是行業內的廠商預期加入卡特爾後，卡特爾能夠有效地提高行業產品的價格；二是成立卡特爾不會遭受政府的反壟斷訴訟（如果該國家存在這方面的法律的話），或者被發現並進行懲罰的概率較低時；三是執行卡特爾協議的成本較低，而且能夠有效地發現違反協議的廠商並對其進行有效的懲罰。第三個條件通常在卡特爾內包含較少的廠商、行業高度集中以及產品同質時，較為容易建立並維持卡特爾。

1. 卡特爾價格與產量的確定

如果成員企業能夠結成牢固的聯盟，卡特爾可以像一個壟斷者那樣來追求其作為整體的總利潤的最大化。假定各家成員企業生產相同的產品，但成本狀況並不完全相同，此時卡特爾需對市場需求曲線及卡特爾作為一個整體的邊際成本曲線做出估算，然後確定一個統一的「壟斷價格」和相應的總產量，並將總產量在各成員企業之間進行分配（如圖 7-16）。

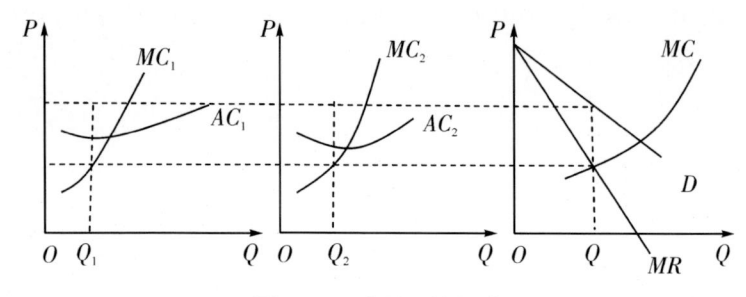

圖 7-16　卡特爾的勾結

（1）總產量及價格的確定

$MC = MR$

（2）產量的分配

$MR = MC_1 = MC_2$

2. 卡特爾的不穩定

卡特爾本身具有不穩定性。由於卡特爾成員存在超額生產能力，這帶來的另一個問題就是卡特爾監督協議執行時存在較大的困難，每一個成員都有動機偷偷違反協議，降低價格，增加銷售量，提高利潤水平。如果沒有一種有效的機制控制廠商的行為，所有的卡特爾成員都會有動機欺騙，由此卡特爾通過限產來維持高價的目標就不會實現，卡特爾就會解體。從長期來看，不斷會有新的替代品出現，瓦解壟斷力量。

現實中，廠商也確定了許多有效的機制來防止成員廠商進行欺騙。這主要有：①在規定卡特爾的價格時，同時規定其他的條件，使成員廠商單純降價行為更加容易被卡特爾發現。②通過規定卡特爾成員某一地理區域的市場來限定產量，在這一個固定的地理區域內，該成員廠商的行為像一個完全壟斷廠商一樣，只要在非協議地域銷售產品就會被發現，對成員廠商的欺騙行為有較強的控制。③固定市場份額，只要市場份額較容易測定，成員廠商的欺騙行為就能得到有效抑制。④使用最惠顧客待遇條款。這種條款是賣方向買方保證不會以更低的價格對外銷售，如果以更低的價格對外銷售，必須向先前的買者退回差價。⑤建立觸發價格，即協議規定如果市場價格下降到某一給定水平，稱為觸發價格，成員廠商都將產量擴大到未成立卡特爾時的水平。這樣，當某一廠商偷偷降價時，只能在短時期內獲得一些收益，但很快會受到懲罰。

附表 1

市場結構與企業行為總結

		完全競爭市場	壟斷競爭市場	寡頭壟斷市場	完全壟斷市場
判斷	企業數目	大量	許多	幾個	一個
	產品性質	同質	差異	同質（純寡頭）或差異（差別寡頭）	唯一生產者，無替代品
	價格影響	沒有	較小	較大	很大（常受管制）
	進出難易	容易	較容易	困難	不能
	代表行業	農產品	輕工業品、服務業	鋼鐵、石油	公用事業
均衡	短期均衡	短期均衡的條件是：$MR = SMC$。完全競爭市場上廠商的短期供給曲線就是從 AVC 最低點開始的並且大於 AVC 的 SMC 曲線的一部分。	短期均衡的條件是：$MR = SMC$。同完全壟斷分析一樣，只是壟斷競爭需求彈性要比完全壟斷大。見附表 2。	決策考慮到對手的行為，寡頭壟斷企業依存四種模式：合作的價格領導、卡特爾以及非合作的彎折的需求曲線（Sweezy 模型）：博弈論。 1. 彎折的需求曲線（Sweezy 模型）：跟漲不跟跌。 2. 價格領導，限定一個行業由一家大企業和幾家小企業組成。大企業在行業中能決定價格，小企業支配企業領導定價而能獲得更多利潤。 3. 卡特爾：如果寡頭壟斷明確的，通常是正式的協議來調節各自的產量、價格或其他諸如銷售地區分配的等事項。 ① 總產量及價格的確定：$MR = MC_1 = MR_2$。 ② 產量的分配：$MR = MC_1 = MC_2$。	短期內可能盈利、虧損或者停產。見附表 2。
	長期均衡	長期均衡條件是：$MR = LMC = SMC = AR = LAC = SAC$	長期均衡條件是： ① $MR = MC$ ② $P = AR = AC$		在 $LMC = MR$ 時，廠商實現了長期均衡，同時也實現了短期均衡，其均衡條件為 $LMC = SMC = MR$。
評價	市場價格	最低	中等	較高	最高
	產量	最大	中等	較小	最小
	長期平均成本（P 與 AC 比較）	最低	中等	較高	最高
	資源配置效率	$P = MinAC$ 效率最高	$P = AC$ 效率高	$P > AC$ 效率較低	$P > AC$ 效率最低
	經濟利潤	0	0	較大	最大

附表 2

壟斷競爭與寡頭壟斷短期均衡

情況	壟斷(壟斷競爭與完全壟斷)短期決策分析			
	市場價格偏高，廠商按照 $MR=SMC$ 點進行生產，可以實現利潤最大化，最大利潤為陰影部分的面積。	市場價格適中，廠商按照 $MR=SMC$ 點進行生產，既無超額利潤也無虧損，實現了最大的正常利潤，該點為最佳生產點。	市場價格偏低，廠商按照 $MR=SMC$ 點進行生產，可以實現虧損最小化，最小虧損為陰影部分的面積。	市場價格偏低，廠商按照 $MR=SMC$ 點進行生產，可以實現虧損最小化，最小虧損等於 SFC。從社會貢獻來看，廠商仍然生產。	市場價格偏低，廠商不生產；廠商無論按照哪一點進行生產，虧損都大於 SFC。因此，廠商不生產。

【經典習題】

一、名詞解釋

1. Cournot Equilibrium
2. 自然壟斷
3. 完全競爭
4. 彎折的需求曲線

二、選擇題

1. 對完全競爭的企業來說，如果產品的平均變動成本高於價格，它就應當（　　）。
   A. 邊生產邊整頓，爭取扭虧為盈　　B. 暫時維持生產，以減少虧損
   C. 立即停產　　　　　　　　　　　D. 是否需要停產視市場情況而定
2. 壟斷競爭企業的競爭方式有（　　）。
   A. 價格競爭　　　　　　　　　　　B. 產品差異化競爭
   C. 廣告和促銷競爭　　　　　　　　D. 以上都有
3. 在（　　）市場結構中，企業的決策必須考慮到其他企業可能做出的反應。
   A. 完全競爭　　　　　　　　　　　B. 壟斷競爭
   C. 寡頭壟斷　　　　　　　　　　　D. 完全壟斷
4. 壟斷廠商面臨的需求曲線是（　　）。
   A. 向下傾斜的　　　　　　　　　　B. 向上傾斜的
   C. 垂直的　　　　　　　　　　　　D. 水平的
5. 完全壟斷廠商的總收益與價格同時下降的前提條件是（　　）。
   A. $Ep>1$　　　　　　　　　　　　B. $Ep<1$
   C. $Ep=1$　　　　　　　　　　　　D. $Ep=0$
6. 一壟斷者如果面對一線性需求函數，總收益增加時（　　）。
   A. 邊際收益為正值且遞增　　　　　B. 邊際收益為正值且遞減
   C. 邊際收益為負值　　　　　　　　D. 邊際收益為零
7. 完全壟斷廠商的產品需求彈性 $E_d=1$ 時（　　）。

A. 總收益最小　　　　　　　　B. 總收益最大

C. 總收益遞增　　　　　　　　D. 總收益不變

8. 如果在需求曲線上有一點，$E_d = -2$，$P = 20$ 元，則 MR 為（　　）。

　　A. 30 元　　　B. 60 元　　　C. 10 元　　　D. -10 元

9. 壟斷廠商利潤最大化時（　　）。

　　A. $P = MR = MC$　　　　　　B. $P > MR = AC$

　　C. $P > MR = MC$　　　　　　D. $P > MC = AC$

10. 在短期內，完全壟斷廠商（　　）。

　　A. 收支相抵　　　　　　　　B. 取得最大利潤

　　C. 發生虧損　　　　　　　　D. 上述情況都可能發生

11. 在完全壟斷廠商的最優產量處（　　）。

　　A. $P = MC$　　　　　　　　　B. $P = SAC$ 的最低點的值

　　C. P 最高　　　　　　　　　D. $MR = MC$

12. 假定完全競爭行業內某廠商在目前產量水平上的邊際成本、平均成本和平均收益都等於 1 美元，則該廠商（　　）。

　　A. 肯定只得正常利潤　　　　B. 肯定沒得最大利潤

　　C. 是否得最大利潤不能確定　D. 肯定得了最小利潤

13. 平均收益等於邊際收益的市場是（　　）。

　　A. 完全壟斷的市場　　　　　B. 完全競爭的市場

　　C. 壟斷競爭的市場　　　　　D. 寡頭壟斷的市場

14. 完全競爭市場的廠商短期供給曲線是指（　　）。

　　A. $AVC > MC$ 中的那部分 AVC 曲線　B. $AC > MC$ 中的那部分 AC 曲線

　　C. $MC > AVC$ 中的那部分 MC 曲線　　D. $MC > AC$ 中的那部分 MC 曲線

15. 完全競爭市場的廠商短期供給曲線是指（　　）。

　　A. $AVC > MC$ 中的那部分 AVC 曲線

　　B. $AC > MC$ 中的那部分 AC 曲線

　　C. $MC > AVC$ 中的那部分 MC 曲線

　　D. $MC > AC$ 中的那部分 MC 曲線

16. 某競爭性企業的短期成本函數為 $C(q) = 280 + 104q + 24q^2 - 3q^3$，當且僅當產品的價格高於（　　）時，企業才會進行生產。

　　A. 280　　　　　　　　　　　B. 4

C. 56　　　　　　　　　　D. 以上答案都不對

17. 某壟斷廠商的需求曲線是向下傾斜的，其固定成本很大以至於在利潤最大化條件下（此時產量大於零）其利潤剛好為零。此時該廠商的（　　）。

　　A. 價格剛好等於邊際成本　　B. 需求無彈性
　　C. 邊際收益大於邊際成本　　D. 平均成本大於邊際成本

18. 當完全競爭市場實現均衡時，廠商的（　　）。

　　A. 規模報酬遞增　　　　　　B. 規模報酬遞減
　　C. 規模報酬不變　　　　　　D. 不確定

三、簡答與論述

1. 試比較分析完全競爭市場與壟斷競爭市場的資源配置效益及技術創新效益。（文字加圖形分析）

2. 試用圖形分析完全競爭市場長期均衡的實現過程與均衡狀態的特點，並與完全壟斷比較分析這兩種市場組織的經濟效率。

3. 作圖並說明完全競爭廠商短期均衡的三種基本情況。

4. 比較完全競爭和壟斷競爭的長短期均衡。

5. 壟斷競爭廠商面臨怎樣的需求曲線？長期均衡的條件，從資源配置與福利方面比較與完全競爭、完全壟斷的區別。

6. 為什麼說壟斷或不完全競爭會產生效率低下，作圖說明。

7. 聯繫圖形說明卡特爾模型的主要內容，並分析卡特爾組織的穩定問題。

8. 作圖並說明完全競爭市場需求曲線。

9. 對比其他市場結構，說明不能建立一般的寡頭模型的原因。

10. 論述寡頭壟斷條件下的價格和產量（必須帶圖）。

11. 請說明在壟斷市場條件下為什麼不存在規律性的供給曲線。

12. 作圖說明彎折的需求曲線模型是如何解釋寡頭市場上的價格剛性現象的。

13. 完全競爭市場條件下，廠商的需求曲線、平均收益曲線與邊際收益曲線有什麼特點？為什麼？

14. 簡述完全競爭廠商短期均衡和長期均衡的條件。

15. 為什麼利潤極度大原則 $MC=MR$ 在完全競爭條件下可表達為 $MC=P$？

16. 「在長期均衡點，完全競爭市場中每個廠商的利潤都為零，因而，當價

格下降時，所有這些廠商都無法經營。」這句話對嗎？

17. 為什麼說廠商均衡的一般原則是 $MR=MC$？

18. 壟斷廠商的收益與需求價格彈性有什麼關係？

19. 簡述市場上形成完全壟斷的原因。

20. 什麼是壟斷競爭的市場？壟斷競爭的市場條件有哪些？

21. 畫出壟斷競爭的長期均衡圖示，並說明各曲線的含義（圖形必須清晰，不得塗改，不然酌情扣分。）

22. 對比分析完全競爭與壟斷模型對資源配置的有效性（要有圖分析），簡要說明該理論在經濟生活中的實踐意義。

23. 分別解釋並比較完全競爭與壟斷競爭條件下的廠商長期均衡（包括圖示）。

24. 為什麼某些行業被稱為自認壟斷行業？對於這些企業的價格通常應該如何限制？限制的結果如何？

25. 試證明完全競爭市場條件下企業供給曲線是邊際成本曲線的一部分。

26. 競爭性市場的有效性體現在那些方面？

27. 大型商場平時為什麼不延長營業時間？

四、計算與分析

1. 壟斷企業的短期成本函數為 $STC=3,000+400Q+10Q^2$，產品的需求函數為 $P=1,000-5Q$。

（1）求壟斷企業利潤最大化時的產量、價格和利潤；

（2）如果政府限定企業以邊際成本定價，試求這一限制價格以及壟斷提供的產量和所得利潤；

（3）如果政府限定的價格為收支相抵的價格，試求此價格相應的產量。

2. 已知壟斷企業的長期成本函數為 $LTC=0.6Q^2+3Q$，需求函數為 $Q=20-2.5P$，試求壟斷廠商長期均衡時的產量和價格。

3. 一廠商面臨如下平均收益曲線：$P=100-0.01Q$。其中 Q 是產量，P 是價格，以元計算，成本函數為 $C=50Q+30,000$。

（1）該廠商的利潤最大化產量、價格是多少？並求其利潤。

（2）如果政府對生產者生產的每單位產品徵稅 10 元，該廠商的利潤最大化產量、價格以及利潤水平是多少？

（3）如果政府對消費者購買的每單位商品徵稅 10 元，結果又將怎樣？

4. 廠商主導模型下有 1 個大廠商、5 個小廠商。大廠商的成本函數是 $C = 0.001Q_1^2 + 3Q_1$，小廠商的成本函數是 $C = 0.01Q_2^2 + 3Q_2$，需求曲線是 $Q = 5,250 - 250P$。

求大廠商和小廠商的均衡產量、均衡價格、總產量，畫圖表示。

5. 設兩個寡頭企業面臨的需求曲線為：$D = -p + 100$，兩個企業的邊際成本均為 10。

（1）如果兩個企業組成卡特爾，求解市場價格和產出水平；

（2）如果兩個企業採取非合作策略，但每個企業都依據競爭對手的產量確定自己的利潤最大化產量。求解兩個企業的均衡產量、利潤和市場價格。

6. 味美啤酒廠是啤酒市場上眾多廠商中的一員，由於不同消費者喜歡不同口味的啤酒，味美啤酒在激烈的市場競爭中憑藉自身口味形成自己的客戶群，其需求曲線為 $Q = 600 - 50P$，成本函數為 $C = 2Q + 300$。

（1）味美啤酒廠的利潤最大化產量是多少？產品價格與利潤是多少？

（2）為獲取更高的利潤，味美啤酒廠準備進行廣告營銷。假設在價格不變的前提下，廣告投入越多，需求的增加量也越多，但需求增加的速度隨廣告投入的增加而遞減。具體表現為，投入 x 元廣告費用，顧客對新產品的需求增加 $10X^{0.5}$ 個單位，試問這時味美啤酒廠的利潤最大化產量是多少，產品價格與利潤是多少？

7. 假定壟斷者面臨的需求曲線為 $P = 100 - 4Q$。總成本函數為 $TC = 50 + 20Q$。

（1）求壟斷者利潤極大化時的產量、價格和利潤。

（2）假定壟斷者遵循完全競爭法則，廠商的產品、價格和利潤為多少？

8. 一廠商有兩個工廠，各自的成本由下列兩式給出。

工廠 1：$C_1(Q_1) = 10Q_1^2$

工廠 2：$C_2(Q_2) = 20Q_2^2$

廠商面臨如下需求曲線：$P = 700 - 5Q$，式中 Q 為總產量，即 $Q = Q_1 + Q_2$

（1）計算利潤最大化的 Q_1、Q_2、Q 和 P。

（2）假設工廠 1 的勞動成本增加而工廠 2 沒有提高，廠商該如何調整工廠 1 和工廠 2 的產量？如何調整總產量和價格？

9. 完全競爭行業中某廠商的成本函數為：$TC = Q^3 - 6Q^2 + 30Q + 40$。

（1）假設產品價格為 66 元，求利潤最大化時的產量及利潤總額。

（2）由於競爭市場供求發生變化，由此決定的新價格為 30 元，在新價格下，廠商是否發生虧損？如果會，最小虧損是多少？

（3）該廠商什麼情況下會停產？

（4）請給出廠商的短期供給函數。

10. 已知在一個完全競爭市場上，某個廠商的短期總成本函數為 $STC = 0.1Q^3 - 2.5Q^2 + 20Q + 10$。

（1）求這個廠商的短期平均成本函數（SAC）和可變成本函數（TVC）。

（2）當市場價格 $P = 40$，這個廠商的短期均衡產量和總利潤分別是多少？

11. 已知某完全競爭市場中單個廠商的短期成本函數為：$C = 0.1Q^3 - 2Q^2 + 15Q + 10$。試求廠商的短期供給函數。

12. 假設某完全競爭的行業中有 100 個廠商，每個廠商的總成本函數為 $C = 36 + 8q + q^2$，其中 q 為單位廠商的產出量。行業的反需求函數為 $P = 32 - Q/50$，其中 Q 為行業的市場需求量。

（1）試求該產品的市場均衡價格和均衡數量。

（2）試問該市場處於長期均衡嗎？為什麼？

13. 假設一個壟斷廠商面臨的需求曲線為 $P = 10 - 3Q$，成本函數為 $TC = Q^2 + 2Q$。

（1）求利潤最大時的產量、價格和利潤。

（2）如果政府企圖對該廠商採取限價措施迫使其達到完全競爭行業所能達到的產量水平，則限價應為多少？這時企業利潤如何？

（3）如果政府打算對該廠商徵收一筆固定的調節稅，一邊把該廠商所獲得的超額利潤都拿走，則這筆固定稅的總額是多少？

（4）如果政府對該廠商生產的每單位產品徵收產品稅 1 單位，新的均衡點如何？（產量、價格和利潤）

14. 圖 7-17 顯示了某壟斷廠商的長期成本曲線、需求曲線和收益曲線，試在圖中標出：

（1）長期均衡點及相應的均衡價格和均衡產量；

（2）長期均衡時代表最優生產規模的 SAC 曲線和 SMC 曲線；

（3）長期均衡時的利潤量。

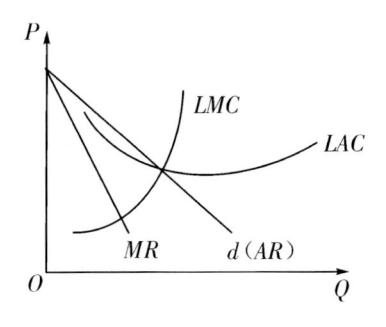

圖 7-17　企業成本函數

【綜合案例】農民「豐產」卻難「豐收」，農產品滯銷出路何在

　　農產品滯銷現象屢見不鮮，一邊是農民守著大量農產品低價難銷，一邊是城市民眾抱怨吃不上廉價果蔬。農產品「滯銷、賣難、買貴」的怪圈又一次次上演。從政府掛牌「西瓜辦」引來的質疑，到媒體和網友發起「愛心搶購」，紛繁的輿論場中，農產品滯銷的破題出路究竟何在？

　　2014 年安徽黃山市歙縣三潭枇杷大豐收，但數百萬斤枇杷囤積，由於枇杷節令性非常強，不少枇杷已經瓜熟蒂落，歸於泥土。果農們心急如焚，亟待尋求銷路。

　　5 月以來，海南海口的冬瓜滯銷問題就被輿論廣泛關注，由於平均氣溫較其他市縣略低，加上授粉時遇上陰雨天氣，在其他市縣冬瓜銷售已趨於尾聲時，當地石山鎮冬瓜銷售才剛開始，3,000 多萬斤冬瓜出現滯銷。

　　在山東，當各地櫻桃集中上市之際，著名「櫻桃之鄉」山東安丘的紅櫻桃卻遭遇嚴重滯銷問題，有媒體用「400 畝櫻桃將成爛果」描述當地櫻桃難賣的困境。

　　而在河南虞城縣，「菜農 20 多萬斤花菜賤賣愁銷」的報導也把這個小縣城今年遇到的花菜銷售難題呈現出來。

　　從 4 月份起，四川瀘州的青椒陸續上市，但是因為收購商「出奇」地少，價格大幅下滑，有媒體用「椒急」來形容這裡的 200 萬斤青椒難賣。

　　時間退至更早的 3 月，浙江臺州溫嶺的冬季大白菜未打開銷路，約有 1,000 畝滯銷，菜農眼巴巴地看著大白菜爛在地裡。這也是 2008 年媒體首次報導溫嶺大白菜難賣以來當地大白菜第四次遭遇大面積滯銷。

一邊是農民們守著水果蔬菜面臨低價滯銷的尷尬，而另一邊，城市中的民眾卻抱怨自己身邊的菜市場果蔬價格太貴，這種農產品滯銷怪圈在近幾年可謂年年出現，卻年年難解。

互聯網上，在為農戶愛心接力、傳播滯銷農產品信息的同時，也有網友指責農產品滯銷背後政府相關部門的不作為。其實，面對農產品的滯銷問題，政府層面也在不斷推出應急動作。

近年來，諸如安徽界首副市長在省城街頭推銷蘿蔔，甘肅天水副市長在廣州擺攤賣蘋果等，一些地方政府部門和政府官員為促銷農產品可謂屢出「奇招」。

除了官員上陣推銷，近期，河南鄭州市西瓜辦開通微博，讓這一已設立多年的機構再度引來網友圍觀和質疑。雖然，官方回應稱西瓜辦為臨時機構，旨在協調相關部門為瓜農銷售服務，但網友對政府亂設機構的質疑，以及機構背後尋租隱患的爭議持續不減。

無論是政府部門的應急，還是媒體和網友的熱心，抑或是一些地方「農超對接」的探索，都可以緩解燃眉之急，但破題根本出路還是改變農業產業化程度過低的現狀，通過產業升級來謀求出路。

有分析稱，從直接原因上理解，農產品滯銷是因為農產品供大於求、價格波動、產銷信息不對稱，但是從根本原因上分析，癥結在於一家一戶的分散生產經營模式，只有實施農產品的規模化生產和專業化經營，才能更加準確地掌握市場信息，才能讓產品更加具有市場競爭力。

（1）農產品處於哪種市場結構？
（2）滯銷的原因是什麼？
（3）根據所學知識，提出你的解決思路。

第八章 產品與服務的定價

【知識結構】

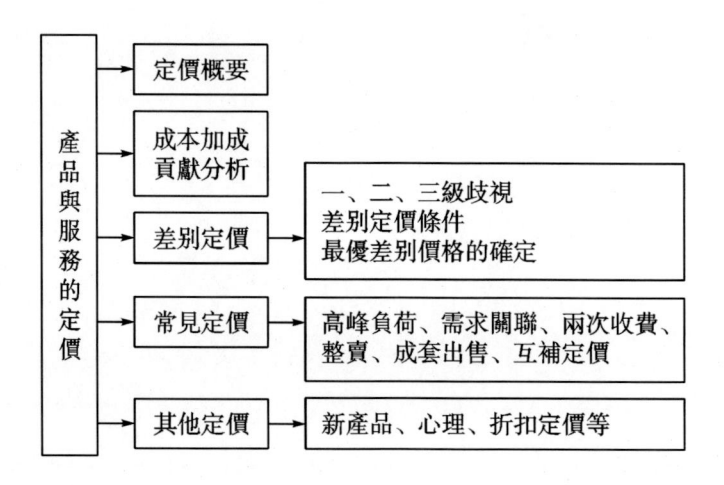

```
                    ┌─→ 定價概要
                    │
                    ├─→ 成本加成
                    │   貢獻分析
產品與              │                  ┌─────────────────────────┐
服務的 ─────────────┼─→ 差別定價 ─────→│ 一、二、三級歧視          │
定價                │                  │ 差別定價條件              │
                    │                  │ 最優差別價格的確定        │
                    │                  └─────────────────────────┘
                    │                  ┌─────────────────────────┐
                    ├─→ 常見定價 ─────→│ 高峰負荷、需求關聯、兩次收費、│
                    │                  │ 整賣、成套出售、互補定價    │
                    │                  └─────────────────────────┘
                    │                  ┌─────────────────────────┐
                    └─→ 其他定價 ─────→│ 新產品、心理、折扣定價等    │
                                       └─────────────────────────┘
```

【導入案例】 如此定價為哪般？

從洛杉磯至紐約，最便宜的經濟艙來回機票僅需 250 美元左右，而最貴的經濟艙來回機票卻要 1,500 美元以上。為何有如此天壤之別？走訪了幾家旅行社之後，謎底便揭開了。

首先是買票或訂票的時間因素。旅遊旺季、週末、節假日的機票貴，淡季、工作日（週一至周四）的機票可以享受到不同的優惠，所以便宜。臨時買票上飛機，屬於特別服務，價格最貴，有可能高出最低價的 5 倍左右。同樣是訂票，提前三周、兩週、一個月、兩個月，旅客享受到的價格優惠都不一樣，訂票時間越早，享受到的優惠越多。

其次是飛機起飛和降落的時段因素。上午 8 時至晚上 10 時起飛和降落的機票貴，剩下的時段，特別是在午夜至凌晨 5 時起飛或降落的機票便宜。理由是後半夜起降的飛機給顧客造成諸多不便。此外，直達目的地的機票貴，多次起降才到達的機票便宜，途中須轉機的機票最便宜，因為多次起降和途中轉機不但耽誤顧客寶貴的時間，而且每一次起降和轉機都會給顧客帶來不適和疲勞。

再次是航空公司和飛機本身的因素。大航空公司的票價貴，小航空公司的票價便宜，因為前者的服務一般比後者更周到。大型飛機的票價貴，中小型飛機的票價便宜，因為坐大飛機比坐小飛機舒服些。

最後是機場遠近因素。美國的大城市差不多都有多個機場，例如，洛杉磯有

10個機場。在離市中心近、交通方便的國際機場起飛和降落的機票貴，在離市中心遠、交通不便的小機場起飛和降落的機票便宜。

差異化定價有什麼好處？如何做到？

第一節　定價概要

一、定價

「定價」是確定商品在市場的售價。無論是廠家、經銷商還是菜市場的普通菜農，一天到晚都在和價格打著交道，如何定價也就成為人們經常思考的問題。價格是營銷組合中最靈活的因素之一，同時也是最令人頭疼的問題。因此，我們會發現很多企業在制定產品價格策略的時候，更多是依照已有市場行情，採取跟隨進入的策略。定價科學與否，在很大程度上會決定產品的未來生死，因為產品一旦定好價格，往往會維持一段時間，並不能輕易進行改動。所以價格的確定必須要有正確的依據，必須遵循一定的步驟來進行。

二、定價環境分析

進行定價，絕不能不顧及周圍可能發生的各種反應，必須注意有關方面對定價和價格變化的態度和反應，主要有：

1. 中間顧客

企業在定價時不僅要考慮最終顧客的反應，而且要考慮中間顧客的反應。許多商品不是直接由生產企業銷售給最終顧客的，而是要經過批發部門。在這種情況下，企業也許只能考慮判定批發部門所能接受的價格水平，而讓批發部門自行確定出售給零售企業及至消費者的價格。之所以要這樣做，是因為這些中間顧客比較熟悉消費者對產品的態度和價格偏好。這種做法的缺點就是生產企業不能直接控制最終價格。因此，另一種方法就是由生產企業規定價格，然後由生產企業和中間顧客進行協商，保證中間顧客的利潤。

2. 供應者

投入要素的供應者常常會注意到產品價格的變化。如果產品價格上升，投入要素的供應者就會認為企業因此而賺取了較之前更多的利潤，也許會提出提高投

入要素價格的要求。如果豬肉零售價格上漲，農民可能會認為生豬的收購價格也應該上漲，可見，在制定價格時，企業必須充分估計到投入要素供應者的態度和反應。

3. 競爭企業

在定價時，競爭對手的反應是必須考慮的。在定價時，一個精明的企業管理者必須注意：如果價格定得過高，是否會招致新的競爭對手的進入；如果價格定得太低，企業是否具有足夠的財力，是否會招致競爭對手的強烈反應。企業的需求曲線絕不像理論分析那樣是一條固定的線性曲線，而是會因競爭企業的反應發生變動。

4. 社會各方面

企業的定價和價格變動必然會引起社會各方面的關注。廣大群眾習慣把價格變動看作經濟形勢好壞的一種指示器，因此企業的價格行動必須慎重，要充分估計到對社會的影響。即使在企業價格變動權限內的變動，也要慎重，不要給社會造成誤解和錯覺，否則，最終還是會對企業不利。

三、企業定價程序

企業定價可以分為六個步驟，即確定企業定價目標、測定市場需求、估算商品成本、分析競爭狀況、選擇定價方法、確定最後價格。

1. 確定定價目標

這主要有八種選擇：投資收益率目標、市場佔有率目標、穩定價格目標、防止競爭目標、利潤最大化目標、渠道關係目標、度過困難目標、塑造形象目標（也叫社會形象目標）。

2. 測定需求

企業商品的價格會影響需求，需求的變化影響企業的產品銷售以及企業營銷目標的實現。因此，測定市場需求狀況是制定價格的重要工作。在對需求的測定中，首要的是瞭解市場需求對價格變動的反應，即需求的價格彈性。

3. 估算成本

企業在制定商品價格時，要進行成本估算。企業商品價格的最高限度取決於市場需求及有關限制因素，而最低價格不能低於商品的經營成本費用，這是企業價格的下限。

4. 分析競爭狀況

對競爭狀況的分析，包括三個方面的內容：

（1）分析企業競爭地位；

（2）協調企業的定價方向；

（3）估計競爭企業的反應。

5. 選擇定價方法

在前面步驟的基礎上選擇適當的定價方法。

6. 選定最後價格

在最後確定價格時，必須考慮是否遵循這樣四項原則：①商品價格的制定與企業預期的定價目標的一致性，有利於企業總的戰略目標的實現；②商品價格的制定符合國家政策法令的有關規定；③商品價格的制定符合消費者整體及長遠利益；④商品價格的制定與企業市場營銷組合中的非價格因素是否協調一致、互相配合，為達到企業營銷目標服務。

四、影響企業定價的因素

1. 市場需求及變化

如果其他因素保持不變，消費者對某一商品需求量的變化與這一商品價格變化的方向相反，如果商品的價格下跌，需求量就上升，而商品的價格上漲時，需求量就相應下降，這就是所謂需求規律。這是企業決定自己的市場行為特別是制定價格時所必須考慮的一個重要因素。

2. 市場競爭狀況

在不同競爭條件下企業自身的定價自由度有所不同，在現代經濟中可分為四種情況：完全競爭、純粹壟斷（或稱完全壟斷）、不完全競爭（也叫壟斷性競爭）、寡頭競爭。

3. 政府的干預程度

除了競爭狀況之外，各國政府干預企業價格制定也直接影響企業的價格決策。在現代經濟生活中，世界各國政府對價格的干預和控制是普遍存在的，只是干預與控制的程度不同而已。

4. 商品的特點

這包括：商品的種類；標準化程度；商品的易腐、易毀和季節性；時尚性；需求彈性；生命週期階段等。

5. 企業狀況

企業狀況主要指企業的生產經營能力和企業經營管理水平對制定價格的影響，包括以下內容：企業的規模與實力、企業的銷售渠道、企業的信息溝通、企業營銷人員的素質和能力等。

五、銷售策略中主要變量的分析

在實際中，各種變量總是不停地在相互影響著和變化著。因此，我們在定價時，不能只考慮價格與銷量之間的相互關係，而且需考慮其他變量，如消費者的偏好、收入水平、新產品的開發、廣告手段等。

定價是否恰當，有賴於對需求函數和成本函數的估計。如果對需求函數估計不準，確定的價格往往會使實際的銷量與預期的銷量發生較大的偏差，以致銷量增長過速或大幅度削減，影響企業的銷售和利潤。同樣，企業對生產成本函數也必須有精確的估計，以建立合理的價格成本利潤關係，確定恰當的毛利幅度，不致因毛利過厚而影響銷量的擴展，也不致毛利過薄而使企業經營維持不下去。

第二節　成本加成定價與增量定價分析法

一、成本加成定價

1. 含義

成本加成定價又稱為目標投資收益率定價法，實踐中廣泛使用。基本方法是在估計的單位成本（單位可變成本與單位不變成本之和）基礎上，根據目標利潤率來制定產品的銷售價格。

2. 定價過程

一般包括以下步驟：

（1）計算標準產量，一般為產品設計生產能力的 2/3~4/5；

（2）計算勞動、原材料和其他可變投入的成本，得到單位產品的可變成本 AVC；

（3）估計固定成本，計算出單位產品的固定成本 AFC；

（4）計算平均成本 $AC=AVC+AFC$，確定目標利潤率並記為 r，則產品價格應為：

$$P = AC+AC \cdot r = AC(1+r)$$

[例 8-1] 德明企業生產某種電子芯片,每件的變動成本為 10 元,標準產量為 500,000 件,總固定成本為 2,500,000 元。如果企業的目標成本利潤率定為 20%,價格應該定多少?

解:$AVC = 10$

$AFC = TFC/Q = 2,500,000/500,000 = 5$

$AC = AVC + AFC = 10 + 5 = 15$

$P = AC(1+r) = 15(1+20\%) = 18$

價格要定為 18 元。

二、成本加成定價法與利潤最大化

成本加成定價法運用得當,有可能使企業接近利潤最大化目標。重要的是如何確定成本加成的百分比(目標成本利潤率)。

成本加成定價法在長期中按 $MR = MC$ 原則定價能使廠商獲得最大利潤。

$$MR = P\left(1 - \frac{1}{|E_d|}\right) = MC \Rightarrow P = MC\left(\frac{1}{1 - \frac{1}{|E_d|}}\right) = MC\left(1 + \frac{1}{|E_d| - 1}\right)$$

。若規模報酬不變,則:

$$LAC = LMC,於是:P = LAC\left(1 + \frac{1}{|E_d| - 1}\right)。令 \frac{1}{|E_d| - 1} = r,有:$$

$P = LAC(1+r)$。由於 $\frac{1}{|E_d| - 1} = r$,顯然,E_d 越大,加成 r 越小,E_d 越小,加成 r 越大。這也進一步證明壟斷勢力強的廠商利潤率比較高。

[案例 8-1] 雜貨店通常使用加成定價法。某雜貨店對各種產品的加成如表 8-1 所示:

表 8-1　　　　　　　　某雜貨店對各種產品的加成

產品	加成(百分比)	產品	加成(百分比)
咖啡	5	凍肉	30
軟飲料	5	新鮮水果	45
早餐類食品	10	新鮮蔬菜	45
湯類	10	調味品	50
冰淇淋	20	專賣藥品	50

從專賣藥品和新鮮蔬菜類商品的價格彈性要低於咖啡和早餐類食品這個意義上來說，這個定價體系將使雜貨店的利潤趨於最大化。一般說來，商店很可能會對那些消費者受價格影響不大（也就是說價格彈性低）的商品制定較高的加成。他們認為高加成是很安全的。另外，對那些消費者對價格敏感（也就是說價格彈性高）的商品，商店意識到他們必須將加成壓低，因為把加成提高是十分愚蠢的做法，會使消費者跑到別處去。

三、什麼是增量分析定價法

增量分析定價法主要是分析企業接受新任務後是否有增量利潤（貢獻）。如果增量利潤為正值，說明新任務的價格是可以接受的，如果增量利潤為負值，說明新任務的價格是不可以接受的。

增量分析定價法與成本加成定價法的共同點都是以成本為基礎，不同之點是後者以全部成本為基礎，一般用於長期決策；增量分析定價法則以增量成本為定價基礎，常用於短期決策。

第三節　差別定價法

一、差別定價法

差別定價又稱為價格歧視，是指廠商把同一產品對不同的市場或不同的消費者制定不同的價格。價格歧視主要有以下三種方式：

1. 一級價格歧視

一級價格歧視又稱為完全價格歧視，是指對每單位商品都制定不同的價格，即每單位商品都以消費者願意支付的最高價格出售。如圖 8-1 所示，第一單位產品的價格為 P_1，第二單位產品的價格為 P_2，隨著出售數量的增加，價格依次下跌，但每一單位的價格都是未滿足的消費者所願支付的最高價格，而最後一單位產品的價格則等於該單位產品的邊際成本。

一級價格歧視下，生產者佔有了全部的消費者剩餘，在追求最優化時，最大化了生產者剩餘和消費者剩餘的總和，使得產量達到社會最優的水平。

顯然，一級價格歧視在實際上是無法實現的，它要求壟斷者掌握每一單位產品對消費者的最高邊際值，這樣的信息要求是不可能達到的。

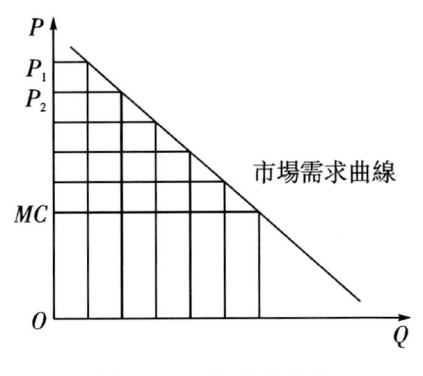

圖 8-1　一級價格歧視

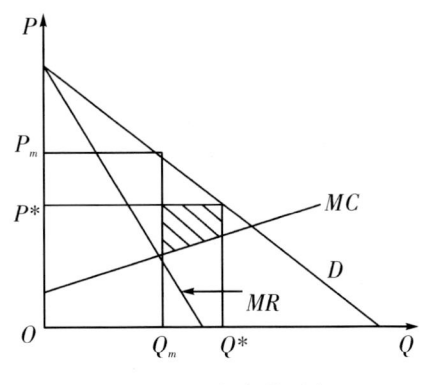

2. 二級價格歧視

二級價格歧視就是指不同單位的產品組合以不同的價格出售,而購買同一數量的不同消費者都支付同一價格。最普遍的二級價格歧視就是數量優惠,買得越多,價格越低。

二級價格歧視所能獲得的利潤比單一價格的壟斷利潤更高,如圖 8-2,單一壟斷價格為 P_m,銷售量為 Q_m,廠商實施二級價格歧視,購買量低於 Q_m,單位價格為 P_m,而高於 Q_m 的購買量,則價格為 P^*。顯然,只要 $MC < P^* < P_m$,廠商總能誘導出更多的需求,使需求增加為 Q^*,圖中的陰影部分即為二級價格歧視下多獲得的利潤。

圖 8-2　二級價格歧視

3. 三級價格歧視

三級價格歧視指同一產品在不同的市場上有不同的價格,但在同一市場上則有相同的價格。三級價格歧視要求壟斷者能區分出不同消費者,而不同的消費者

第八章　產品與服務的定價　221

形成的市場有不同的價格需求彈性，需求彈性小的市場上，消費者對價格不敏感，壟斷者可以把價格定得較高而不損失太多需求量，最終獲得較多的利潤。

[案例8-2] 美國的汽車保險

與其他國家不一樣的是，美國的保險公司在向用戶提供服務和收費時，更多考慮的是人的因素，而不是車的因素。換句話說，同一輛汽車，不同的人去投保，保險費可以相差3倍以上。為什麼？

保險公司的老板指出，同樣的汽車，有的用戶投保之後，並沒有出交通事故，有的則經常出交通事故，對二者收取同樣的保險費既不合理，也不利於鼓勵投保人謹慎駕駛和避免交通事故。保險公司最希望投保人不出或盡量少出交通事故，因為保險公司不但要為用戶保險，也要為自身「保險」：不能賠本，要賺錢。保險公司的這種思考，反應在它對完全相同的投保對象因人而異收取不同的保險費上。

影響保險費高低的人為因素主要如下：

第一是駕駛記錄。上一年既沒有出應承擔責任的交通事故，也沒有由於違章駕駛而被交通法庭罰款的駕駛者，在延長保險合同時，保險費一般下降10%～15%；反之，保險費上升，上升的幅度依事故的大小、投保人應承擔責任的輕重、被罰款的多寡而定。對經常承擔交通事故責任的駕駛者，以及造成人員傷亡和重大經濟損失的駕駛者，保險公司往往不願再延長其保險合同。

有良好記錄的駕駛者，保險公司搶著要。例如，20世紀保險公司最近推出新的汽車保險項目：投保人必須是3年以上沒有出任何交通事故，也沒有因違章駕駛而被交通法庭罰款的駕駛者，20世紀保險公司保證減收僅其大約一半的保險費。

被一般保險公司拒絕延長合同的駕駛者，只能向州政府特許的一家特殊的保險公司申請保險，應交納的保險費為一般保險費的3倍以上，因為他們出交通事故的概率大，不如此保險公司自身難保。

第二是駕駛者的年齡因素。交通事故數據分析表明：16～25歲的青年人，特別是未婚青年，出交通事故的概率最高；60歲以上的老年人出交通事故的概率次之；概率最低的是26～59歲的中年人，特別是40～55歲的中年人。專家們認為，這主要是由於中年人有強烈的家庭責任感，駕駛時特別小心謹慎的緣故。因此，在其他條件完全相同的情況下，保險公司對中年人收取的保險費最低，對老年人收取的保險費稍高一點，對未婚青年人，特別是十七八歲的小伙子收取的

保險費最高。

第三是家庭成員因素。在美國，成年人幾乎人人開車，用一個家庭成員的名字投保的汽車，其他家庭成員不可能完全不開。因此，保險公司對家庭成員多的車主收取的保險費高，對家庭成員中有16~25歲未婚青年的車主收取的保險費尤其高。反之就低。如果一個家庭有多輛汽車在同一家保險公司投保，第一輛之後的汽車可以享受保險費優惠。因為車多，平均每輛車出行時間就少，出交通事故的概率也就相應地要低一些。

第四是地區因素。交通事故數據分析還表明：在像洛杉磯這樣的大都市地區，由於車輛多，交通堵塞嚴重，發生交通事故的概率要高一些；而在郊區和農村地區，事故發生率低得多。

二、差別定價具備的條件

1. 市場必須是可以細分的，而且各個細分市場表現出不同的需求程度

企業應該能夠瞭解不同層次的購買者購買商品的願望和能力，即知道不同的購買者對同種商品具有不同的需求彈性。假設企業將市場按照某種標準分成兩個消費群體，第一個群體的需求彈性為 E_{P_1}，第二個群體的需求彈性為 E_{P_2}，當兩個需求彈性相等時，不存在有差別的價格支付；但當 $E_{P_1} > E_{P_2}$ 時，則第一階層的消費者所願支付的價格將要更低一些。此時，企業可對第一階層的消費者制定較低的價格，而對第二階層的消費者制定較高的價格，這樣做的結果就是更多的消費者剩餘轉化為企業利潤。

2. 各個市場之間必須是相互分離的

各個細分市場的分割使以較低價格購買商品的顧客不會以較高價格倒賣給他人。否則，購買者就會輕易地到價格最低的市場上購買商品，到價格較高的市場去出售而獲利，從而使企業維持差別價格的計劃失敗。一般來說，當市場存在著不完全性或各個市場間被運輸成本、消費者的信息不對等或國家之間的壁壘所阻隔時，企業能夠對各個市場進行控制，從而對不同的買者索取不同的價格。

3. 在高價的細分市場中，競爭者不可能以低於企業的價格競銷

這是指企業在某種程度上擁有一定的壟斷權，因而它可以控制價格。如某企業對某一旅遊資源擁有一定的控制權，而這一旅遊資源又為獨一無二的旅遊景點，只有這一家企業能夠提供這種產品和服務，這便形成了壟斷。公用事業單位也常常對某種產品或服務擁有一定的壟斷權，因而，常常採取差別價格策略。另

外，企業在提供某種商品或服務上有一定的技術、資本、人才和成本優勢，其他企業若提供同種商品或服務的話，則價格較高，所以，顧客很難從其他的競爭者那裡得到這種商品或服務，即使得到也常常要付出更高的價格，因此，這種企業能夠對不同的細分市場採取不同的價格。

4. 差別價格不會引起顧客的厭惡和不滿

這是指差別價格的實施在顧客眼中是較為合理的。如地鐵公司對老年人、殘疾人優惠；同種商品賣給生產者作生產資料其價格要比賣給居民作消費的低。因此，電力賣給企業的價格，要低於賣給居民的價格；鄉村醫生向窮人收取較為便宜的診費，這些價格差別消費者容易理解，不會造成反感。

5. 差別價格策略的實施不應是非法的

企業在實施此策略時應考慮到是否侵犯了消費者權益，是否屬於不正當競爭。

三、最優差別價格的確定

假定企業把市場劃分為兩個子市場 A 和 B，它們的需求曲線分別為 D_A 和 D_B。由此可得兩個子市場的邊際收益曲線 MR_A 和 MR_B。把兩個子市場的需求曲線水平相加可以得到整個市場的需求曲線 $D = D_A + D_B$，整個市場的邊際收益曲線 $MR = MR_A + MR_B$。

企業生產的是同一種產品，因此其生產過程是唯一的，其生產成本也與市場的分割無關。這樣，企業的總產量就由利潤最大化的準則 $MR = MC$ 來決定。產量的分配為：$MR_A = MR_B = MC$（如圖 8-3 所示）。

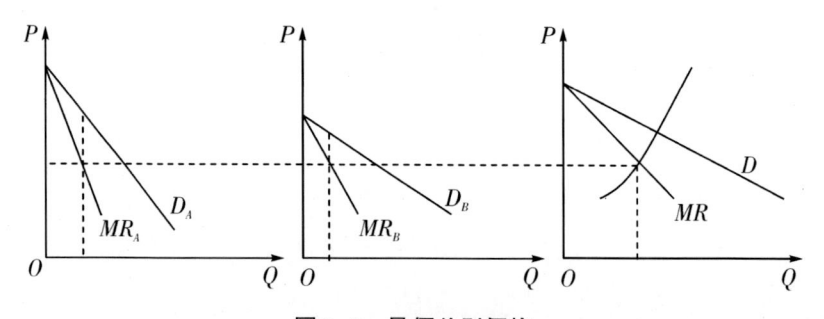

圖 8-3　最優差別價格

[**例8-2**] 假設企業分別在 A、B 兩個不同的子市場上銷售同一種產品（單位為件），兩個子市場的需求曲線分別為：A 市場：$P_A = 14 - 2Q_A$；B 市場：$P_B = $

$10-Q_B$。企業生產該產品的邊際成本為2。試計算企業在兩個市場實行差別定價的價格、銷量和利潤。

解：$MR_A = 14-4Q_A$

$MR_B = 10-2Q_B$

$MC = 2$

$MR_A = MR_B = MC$

$Q_A = 3$，$Q_B = 4$，$P_A = 8$，$P_B = 6$

$T\pi = P_A Q_A + P_B Q_B - MC(Q_A + Q_B) = 24 + 24 - 14 = 34$

由於 $MR = P(1-1/|E_P|)$，且當在兩個子市場上實行差別定價時，$MR_1 = MR_2$，即 $P_1(1-1/|E_{P_1}|) = P_2(1-1/|E_{P_2}|)$，則 $P_1/P_2 = (1-1/|E_{P_2}|)/(1-1/|E_{P_1}|)$。可見，在需求彈性較大的子市場上，應該索取較低的價格。

[例8-3] 如果 $E_{P_1} = -2$，$E_{P_2} = -4$，應該如何定價？

解：$P_1/P_2 = (3/4)/(1/2) = 1.5$，即第一子市場的價格是第二子市場價格的1.5倍。

[案例8-3] 電子優惠券多此一舉嗎？

互聯網時代，很多優惠券也電子化了。比如去肯德基點餐，只需要把手機上電子優惠券圖片出示一下就可以打折。很多人認為出示一下電子優惠券還不如直接打折吸引顧客，電子優惠券是多此一舉嗎？

第四節　常見定價法

一、高峰負荷定價

1. 高峰負荷定價法概要

許多商品的消費具有大起大落的特點，從消費需求數量的變化來看，通常形成一種波浪形態。例如，電力的消費在炎熱的夏季往往形成耗電高峰；而在每一天裡，往往是白天形成高峰，深夜則是耗電的低谷。又如，在每個週末，特別在每年的節假日如五一勞動節、國慶節等，周圍的一些旅遊勝地常常是遊人如織，以致當地的餐館都人滿為患。而電影院的上座率一般白天較低，晚上較高。

一般地，在消費的高峰時間，需求是較為缺乏彈性的，而在消費的低谷，需求的價格彈性則往往是充足的，因此，在高峰時間應定較高的價格，而在低谷時

間則定較低的價格。

例如，對電力的消費來說，為了減弱其波動性，特別是減弱一天中間的波動性，企業可以考慮對高峰時間制定相對較高的電價，而在低谷時間給以低價優惠。但這樣定價的效果要看電力消費的對象是否對電價有彈性。對一般居民來說，通常並不會因為深夜的電價較低而半夜起來用電水壺燒水，因此這一策略只是對大量耗電的生產性企業比較有效。

2. 實行高峰負荷定價的條件

（1）產品不能儲存，例如電話和鐵路運力是不能存儲的。

（2）同一設施生產，例如在一天不同時段提供電話服務使用的是同一電話交換設備和線路。

（3）不同時段需求特徵不同，比如白天對電話的需求遠大於夜間，除此之外旅遊、賓館、客運也具有相似特點。每年的「春運」期間，鐵路、公路、民航提高票價也屬於一個典型的高峰負荷定價問題。

二、需求關聯產品定價

一種產品的需求會受另一種產品的需求的影響。互相替代的產品和互相補充的產品，就屬於這種情況。

假定企業生產兩種產品 A 和 B。那麼，它的利潤應為：

$\pi = TR_A(Q_A, Q_B) + TR_B(Q_A, Q_B) - C_A(Q_A) - C_B(Q_B)$

根據利潤最大化原理，當因增銷一個單位 A 而增加的總銷售收入等於因增銷一個單位 A 而增加的成本時，產品 A 的銷售量是最優的。這一最優化條件可用代數式表示：

$MR_A = dTR_A/dQ_A + dTR_B/dQ_A = MC_A$

同理，產品 B 最優產量的條件為：

$MR_B = dTR_B/dQ_B + dTR_A/dQ_B = MC_B$

式中，MR_A 和 MR_B 分別代表產品 A 和 B 的邊際總銷售收入。

（1）如果產品是互相替代的，一種產品銷量的增加會使另一種產品的銷售量減少，這時，交叉邊際收入 dTR_B/dQ_A 和 dTR_A/dQ_B 為負值。如果需求之間沒有聯繫，這個值為零，每種產品就可按利潤最大化原則獨自決策。與需求間無聯繫的情況相比，企業在最優決策時將會選擇較少的銷售量和較高的價格。

（2）如果產品之間是互補的，增加一種產品的銷售量也會導致另一種產品

的銷售量增加，此時，交叉邊際收入為正值，與需求間無聯繫的情況相比，企業在決策時將傾向於選擇較高的銷售量和較低的價格。

三、兩次收費

企業先對每個顧客收一次費，這樣顧客就取得了購買該企業產品的權利，然後企業再對顧客按購買數量收費。這樣的例子很多，如國內的一些購物中心買商品，得先成為該購物中心的會員，要成為會員得交會員費，成了會員後，就可以在該購物中心以較低價格購物。入會後願意買多少就買多少，商品價格略低於其他商店同類商品價格。消費者既然已加入了協會，商品又比外面便宜，自然會盡量買，若不買，會費就白交了。再如，許多遊樂場所先收大門票，然後再計件計次收費。電話月租和話費也屬於兩次收費。

四、整賣

我們常常看到 6 小罐可口可樂飲料包裝在一起賣；10 個信封裝在一起賣；菜農將西紅柿放成一小堆賣。我們把這種現象叫作整買整賣。經常見到什麼小東西都一大包一大包地賣，像圓珠筆、練習本、廁所用紙、襪子等。合理利用整賣策略可以增加企業利潤。

五、成套出售

企業可以把幾種商品組合在一起，按一個價格出售。例如，企業將桌椅配套賣，把上衣和褲子配套賣，把茶杯和茶壺、鉗子和扳子合在一起賣，有的旅行社將飛機票、車船票和食宿合在一起收費，等等。這種做法可以提高企業的利潤。

六、互補式定價

企業往往經營兩種以上互相聯繫的商品。例如，飯店裡既賣飯，又賣飲料；計算機公司既賣計算機，又賣軟件；旅遊點上既賣門票，也賣紀念品和小吃；等等。在這種情況下，企業可以採用互補式價格以增加利潤。互補式價格是將一種產品的價格有意壓低，以招攬顧客；而將另一種產品的價格抬高，以彌補低價出售所造成的損失。這種現象非常普遍。例如，飯店裡飯菜價格很便宜，但酒水很貴。

管理實踐 8-1　產品與服務定價實務

一、新產品定價

(一) 有專利保護的新產品定價

1. 撇脂定價策略

把價格定得較高，目的是在短時間內盡可能賺更多的錢。在新產品銷售初期，首先以高價在彈性小的市場上出售；隨著時間推移，再逐步降價，使新產品銷售進入需求價格彈性大的市場。

一般適用於下列情況：

（1）新產品研製期長，或有專利保護，高價不怕對手進入；
（2）高價給人質量高、是高檔品的印象；
（3）對未來市場價格無把握，以後降價比提價容易。

2. 滲透定價法

滲透定價法是指把價格定得較低，目的是在短時間內打入市場。一旦向市場滲透的目的達到後，它就會逐漸提高價格，所以滲透定價法是一種為了實現長期目標而謹慎犧牲短期利益的定價方法，常用於競爭比較激烈的日用小商品。一般適用於下列情況：

（1）需求價格彈性大，低價能吸引大量的消費者；
（2）規模經濟明顯，大量生產能使成本大大下降；
（3）需要用低價來阻止競爭對手進入，或需要以低價吸引消費者來擴大市場。

(二) 仿製品的定價

新產品中有一類仿製品，是企業合法模仿國內外市場某種暢銷產品而製造的新產品。這類產品定價的關鍵在於如何進行市場定位，特別是仿製品的定位應盡量與市場上原有創新者的定位保持一定的價格差。比如，目前中外合資企業生產的仿製品普遍採用優質中價、中質低價、低質廉價的降檔定價策略。

二、心理定價

每一件產品都能滿足消費者某一方面的需求，其價值與消費者的心理感受有著很大的關係。這就為心理定價策略的運用提供了基礎，使得企業在定價時可以利用消費者心理因素，有意識地將產品價格定得高些或低些，以滿足消費者生理的和心理的、物質的和精神的多方面需求，通過消費者對企業產品的偏愛或忠誠，擴大市場銷售，獲得最大效益。常用的心理定價策略有整數定價、尾數定

價、聲望定價和招徠定價。

（一）整數定價

對於那些無法明確顯示其內在質量的商品，消費者往往通過其價格的高低來判斷其質量的好壞。但是，在整數定價方法下，價格的高並不是絕對地高，而只是憑藉整數價格來給消費者造成高價的印象。整數定價常常以偶數，特別是「0」作尾數。例如，精品店的服裝可以定價為1,000元，而不必定為998元。這樣定價的好處是：①可以滿足購買者炫耀富有、顯示地位、崇尚名牌、購買精品的虛榮心；②省卻了找零錢的麻煩，方便企業和顧客的價格結算；③花色品種繁多、價格總體水平較高的商品，利用產品的高價效應，在消費者心目中樹立高檔、高價、優質的產品形象。

整數定價策略適用於需求的價格彈性小、價格高低不會對需求產生較大影響的商品，如流行品、時尚品、奢侈品、禮品、星級賓館、高級文化娛樂城等，由於其消費者都屬於高收入階層，也甘願接受較高的價格，所以，整數定價得以大行其道。

（二）尾數定價

尾數定價又稱「奇數定價」「非整數定價」，指企業利用消費者求廉的心理，制定非整數價格，而且常常以奇數作尾數，盡可能在價格上不進位。比如，把一種毛巾的價格定為2.97元，而不定3元；將臺燈價格定為19.90元，而不定為20元，可以在直觀上給消費者一種便宜的感覺，從而激起消費者的購買慾望，促進產品銷售量的增加。

使用尾數定價，可以使價格在消費者心中產生四種特殊的效應：①便宜。標價99.97元的商品和100.07元的商品，雖僅相差0.1元，但前者給購買者的感覺是還不到「100元」，後者卻使人認為「100多元」，因此前者可以給消費者一種價格偏低、商品便宜的感覺，使之易於接受。②精確。帶有尾數的定價可以使消費者認為商品定價是非常認真、精確的，連幾角幾分都算得清清楚楚，進而會產生一種信任感。③中意。由於民族習慣、社會風俗、文化傳統和價值觀念的影響，某些數字常常會被賦予一些獨特的含義，企業在定價時如能加以巧用，則其產品將因之而得到消費者的偏愛。例如，中國南方某市一個號碼為「2108888」的電話號碼，拍賣價竟達到十幾萬元。當然，某些為消費者所忌諱的數字，如西方國家的「13」、日本國的「4」，企業在定價時則應有意識地避開，以免引起消費者的厭惡和反感。

在實踐中，無論是整數定價還是尾數定價，都必須根據不同的地域進行仔細斟酌。比如，美國、加拿大等國的消費者普遍認為單數比雙數少，奇數比偶數顯得便宜，所以，在北美地區，零售價為49美分的商品，其銷量遠遠大於價格為50美分的商品，甚至比48美分的商品也要多一些。但是，日本企業卻多以偶數，特別是「零」作結尾，這是因為偶數在日本體現著對稱、和諧、吉祥、平衡和圓滿。

企業要想真正地打開銷路，佔有市場，還是得以優質的產品作為後盾，過分看重數字的心理功能，或流於一種純粹的數字遊戲，只能嘩眾取寵於一時，從長遠來看卻於事無補。

(三) 聲望定價

這是根據產品在消費者心中的聲望、信任度和社會地位來確定價格的一種定價策略。聲望定價可以滿足某些消費者的特殊慾望，如地位、身分、財富、名望和自我形象等，還可以通過高價格顯示名貴優質，因此，這一策略適用於一些傳統的名優產品、具有歷史地位的民族特色產品，以及知名度高、有較大的市場影響、深受市場歡迎的馳名商標。比如，臺灣寶麗來太陽鏡價格高達240～980元，中國的景泰藍瓷器在國際市場價格為2,000多法郎，都是成功地運用聲望定價策略的典範。

為了使聲望價格得以維持，需要適當控制市場擁有量。英國名車勞斯萊斯的價格在所有汽車中雄踞榜首，除了其優越的性能、精細的做工外，嚴格控制產量也是一個很重要的因素。在過去的50年中，該公司只生產了15,000輛轎車，美國艾森豪威爾總統未能擁有一輛金黃色的勞斯萊斯汽車成為他的終生憾事。

但是，聲望定價必須非常謹慎。20世紀70年代末，中國某企業將出口到歐美的假髮提價兩至三倍，銷路迅速下降，大部分市場被日本、韓國的企業搶去。

(四) 招徠定價

招徠定價是指將某幾種商品的價格定得非常之高，或者非常之低，在引起消費者的好奇心理和觀望行為之後，帶動其他商品的銷售。這一定價策略常為綜合性百貨商店、超級市場甚至高檔商品的專賣店所採用。招徠定價運用得較多的是將少數產品價格定得較低，吸引顧客在購買「便宜貨」的同時，購買其他價格比較正常的商品。美國有家「99美分商店」，不僅一般商品以99美分標價，甚至每天還以99美分出售10臺彩電，極大地刺激了消費者的購買慾望，商店每天門庭若市。一個月下來，每天按每臺99美分出售10臺彩電的損失不僅完全補

回，企業還有不少的利潤。

在實踐中，也有故意定高價以吸引顧客的。珠海九洲城裡有種3,000港元一只的打火機，引起人們的興趣，許多人都想看看這「高貴」的打火機是什麼樣子。其實，這種高價打火機樣子極其平常，雖無人問津，但它邊上3元一只的打火機卻銷路大暢。

值得企業注意的是，用於招徠的降價品，應該與低劣、過時商品明顯地區別開來。招徠定價的降價品，必須是品種新、質量優的適銷產品，而不能是處理品。否則，不僅達不到招徠顧客的目的，反而可能使企業聲譽受到影響。

三、折扣定價

折扣定價是指對基本價格做出一定的讓步，直接或間接降低價格，以爭取顧客、擴大銷量。其中，直接折扣的形式有數量折扣、現金折扣、功能折扣、季節折扣，間接折扣的形式有回扣和津貼。

（一）數量折扣

數量折扣指按購買數量的多少，分別給予不同的折扣，購買數量愈多，折扣愈大。其目的是鼓勵大量購買，或集中向本企業購買。數量折扣包括累計數量折扣和一次性數量折扣兩種形式。累計數量折扣規定顧客在一定時間內，購買商品若達到一定數量或金額，則按其總量給予一定折扣，其目的是鼓勵顧客經常向本企業購買，成為可信賴的長期客戶。一次性數量折扣規定一次購買某種產品達到一定數量或購買多種產品達到一定金額，則給予折扣優惠，其目的是鼓勵顧客大批量購買，促進產品多銷、快銷。

數量折扣的促銷作用非常明顯，企業因單位產品利潤減少而產生的損失完全可以從銷量的增加中得到補償。此外，銷售速度的加快，使企業資金週轉次數增加，流通費用下降，產品成本降低，從而導致企業總盈利水平上升。

運用數量折扣策略的難點是如何確定合適的折扣標準和折扣比例。如果享受折扣的數量標準定得太高，比例太低，則只有很少的顧客才能獲得優待，絕大多數顧客將感到失望；購買數量標準過低，比例不合理，又起不到鼓勵顧客購買和促進企業銷售的作用。因此，企業應結合產品特點、銷售目標、成本水平、資金利潤率、需求規模、購買頻率、競爭者手段以及傳統的商業慣例等因素來制定科學的折扣標準和比例。

（二）現金折扣

現金折扣是對在規定的時間內提前付款或用現金付款者所給予的一種價格折

扣，其目的是鼓勵顧客盡早付款，加速資金週轉，降低銷售費用，減少財務風險。採用現金折扣一般要考慮三個因素：折扣比例、給予折扣的時間限制、付清全部貨款的期限。在西方國家，典型的付款期限折扣表示為「3/20, Net 60」。其含義是在成交後20天內付款，買者可以得到3%的折扣，超過20天，在60天內付款不予折扣，超過60天付款要加付利息。

由於現金折扣的前提是商品的銷售方式為賒銷或分期付款，因此，有些企業採用附加風險費用、管理費用的方式，以避免可能發生的經營風險。同時，為了擴大銷售，分期付款條件下買者支付的貨款總額不宜高於現款交易價太多，否則就起不到「折扣」促銷的效果。

提供現金折扣等於降低價格，所以，企業在運用這種手段時要考慮商品是否有足夠的需求彈性，保證通過需求量的增加使企業獲得足夠利潤。此外，由於中國的許多企業和消費者對現金折扣還不熟悉，運用這種手段的企業必須結合宣傳手段，使買者更清楚自己將得到的好處。

（三）功能折扣

中間商在產品分銷過程中所處的環節不同，其所承擔的功能、責任和風險也不同，企業據此給予不同的折扣稱為功能折扣。對生產性用戶的價格折扣也屬於一種功能折扣。功能折扣的比例，主要考慮中間商在分銷渠道中的地位、對生產企業產品銷售的重要性、購買批量、完成的促銷功能、承擔的風險、服務水平、履行的商業責任以及產品在分銷中所經歷的層次和在市場上的最終售價等。功能折扣的結果是形成購銷差價和批零差價。

鼓勵中間商大批量訂貨，擴大銷售，爭取顧客，並與生產企業建立長期、穩定、良好的合作關係是實行功能折扣的一個主要目標。功能折扣的另一個目的是對中間商經營的有關產品的成本和費用進行補償，並讓中間商有一定的盈利。

（四）季節折扣

有些商品的生產是連續的，而其消費卻具有明顯的季節性。為了調節供需矛盾，這些商品的生產企業便採用季節折扣的方式，對在淡季購買商品的顧客給予一定的優惠，使企業的生產和銷售在一年四季能保持相對穩定。例如，啤酒生產廠家對在冬季進貨的商業單位給予大幅度讓利，羽絨服生產企業則為夏季購買其產品的客戶提供折扣。

季節折扣比例的確定，應考慮成本、儲存費用、基價和資金利息等因素。季節折扣有利於減輕庫存，加速商品流通，迅速收回資金，促進企業均衡生產，充

分發揮生產和銷售潛力，避免季節需求變化所帶來的市場風險。

（五）回扣和津貼

回扣是間接折扣的一種形式，它是指購買者在按價格目錄將貨款全部付給銷售者以後，銷售者再按一定比例將貨款的一部分返還給購買者。津貼是企業為特殊目的，對特殊顧客以特定形式所給予的價格補貼或其他補貼。比如，當中間商為企業產品提供了包括刊登地方性廣告、設置樣品陳列窗等在內的各種促銷活動時，生產企業給予中間商一定數額的資助或補貼。又如，對於進入成熟期的消費者，開展以舊換新業務，將舊貨折算成一定的價格，在新產品的價格中扣除，顧客只支付餘額，以刺激消費需求，促進產品的更新換代，擴大新一代產品的銷售。這也是一種津貼的形式。

上述各種折扣價格策略增強了企業定價的靈活性，對於提高廠商收益和利潤具有重要作用。但在使用折扣定價策略時，必須注意國家的法律限制，保證對所有顧客使用同一標準。如美國1936年制定的羅賓遜—巴特曼法案規定，折扣率的計算應以賣方實現的成本節約數為基礎，並且賣方必須對所有顧客提供同等的折扣優惠條件，不然就是犯了價格歧視罪。

四、其他定價策略

（一）限制性定價

限制性定價是已經擁有市場控制權的壟斷企業為限制其他企業進入市場而設立的價格。

（二）招標和拍賣等

招標是指在投標交易中，投標方根據招標方的規定和要求進行報價的方法。一般有密封投標和公開投標兩種形式。公開投標有公證人參加監視，廣泛邀請各方有條件的投標者報價，當眾公開成交。密封的方式則由招標人自行選定中標者。投標的價格主要以競爭者可能的遞標價格為轉移。遞價低的競爭者，可增加中標機會，但不可低於邊際成本，否則就不能保證適當利益。而標價過高，中標機會又會太小。投標價格中的利潤與中標的概率正好相反，投標價格中的利潤與中標概率的乘積叫作「期望利潤」，一般可根據期望利潤值的大小來制定投標價格方案。由於各企業密封投標，中標概率難以估計，所以投標企業必須對同行業各企業的實力、經營狀況有所瞭解。

拍賣也稱競買，商業中的一種買賣方式，賣方把商品賣給出價最高的人。拍賣應具備三個條件：①價格是不固定的；②必須有兩個以上的買主，要有競爭；

③價高者得。拍賣方式有英格蘭式拍賣、荷蘭式拍賣、英格蘭式與荷蘭式相結合的拍賣方式。英格蘭拍賣也稱「增價拍賣」或「低估價拍賣」，是指在拍賣過程中，拍賣人宣布拍賣標的的起叫價及最低增幅，競買人以起叫價為起點，由低至高競相應價，最後以最高競價者以三次報價無人應價後，響槌成交。但成交價不得低於保留價。荷蘭式拍賣也稱「降價拍賣」或「高估價拍賣」，是指在拍賣過程中，拍賣人宣布拍賣標的的起叫價及降幅，並依次叫價，第一位應價人響槌成交。但成交價不得低於保留價。英格蘭式與荷蘭式相結合的拍賣方式，是指在拍賣過程中，拍賣人宣布起拍價及最低增幅後，由競買人競相應價，拍賣人依次升高叫價，以最高應價者競得。若無人應價則轉為拍賣人依次降低叫價及降幅，並依次叫價，以第一位應價者競得。但成交價不得低於保留價。

標準增量式拍賣，這是一種拍賣標的數量遠大於單個競買人的需求量而採取的一種拍賣方式（此拍賣方式非常適合大宗積壓物資的拍賣活動）。賣方為拍賣標的設計一個需求量與成交價格的關係曲線。競買人提交所需標的的數量之後，如果接受賣方根據他的數量而報出的成交價即可成為買受人。

(三) 競爭定價

競爭定價是指根據本企業產品的實際情況及與對手的產品差異狀況來確定價格的方法。這是一種主動競爭的定價法。一般為實力雄厚、產品獨具特色的企業所採用。

它通常將企業估算價格與市場上競爭者的價格進行比較，分為高於競爭者定價、等於競爭者定價、低於競爭者定價三個價格層次：①高於競爭者定價。在本企業產品存在明顯優勢、產品需求彈性較小時採用。②等於競爭者定價。在市場競爭激烈，產品不存在差異情況下採用。③低於競爭者定價。在具備較強的資金實力，能應付競相降價的後果且需求彈性較大時採用。

【經典習題】

一、選擇題

1. 某服裝店售貨員把相同的服裝以 800 元賣給顧客甲，以 600 元賣給顧客乙，該服裝店的定價屬於（　　）。

　　A. 顧客差別定價　　　　　　B. 產品形式差別定價

　　C. 產品部位差別定價　　　　D. 銷售時間差別定價

2. 為鼓勵顧客購買更多物品，企業給那些大量購買產品的顧客的一種減價稱為（　　）。
   A. 功能折扣　　　　　　　　B. 數量折扣
   C. 季節折扣　　　　　　　　D. 現金折扣

3. 企業利用消費者具有仰慕名牌商品或名店聲望所產生的某種心理而制定的價格為（　　）。
   A. 尾數定價　　　　　　　　B. 招徠定價
   C. 聲望定價　　　　　　　　D. 反向定價

4. 當產品市場需求富有彈性且生產成本和經營費用下降時，企業便具備了（　　）的可能性。
   A. 滲透定價　　　　　　　　B. 撇脂定價
   C. 尾數定價　　　　　　　　D. 招徠定價

5. 企業因競爭對手率先降價而做出相應降價的策略主要適用於（　　）市場。
   A. 壟斷競爭　　　　　　　　B. 差別產品
   C. 完全競爭　　　　　　　　D. 寡頭壟斷

6. 在一級價格歧視下，消費者剩餘（　　）。
   A. 和完全競爭條件下的消費者剩餘相同
   B. 等於生產者剩餘
   C. 超過三級價格歧視下的消費者剩餘
   D. 等於零

7. 完全壟斷市場中，如果 A 市場的價格高於 B 市場的價格，則（　　）。
   A. A 市場的需求彈性大於 B 市場的需求彈性
   B. A 市場的需求彈性小於 B 市場的需求彈性
   C. 兩個市場的需求彈性相等
   D. 以上都正確

8. 一家影院壟斷了一部電影的首輪放映權，它知道成人與兒童對這部電影的需求彈性分別為 2 和 4。如果這家電影院對成人與兒童收取不同的票價，那麼，利潤最大化的成人票價格為（　　）。
   A. 兒童票價的 2 倍　　　　　B. 兒童票價的一半
   C. 兒童票價的 1.5 倍　　　　D. 兒童票價的 1/5

9. 以高於價值的價格將新產品推入市場，然後再降價，這種新產品定價策

略屬於（　　）。

  A. 撇脂定價　　B. 滲透定價　　C. 溫和定價　　D. 滿意定價

10. 一個歌舞廳對顧客的 A 項、B 項服務收取費用，其中 A 的價格需求彈性低，B 的價格需求彈性高。由於人太擠，老板欲不影響收入而減少顧客，則應採用措施（　　）。

  A. 增加 A、B 兩項的收費　　　　B. 增加 A 的收費，減少 B 的收費
  C. 增加 B 的收費，減少 A 的收費　D. 減少 A、B 兩項的收費

二、簡答與分析

1. 定義價格歧視，簡述實行價格歧視所需的條件及價格歧視的種類。
2. 壟斷廠商實施三級價格歧視價時的價格和產量是如何確定的？
3. 試說明分時段的航空客票價格是一種價格歧視。
4. 為什麼肯德基願意花成本印製、發放各種優惠券而不是直接降價？
5. 公共游泳池的管理者提供兩種收費方式供消費者選擇：一種收費方式是二重價。具體做法是給顧客辦游泳證，每位顧客繳納 10 元辦理一份游泳證，以後每次游泳顧客只需繳納 0.5 元錢。另一種收費方式是顧客不需要辦理游泳證，但每次游泳繳納 1 元。請問為什麼管理者提供兩種收費方式供選擇而不是只採取一種收費方式。

三、計算題

1. 大發公司會計數據顯示：生產一單位產品所用的直接材料費是 50 元，直接人工費是 20 元，製造費用是 20 元，預計生產 640 件產品，總的管理和銷售費用是 20,000 元，如果企業的目標成本利潤率定為 20%，價格應該定多少？

2. 假設企業分別在 A、B 兩個不同的子市場上銷售同一種產品（單位為件），兩個子市場的需求曲線分別為：A 市場：$P_A = 60 - 0.5Q_A$；B 市場：$P_B = 110 - 3Q_B$。企業生產該產品的成本函數為：$C = 1,000 + 9Q + 0.1Q^2$。試分別計算企業實行差別定價和統一定價時的企業利潤。

3. 有一家私營停車場，面對兩類顧客：一類是短暫停車者；一類是整日停車者。需求曲線分別為：$P_1 = 3 - Q_1/200$ 和 $P_2 = 2 - Q_2/200$。P 為每小時停車費，Q 為停車數量。這個停車場的總容量為 600 個車位。在此限度內，每增停一輛車增加的成本可以忽略不計。車廠主要對兩類顧客收取不同的價格費用。

（1）以上兩條需求線中哪一條是短暫停車者的需求線？為什麼？

（2）對每一類顧客制定什麼樣的價格？每一類顧客將有多少車使用這個停車場？停車場的車位能否充分使用？

（3）若是停車場只有400個車位，對每一類顧客如何定價？這時停車場的車位能否充分使用？

4. 假設壟斷廠商面臨兩個分割的市場1和2，市場1面臨的反需求函數為 $P_1 = 20-3Q_1$，市場2面臨的反需求函數為 $P_2 = 15-2Q_2$。其成本函數為 $STC = 15 + 2Q$。該廠商應怎樣組織生產和銷售，從而實現自己的利潤最大化？

5. 壟斷廠商的需求曲線為 $P = 16-Q$。

（1）當賣出8件商品時，總收益為多少？

（2）當採取一級價格歧視時，剝奪的消費者剩餘為多少？

（3）當採取二級價格歧視時，前四件賣12美元，後四件賣8美元，剝奪的消費者剩餘為多少？

6. 一個廠商有工廠1和工廠2兩個工廠。工廠1和工廠2生產的產品分別在兩個市場出售，並且實行三級價格歧視。工廠1的成本函數為 $C(Q_1) = Q_1^2$，工廠2的成本函數為 $C(Q_2) = 2Q_2 + Q_2^2$，市場1的需求函數為 $q_1 = 20 - 2P_1$，市場2的需求函數為 $q_2 = 12 - 2P_2$。請求出每個工廠的產量、市場的需求量以及價格。

7. 一個壟斷者在一個工廠中生產產品而在兩個市場上銷售。他的成本曲線和兩個市場的需求曲線方程分別為：$TC = (Q_1 + Q_2)^2 + 10(Q_1 + Q_2)$；$Q_1 = 32 - 0.4P_1$，$Q_2 = 18 - 0.1P_2$（$TC$：總成本；$Q_1$、$Q_2$：在市場1、2的銷售量；$P_1$、$P_2$：試場1、2的價格）。

（1）廠商可以在兩個市場之間實行差別價格，計算在利潤最大化水平上每個市場上的價格、銷售量以及他所獲得的總利潤量 π。

（2）如果禁止差別價格，也就是說廠商必須在兩個市場上以相同價格銷售。計算在利潤最大化水平上每個市場上的價格、銷售量以及他所獲得的總利潤 π。

四、案例分析

1. 巧用價格槓桿

美國人喜歡吃比較簡單的快餐，如麥當勞、漢堡王、比薩餅之類，省時、省

事。可是，完全一樣的快餐，中午的售價要比晚上的售價低1/4~1/3。例如：一人吃西式自助餐，中午價格為6.99美元，晚上價格是9.99美元；同樣，一份中式快餐中午售價只要5.99美元，晚上售價則要7.99美元。餐館的老板們說，快餐店一般午餐不打算賺錢，而以低廉的價格拉回頭客，賺錢主要是在晚上，特別是在晚上吃大餐的顧客身上。

快餐店的這種經營作風甚至表現在小費的收取上。在美國餐館用餐有個不成文的習俗：顧客除了付自己消費的各種費用之外，還要付相當其消費總額10%~15%的小費。在許多情況下，顧客中午付的小費往往低於10%，餐館跑堂並不計較。中餐館為招徠顧客，午餐甚至不收小費，有時甚至送餐上門也不另加收費，除非顧客自己願意給。但是，顧客晚上無論在西餐館還是中餐館用餐，都必須付15%以上的小費，否則，有可能引起不愉快。

週一至週四，電影院日場票價可以優惠到3.75美元一張，晚場票價則為7.5美元。週末3天的票價又要比工作日的票價高出1/4。其實，觀眾花不同的錢看的都是一樣的電影，因為美國的電影院一般都有10~20個放映廳同時放映不同的影片，觀眾買張票進電影院後，可以到任何放映廳看自己喜歡看的電影，哪怕你看一整天，只要你有時間和精力。

離市中心遠的電影院的票價與離市中心近的電影院票價相比，前者要比後者便宜一半。其實，市郊電影院的設備和環境比市內電影院還要好一些，因為市郊電影院是後來興建的，放映廳多，停車位多，環境幽雅，其他設備也先進些。不過，市郊電影院裡放映新片的比例小，而市中心電影院放映新片的比例大。

美國連鎖店的同品牌、同種類、同型號的商品，其售價往往也有差異。這主要有兩個方面的原因。

一是美國連鎖店裡的同品牌、同種類、同型號的商品的標價有可能一樣，但是不同地區的消費稅率不一樣。消費者在美國採購商品（蔬菜、瓜果等食品除外），除了支付商品標價之外，還要支付法定的消費稅。消費者採購蔬菜、瓜果等食品之所以不用支付消費稅，是為了照顧低收入家庭，因為低收入者可以不買或少買其他商品，但是他們每天得消費食品。不過，如果消費者購買制成食品，甚至半成品，那就需要支付消費稅。

二是美國連鎖店裡降價促銷的商品可以不一樣。例如，完全一樣的耐克鞋，在西洛杉磯地區的SPORTMART連鎖店裡正常銷售，售價為94.99美元，在東洛杉磯地區的SPORTMART連鎖店裡降價促銷，售價為44.99美元。

世界上沒有完全相同的兩片樹葉。美國的同一家公司或同一家商店提供的完

全相同的商品和服務，卻可以導致出千差萬別的售價。

結合案例談談如何合理、靈活應用價格槓桿。

2. 積分卡——客戶分析利器

看到日本一般消費者插在錢包中的各類磁卡、會員卡，你一定會為其數量之多而感到驚訝不已。據日本從事商業問題研究諮詢的矢野經濟研究所的調查統計，日本各類企事業單位、工商團體等每年發放的各類會員卡總量已超過1億張（目前，日本人口總數約1.27億人），其人均持有的各類磁卡、會員卡數量竟多達28.7張。其中，除了必有的銀行卡、信用卡之外，圖書借閱卡、就診卡、駕駛證、郵件投寄卡等等，可謂包羅萬象。而其中數量最多的，當數各類零售餐飲店等的積分卡。有統計顯示，單單積分卡的人均持有量就已達11.3張。

「請問您帶積分卡了嗎？」這是在日本的商店、餐廳購物用餐時幾乎肯定要被店員問起的一句話。不論是超市、百貨店、便利店、餐廳，還是醫藥化妝品折扣店、美容店、理髮店、書店、酒店、加油站、各類專賣店、汽車租賃、銀行、航空公司……形形色色的積分卡可謂無處不在。

你或許會感到困惑：為什麼積分卡在日本零售業中會得到如此廣泛的應用呢？

答案其實很簡單。所謂積分卡，實際上就是顧客信息收集與分析的有效工具。積分卡的應用主要有以下幾點：

（1）及時準確地收集、分析顧客信息；

（2）實施個性化、延續性的促銷營銷戰略；

（3）保持顧客對本企業的持久記憶，維繫顧客關係。

YODOBASHI KAMERA公司是日本零售企業中最早建立和使用積分卡系統，以銷售照相機、IT及其他家電產品為主業的大型連鎖專賣企業。據該公司位於東京都內競爭最為激烈的新宿西口店日野文彥店長介紹，該公司自1989年開始發放積分卡以來，已累計發放積分卡1,900萬張。如今，在該店購物時使用積分卡的會員顧客已達到購物顧客總數的90%。

據位居日本連鎖超市行業銷售額第一的伊藤洋華堂負責會員卡系統營運的酒井良次取締役介紹，該公司門店一般顧客的人均購物額通常為2,000~3,000日元。而使用積分卡的會員顧客的人均購物額則為5,000~6,000日元，是非會員顧客的2倍。另據報導，在日本最大的醫藥化妝品折扣店MATUMOTO KIYOSHI公司的門店中，與諸多商品的銷售額相比，價格相對較高的商品的銷售額得以持續攀升，其原因之一即來自積分卡戰略的實施。

問題：

（1）如此普遍地引入積分卡系統操作，是否會加重企業成本開支，積分卡真正能為企業帶來經濟效益嗎？

（2）積分卡在定價策略中有什麼作用？

【綜合案例】 羊毛出在狗身上

2014年1月10日，嘀嘀打車已和微信宣布，使用微信支付嘀嘀打車費用司機和乘客將各得到每單10元的返現，此外，每天還將隨機產生1萬個免單名額。推出僅一週，嘀嘀打車的補貼金額已超過2,000萬元人民幣。

2014年1月21日，快的打車和支付寶錢包聯合宣布，將再投5億元對司機和乘客進行補貼。根據方案，使用支付寶錢包在快的打車應用裡進行支付的乘客每單將從平臺方獲得10元獎勵，而司機每單將獲得15元獎勵。

這些投資如何獲得回報的呢？

推動燒錢換市場的不但是資本，更有背後的戰略意圖。這不僅是一場「快的+支付寶」和「嘀嘀+微信支付」的PK，更是阿里和騰訊在O2O又一個細分領域下的爭奪。

從支付角度看，打車行為對用戶線下支付習慣的培養較為重要。而一旦用戶習慣了某個線下支付產品，又會將這種習慣延伸到PC互聯網，此外，PC端的電商規模也遠沒有線下經濟的規模大。

從騰訊與阿里的O2O競爭去看，打車應用屬於出行服務的主要門類，而出行服務與餐飲為主的本地生活服務又構成用戶主要的O2O場景。當大眾點評、美團等團購網站角逐本地生活服務的格局逐漸明朗化後，出行服務則成為市場的又一個主要爭奪領域。

對巨頭來說，O2O拼的是整個生態，這個生態不僅有本地服務、出行服務、支付體系，還有地圖，還有POI及開放平臺的數據累積。打車應用的價值鏈在後端的數據，而前端是強營運屬性，要靠臟活、累活打基礎。巨頭直接涉足沒有優勢，只能靠投資來佈局，通過佈局來獲取價值鏈較高的數據，有了對用戶出行服務數據的掌控，就能更好地在O2O領域進行其他佈局，也方便把這些數據整合進地圖這種搜索入口。

打車應用補貼的「羊毛」，出在O2O生態圈的「狗」身上。

結合價格理論分析互聯網時代的定價策略。

第九章 博弈論與企業策略

【知識結構】

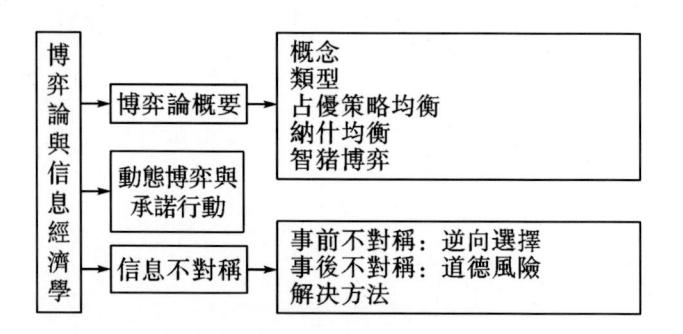

```
博弈論與信息經濟學
├─ 博弈論概要
│   ├─ 概念
│   ├─ 類型
│   ├─ 占優策略均衡
│   ├─ 納什均衡
│   └─ 智豬博弈
├─ 動態博弈與承諾行動
└─ 信息不對稱
    ├─ 事前不對稱：逆向選擇
    ├─ 事後不對稱：道德風險
    └─ 解決方法
```

【導入案例】 相親節目的高跟鞋博弈

現在的很多相親節目，女嘉賓都穿著很高的高跟鞋，穿高跟鞋為了看起來比更高、更美，但是穿著站久了很不舒服。按理說大家都穿舒適的平底鞋才是最好的選擇，那麼什麼情況下都選擇穿高跟鞋？

從博弈論角度來看，每個女嘉賓當別的女嘉賓不穿高跟鞋的時候，自己的最優策略是穿高跟鞋，因為這時更可以凸顯出自己；當其他女嘉賓都穿高跟鞋的時候，自己的最優策略也是穿高跟鞋，否則個子不高的顯得更矮，個子高的就失去了優勢。

所以，對每個女嘉賓來說，不管別人穿什麼，都有自己的最優策略——穿高跟鞋。最後的結果就是大家都穿高高的高跟鞋。

第一節 博弈論概要

前面章節對經濟人最優決策的討論，是在簡單環境下進行的，沒有考慮經濟人之間決策相互影響的問題。本章討論這個問題，建立複雜環境下的決策理論。開展這種研究的理論叫作博弈論。最近十幾年來，博弈論在經濟學中得到了廣泛應用，在揭示經濟行為相互制約性質方面取得了重大進展。大部分經濟行為都可視作博弈的特殊情況，比如把經濟系統看成是一種博弈，把競爭均衡看成是該博弈的古諾—納什均衡。博弈論的思想精髓與方法，已成為經濟分析基礎的必要組

成部分。

博弈論是一門十分有趣但理論上又是十分艱深的學問，我們打算用一些大家能夠憑直觀或簡單分析就能把握的例子為大家介紹博弈論的基本概念及應用，以引起大家對這門目前已成為熱門科學的興趣和獲得初步的瞭解。

一、博弈論簡介

博弈論（Game Theory），有時也稱為對策論，或者賽局理論，是研究具有鬥爭或競爭性質現象的理論和方法，是由美國數學家馮·諾依曼（Von Neumann）和經濟學家摩根斯坦（Morgenstern）於1944年創立的帶有方法論性質的學科，它被廣泛應用於經濟學人工智能、生物學、火箭工程技術、軍事及政治科學等。1994年，三位博弈論專家即數學家納什（Nash，他的故事被好萊塢拍成電影《美麗心靈》，該影片獲得了2002年奧斯卡金像獎的四項大獎）、經濟學家海薩尼（Harsanyi）和澤爾滕（Selten）因在博弈論及其在經濟學中的應用研究上所做出的巨大貢獻而獲得諾貝爾經濟學獎。

1996年，兩位將博弈論應用於不對稱信息下機制設計的經濟學家莫里斯（Mirrlees）和維克里（Vickrey）以及2001年三位經濟學家阿克洛夫（Akerlof）、斯蒂格利茨（Stiglitz）和斯賓塞（Spence）因運用博弈論研究信息經濟學所取得的成就而成為這兩個年度的諾貝爾經濟學獎得主。2007年這次諾貝爾獎頒發給赫維茨、馬斯金和邁爾森三位微觀經濟學家，以表彰他們在機制設計理論方面做出的巨大貢獻。

二、博弈論的基本概念

（1）參與人或局中人。即有哪些人參與博弈。

（2）行動或策略。什麼人在什麼時候行動；當他行動時，他具有什麼樣的信息；他能做什麼、不能做什麼。

（3）結果。對參與人的不同行動，這場博弈的結果或結局是什麼。

（4）報酬。博弈的結果給參與人帶來的好處。

[案例9-1] 硬幣博弈

參與人：兩個小孩甲和乙。

行動或策略：甲、乙兩人各往地上拋一個硬幣，甲先拋，乙後拋，要麼反面朝上，要麼正面朝上。

結果：若硬幣同為正面或反面，甲贏得乙一個硬幣，若硬幣一正一反，則甲輸給乙一個硬幣。

報酬：一個一元硬幣。

本例中每個參與人的輸贏可用貨幣值表示。但也並非都是如此。

[案例 9-2] 接頭博弈

參與人：馬大哈和太馬虎。

行動策略：兩人分處兩地不能溝通。兩人被告知到某地見面，但都忘記了接頭地點。現各自做出決定去見面，假設有兩地供選擇，但只能做一次決定和去一個地方。

結果：如他們相遇，則兩人可共進午餐，否則只好快快而歸。

報酬：見面共進午餐，每人得到的效用為 100，掃興而歸的效用是 −20。

本例中是把結果所帶來的效用作為報酬，但沒有直接用數值表示。在這類結果不含數值的博弈中，一般可通過指定效用值來規定報酬。

[案例 9-3] 疑犯博弈

局中人：犯罪人邦德和詹尼。

行動策略：警局需要兩人的口供作為證據，對其隔離錄供。每人面對兩種選擇——坦白或抵賴。

結果：一方坦白，另一方抵賴，則坦白方可獲釋放，抵賴方則判刑 10 年；都坦白則各判 8 年；都抵賴則各判 1 年。

報酬：以各自刑期的負數作為報酬。

本例中的博弈是一個非零和博弈，同時又是不合作博弈，即兩人為獲釋和不被判刑 10 年，都將會出賣對方。

三、博弈類型

博弈的分類根據不同的基準也有不同的分類。一般認為，博弈主要可以分為合作博弈和非合作博弈。合作博弈和非合作博弈的區別在於相互發生作用的當事人之間有沒有一個具有約束力的協議，如果有，就是合作博弈，如果沒有，就是非合作博弈。

從博弈結果來看，博弈可分為零和博弈與非零和博弈。零和博弈，是指博弈雙方一人所得即另一人所失，博弈之和為 0，如案例 9-1；非零和博弈，是指博弈雙方一人所得與另一人所失之和不為 0，如案例 9-2 和案例 9-3。

從行為的時間序列性，博弈論進一步分為靜態博弈、動態博弈（序列博弈）兩類。靜態博弈是指在博弈中，參與人同時選擇或雖非同時選擇但後行動者並不知道先行動者採取了什麼具體行動；動態博弈是指在博弈中，參與人的行動有先後順序，且後行動者能夠觀察到先行動者所選擇的行動。通俗地理解：「囚徒困境」就是同時決策的，屬於靜態博弈；而棋牌類游戲等決策或行動有先後次序的，屬於動態博弈。

按照參與人對其他參與人的瞭解程度分為完全信息博弈和不完全信息博弈。完全博弈是指在博弈過程中，每一位參與人對其他參與人的特徵、策略空間及收益函數有準確的信息。不完全信息博弈是指如果參與人對其他參與人的特徵、策略空間及收益函數信息瞭解得不夠準確，或者不是對所有參與人的特徵、策略空間及收益函數都有準確的信息，在這種情況下進行的博弈就是不完全信息博弈。

合作博弈論主要關注利益的分配，經濟學家們現在所談的博弈論一般是指非合作博弈。非合作博弈又分為：完全信息靜態博弈、完全信息動態博弈、不完全信息靜態博弈、不完全信息動態博弈，如圖9-1。與上述四種博弈相對應的均衡概念為：納什均衡（Nash Equilibrium）、子博弈精煉納什均衡（Subgame Perfect Nash Equilibrium）、貝葉斯納什均衡（Bayesian Nash Equilibrium）、精煉貝葉斯納什均衡（Perfect Bayesian Nash Equilibrium）。

	靜態博弈	動態博弈
完全信息	納什均衡	子博弈精煉納什均衡
不完全信息	貝葉斯納什均衡	精煉貝葉斯納什均衡

圖9-1　博弈均衡

博弈論還有很多分類，比如：根據博弈進行的次數或者持續長短可以分為有限博弈和無限博弈；根據表現形式也可以分為一般型（戰略型）或者展開型等。

第二節　囚徒困境與納什均衡

一、囚徒困境

兩個小偷邦德和詹尼聯手作案，私入民宅被警方逮住但未獲證據。警方將兩人分別置於兩個房間分開審訊，政策是若一人招供但另一人未招，則招者立即被

釋放，未招者判入獄10年；若二人都招則兩人各判刑8年；若兩人都不招則未獲證據但因私入民宅各拘留1年（表9-1）。

表 9-1　　　　　　　　　　囚徒困境博弈

　　　　　　　　　　　詹尼
　　　　　　　　招　　　　　　不招
邦德　招　　-8, -8　　　　　0, -10
　　　不招　-10, 0　　　　　-1, -1

問題：邦德和詹尼如何選擇？

對詹尼來說，儘管他不知道乙是選擇了「招」還是「不招」，他發現他自己選擇「招」都是比選擇「不招」為好的。因此，「不招」是相對於「招」的劣戰略，他不會選擇劣戰略。所以，詹尼會選擇「招」。同樣，根據對稱性，邦德也會選擇「招」，結果是兩人都「招」。

占優策略：不管其他參與人的策略是什麼，某個參與人的某個策略都嚴格優於其他策略，並且其他參與人也同樣有一個策略嚴格優於其他策略並不受其他參與人的影響。參與人在任何情況下都會選擇這個占優策略組合，這樣的占優策略組合就稱為占優策略均衡。比如囚徒困境中的（坦白，坦白）策略組合。

二、納什均衡

假定A、B兩個企業都生產白酒，白酒分為高度和低度兩種。報酬矩陣如表9-2所示：

表 9-2　　　　　　　　　　白酒企業博弈

　　　　　　　　　　　A 企業
　　　　　　　　高度　　　　　　低度
B 企業　高度　700, 600　　　　900, 1,000
　　　　低度　800, 900　　　　600, 800

A企業如果選擇了生產高度白酒，那麼B企業會選擇生產什麼呢？因為800 > 700，所以B企業會選擇生產低度白酒。A企業如果選擇了生產低度白酒，因為900 > 600，那麼B企業會選擇生產高度白酒。如果B企業選擇了生產高度白酒，A企業就會選擇生產低度白酒。如果B企業選擇了生產低度白酒，A企業就

會選擇生產高度白酒。這裡，A 企業的決策取決於 B 企業的決策，同樣 B 企業的決策取決於 A 企業的決策。但是 A 企業選擇了生產高度白酒以後，只要不變化，B 企業就會選擇生產低度白酒不變化。反過來也一樣，B 企業如果選擇了生產高度白酒不變化，A 企業就會選擇生產低度白酒不變化，這實際上是一個納什均衡，納什均衡就是在給定別人最優的情況下，自己最優選擇達成的均衡。在本例中，B 企業選擇了生產高度白酒，A 企業選擇生產低度白酒是一種均衡；B 企業選擇了生產低度白酒，A 企業選擇生產高度白酒也是一種均衡。

納什均衡：每個參與人都選擇的是針對其他參與人的策略的最佳策略，就是在給定別人最優的情況下，自己最優選擇達成的均衡。通俗地講，就是給定你的最優選擇，我會選擇能夠使我最優的選擇，或者說，我選擇在給定你的選擇的情況下我的最優選擇，你選擇了給定我選擇情況下你的最優選擇。這種均衡最後到底均衡在哪一點，由具體情況決定。

納什均衡與占優均衡的比較如下：

（1）占優均衡一定是納什均衡，納什均衡不一定是占優均衡。

（2）納什均衡是有條件下的占優均衡，條件是它的參與者不改變策略。如果其他的參與者改變策略，我就要改變策略。

（3）占優均衡比納什均衡更穩定。

三、均衡的確定

1. 重複刪除的占優均衡

「重複剔除劣策略」分析思路如下：

（1）找出參與人的劣策略，把這個劣策略剔除掉；

（2）在剩下的博弈中重複第一步；

（3）繼續這個過程，直到只剩下唯一的策略組合為止，這個（均衡）策略組合就是重複剔除的占優策略，比如智豬博弈。

2. 劃線法

分析思路：針對對方的每一個策略找出其最優的策略，並在其對應的支付下劃線；對另一個參與人也是如此。兩個支付下面都劃了線的策略組合就是均衡策略，如囚徒困境。

四、應用

[案例 9-4] 商家價格戰

出售同類產品的商家之間本來可以通過共同將價格維持在高位而獲利,但實際上卻是相互殺價,結果都賺不到錢。

當一些商家共謀將價格抬高,消費者實際上不用著急,因為商家聯合維持高價的壟斷行為一般不會持久,可以等待壟斷的自身崩潰,價格就會掉下來。

譬如,2000年中國幾家生產彩電的大廠商合謀將彩電價格維持高位,他們搞了一個「彩電廠家價格自律聯盟」,並在深圳舉行了由多家彩電廠商首腦參加的「彩電廠商自律聯盟高峰會議」。當時,國家有關部門還未出抬相關的反壟斷法律,對於這種在發達國家明顯屬於違法行為的所謂「自律聯盟」,國家在法律上暫時還是無能為力的。寡頭廠商在光天化日之下進行價格合謀,並且還通過媒體大肆炒作,這在發達國家是不可思議的。

但是,儘管政府當時無力制止這種行為,公眾也不必擔心彩電價格會上漲。這是因為,「彩電廠商自律聯盟」只不過是一種「囚徒困境」,彩電價格不會上漲。在高峰會議之後不到兩週,國內彩電價格不是上漲而是一路下跌。這是因為廠商們都有這樣一種心態:無論其他廠商是否降價,我自己降價是有利於自己的市場份額擴大的。

[案例 9-5] 為什麼政府要負責修建公共設施,因為私人沒有積極性出資修建公共設施

設想有兩戶相居為鄰的農家,十分需要有一條好路從居住地通往公路。修一條路的成本為4,每個農家從修好的好路上獲得的好處為3。如果兩戶居民共同出資聯合修路,並平均分攤修路成本,則每戶居民獲得淨的好處(支付)為3-4/2=1;當只有一戶人家單獨出資修路時,修路的居民獲得的支付為3-4=-1(虧損),「搭便車」不出資但仍然可以使用修好的路的另一戶人家獲得支付3-0=3,見表9-3。

表 9-3 　　　　　　　　　　　　修路博弈

		乙	
		修	不修
甲	修	1, 1	-1, 3
	不修	3, -1	0, 0

對甲和乙兩家居民來說，「修路」都是劣戰略，因而他們都不會出資修路。這裡，為瞭解決這條新路的建設問題，需要政府強制性地分別向每家徵稅 2 單位，然後投入 4 單位資金修好這條對大家都有好處的路，並使兩家居民的生活水平都得到改善。

這就是我們看到的為什麼大多數路、橋等公共設施都是由政府出資修建的原因。同樣的道理，國防、教育、社會保障、環境衛生等都由政府承擔資金投入，私人一般沒有積極性承擔這方面服務的積極性和能力。

[案例 9-6] 蘇格蘭的草地為什麼消失了？——公共地悲劇

在 18 世紀以前，英國蘇格蘭地區有大量的草地，其產權沒有界定，屬公共資源，大家都可以自由地在那裡放牧。草地屬於「可再生資源」，如果限制放牧的數量，沒有被牛羊吃掉的剩餘草皮還會重新長出大面積草場，但如果不限制放牧規模，過多的牛羊將草吃得一干二淨，則今後不會再有新草生長出來，草場就會消失。

由於草地的產權沒有界定，政府也沒有對放牧做出規模限制，每戶牧民都會如此盤算：如果其他牧民不約束自己的放牧規模，讓自己的牛羊過多地到草地上吃草，那麼，我自己一家約束自己的放牧規模對保護草場的貢獻是微乎其微的，不會使草場免於破壞；相反，我也加入過度放牧的行列，至少在草場消失之前還會獲得一部分短期的收益。

如果其他牧民約束放牧規模，我單獨一家人過度放牧不會破壞廣袤的牧場，但自己卻獲得了高額的收益。因此，任何一位牧民的結論都會是：無論其他牧民是否過度放牧，我選擇「約束自己的放牧規模」都是劣戰略，從而被剔除。大家最終都會選擇過度放牧，結果導致草地消失，生態破壞。

[案例 9-7] 為什麼在城市中心道路上禁止汽車鳴喇叭？

禁鳴喇叭一方面是為了控制城市噪聲污染，另一方面是基於以下的博弈論原因。見表 9-4，當汽車司機可以鳴喇叭時，可能為汽車超速搶行提供條件。但當

大家都搶行時，城市交通擁擠加重，反而都難以順利通行，獲得低支付 (2, 2)。但當對方緩行時，自己搶行會占便宜，獲得支付 9。這個博弈中，「緩行」是劣戰略，剔除後得到「剔除劣戰略後的占優戰略均衡」（搶行，搶行），這不是一個好的均衡。當禁止鳴喇叭時，司機為了避免造成交通事故，只得緩行，從而得到好的結果（緩行，緩行）。

表 9-4　　　　　　　　　　　交通博弈

		司機 2 緩行	司機 2 搶行
司機 1	緩行	8, 8	1, 9
司機 1	搶行	9, 1	2, 2

[案例 9-8] 貿易戰博弈論

WTO 是一個自願申請加入的自由貿易聯盟，即 WTO 成員方之間實現低關稅或零關稅的相互間自由貿易。為什麼需要一個組織來協調國家之間的自由貿易呢？這是因為，如果沒有一個協調組織，國與國之間的貿易就不會呈現低關稅或零關稅的自由貿易局面，因為這時國與國之間的貿易是一個「囚徒困境」。給定一個國家對另一個國家的貨物實行低關稅，另一個國家反過來對這個國家的貨物實行高關稅是占優於實行低關稅的戰略的。

[案例 9-9] 商業中心區的形成

在城市街道上，我們常見到一些地段上的商店十分擁擠，構成一個繁榮的商業中心區，但另一些地段卻十分冷僻，沒什麼商店。對於這種現象，我們可以運用納什均衡的概念來加以解釋。

如圖 9-2，有一個長度為 1 單位的街道，在街道兩邊均勻地分佈著居民。現有兩家商店決定在街道上確定經營位置。如果甲在街道中間位置 1/2 處設店，則乙的最好選擇是緊靠甲的左邊或右邊設店。

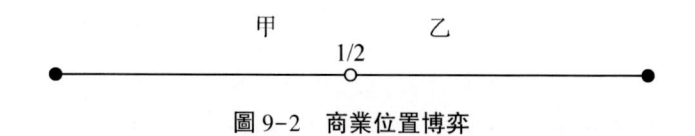

圖 9-2　商業位置博弈

當乙在甲的右邊緊靠甲設店時，其右邊街道上的顧客都是乙的顧客；如果乙不是緊靠甲而是遠離甲設店，則其顧客只是其右邊街道的居民，不如它緊靠甲設

店時多，因而在遠離甲的位置設店是劣戰略。所以給定甲在 1/2 處設店，乙在緊靠甲的左邊或右邊設店是最優的。反過來，給定乙在接近 1/2 處設店，甲的最優選擇也是在 1/2 附近設店。這樣，甲和乙擠在 1/2 處設店就是納什均衡，這就是商業中心區的形成原理。

第三節　管理中的智豬博弈

一、智豬博弈（Pigs' Payoffs）

豬圈中有一頭大豬和一頭小豬，在豬圈的一端設有一個按鈕，每按一下，位於豬圈另一端的食槽中就會有 10 單位的豬食進槽，但每按一下按鈕會耗去相當於 2 單位豬食的成本。如果大豬先到食槽，則大豬吃到 9 單位食物，小豬僅能吃到 1 單位食物；如果兩豬同時到食槽，則大豬吃 7 單位，小豬吃 3 單位食物；如果小豬先到，大豬吃 6 單位而小豬吃 4 單位食物。表 9-5 給出這個博弈的支付矩陣。

表 9-5　　　　　　　　　　　**智豬博弈**

		小豬 按	小豬 不按
大豬	按	5, 1	4, 4
大豬	不按	9, -1	0, 0

這個博弈沒有「剔除劣戰略均衡」，因為大豬沒有劣戰略。但是，小豬有一個劣戰略「按」，因為無論大豬做何選擇，小豬選擇「不按」是比選擇「按」更好一些的戰略。所以，小豬會剔除「按」，而選擇「不按」；大豬知道小豬會選擇「不按」，從而自己選擇「按」，所以，可以預料博弈的結果是（按，不按）。這稱為「重複剔除劣戰略的占優戰略均衡」，其中小豬的戰略「等待」占優於戰略「按」，而給定小豬剔除了劣戰略「按」後，大豬的戰略「按」又占優於戰略「不按」。

「小豬躺著大豬跑」的現象是由故事中的游戲規則所導致的。規則的核心指標是：每次落下的事物數量和踏板與投食口之間的距離。

如果改變一下核心指標，豬圈裡還會出現同樣的「小豬躺著大豬跑」的景

象嗎？

方案一：減量方案。投食僅原來的一半分量。結果是小豬大豬都不去踩踏板了。小豬去踩，大豬將會把食物吃完；大豬去踩，小豬將也會把食物吃完。誰去踩踏板，就意味著為對方貢獻食物，所以誰也不會有踩踏板的動力了。如果目的是想讓豬們去多踩踏板，這個游戲規則的設計顯然是失敗的。

方案二：增量方案。投食為原來的一倍分量。結果是小豬、大豬都會去踩踏板。誰想吃，誰就會去踩踏板。反正對方不會一次把食物吃完。小豬和大豬相當於生活在物質相對豐富的社會，所以競爭意識都不會很強。對於游戲規則的設計者來說，這個規則的成本相當高（每次提供雙份的食物）；而且因為競爭不強烈，想讓豬們去多踩踏板的效果並不好。

方案三：減量加移位方案。投食僅原來的一半分量，但同時將投食口移到踏板附近。結果呢，小豬和大豬都在拼命地搶著踩踏板。等待者不得食，而多勞者多得。每次的收穫剛好消費完。對於游戲設計者，這是一個最好的方案。成本不高，但收穫最大。

二、智豬博弈應用

原版的「智豬博弈」故事給了競爭中的弱者（小豬）以等待為最佳策略的啟發。但是對於社會而言，因為小豬未能參與競爭，小豬搭便車時的社會資源配置並不是最佳狀態。為使資源最有效配置，規則的設計者是不願看見有人搭便車的，政府如此，公司的老闆也是如此。而能否完全杜絕「搭便車」現象，就要看游戲規則的核心指標設置是否合適了。

比如，公司的激勵制度設計，獎勵力度太大，又是持股，又是期權，公司職員個個都成了百萬富翁，成本高不說，員工的積極性並不一定很高。這相當於「智豬博弈」增量方案所描述的情形。但是如果獎勵力度不大，而且見者有份（不勞動的「小豬」也有），一度十分努力的大豬也不會有動力了，就像「智豬博弈」減量方案一所描述的情形。最好的激勵機制設計就像改變方案三：減量加移位的辦法，獎勵並非人人有份，而是直接針對個人（如業務按比例提成），既節約了成本（對公司而言），又消除了「搭便車」現象，能實現有效的激勵。

許多人並未讀過「智豬博弈」的故事，但是卻在自覺地使用小豬的策略。股市上等待莊家抬轎的散戶；等待產業市場中出現具有贏利能力的新產品、繼而大舉仿製牟取暴利的遊資；公司裡不創造效益但分享成果的人等。因此，對於制

定各種經濟管理的游戲規則的人，必須深諳「智豬博弈」指標改變的個中道理。

在經濟生活中，有許多「智豬博弈」的例子。

[案例9-10] 股市博弈

在股票市場上，大戶是大豬，他們要進行技術分析、收集信息、預測股價走勢，但大量散戶就是小豬。他們不會花成本去進行技術分析，而是跟著大戶的投資戰略進行股票買賣，即所謂「散戶跟大戶」的現象。

[案例9-11] 為何股份公司中的大股東才有投票權？

在股份公司中，大股東是大豬，他們要收集信息監督經理，因而擁有決定經理任免的投票權，而小股東是小豬，不會直接花精力去監督經理，因而沒有投票權。

[案例9-12] 為什麼中小企業不會花錢去開發新產品？

在技術創新市場上，大企業是大豬，它們投入大量資金進行技術創新，開發新產品，而中小企業是小豬，不會進行大規模技術創新，而是等待大企業的新產品形成新的市場後生產模仿大企業的新產品的產品去銷售。

[案例9-13] 為什麼只有大企業才會花巨額金錢打廣告？

大企業是大豬，中小企業是小豬。大企業投入大量資金為產品打廣告，中小企業等大企業的廣告為產品打開銷路形成市場後才生產類似產品進行銷售。

第四節　動態博弈與承諾行動

一、靜態博弈與動態博弈

1. 靜態博弈

博弈的參與者同時做出決策（或者雖然決策有先後，但是沒有人在決策之前看到了其他參與者的決策行為），一旦決策做出之後，就只能等待結果，對博弈的發展再也不能產生任何影響，這種博弈叫作靜態博弈。日常生活中靜態博弈的例子很多，我們經常所說的無計可施、無可奈何，就是我們所能做的已經做完了，不能對博弈再產生任何影響了，剩下的事情由其他的參與者來做，最後看情況。比如說，學生參加高考，老師命題和學生考試雖然有先有後，但互相之間並不能溝通信息和相互影響。考生得分的多少和對出題水平的評價，只能等待高考結束之後才能知道。老師和學生的決策行為做出之後就再也不能影響博弈，而只

能等待最後的結果。

2. 動態博弈

博弈的參與者相繼行動，由於後行動者能夠看到先行動者的決策行為，所以後面的決策要受到以前決策行為的影響，每一個參與者都要根據在決策時所掌握的全部信息來做出自己的最優決策，即每個人的策略是決策者在決策時所掌握全部信息的函數。換句話講，參與者在某一個階段做出的決策，要受到前邊一系列決策信息的影響，是前邊一系列決策信息的函數。典型的例子就是下棋，我走一個當頭炮，你走一個屏風馬，我走一步，你走一步，你走一步，我走一步。雙方相繼行動。每個人在每一時刻的決策都是前邊一系列決策所掌握信息的函數。到了中間某一階段，比如說一方「將軍」了，這要受到前面一系列雙方決策實施產生的影響，不是說想什麼時候「將軍」就能什麼時候「將軍」。

3. 動態博弈在一定範圍內又是一個連續的過程

靜態博弈經常是一次性的行為，決策一旦做出就不能再更改結果。動態博弈有一個重複的性質，前邊的所有信息影響到後邊的決策，博弈的結果要經過多次博弈之後才能看到，所以是一個連續的過程，這就決定了同一參與者在動態博弈時和靜態博弈時表現出不同的行為。如果把為人處世看作一個博弈過程，我們就會發現靜態博弈和動態博弈的區別。比如說一個壞人，他遇到了一個他從來都沒遇到過的人而且以後再也不會和他見面的陌生人，他就可能會變得肆無忌憚，本來的面目暴露無遺，因為這種情況是靜態博弈，是一錘子買賣。同樣一個壞人又會在經常打交道的人面前偽裝成好人，因為這種情況是動態博弈，前邊的所有信息會影響到後邊的決策。為了自己的長遠利益，他現在必須極力製造一些虛假的信息，讓後邊的決策對自己更加有利，所以見面時會很客氣，表現得很好，以便讓別人後邊的行動不會對自己不客氣。

二、動態博弈的描述

1. 博弈樹

對動態博弈的描述，一般是用博弈樹來進行。如圖 9-3 所示，有兩個參與者進行博弈。

第一個參與者用三角形來表示，有兩種選擇；第二個參與者用圓圈來表示，第一個參與者選擇 1 的時候，第二個參與者也有兩個選擇。第一個參與者選擇 2 的時候，第二個參與者有兩個選擇。

图 9-3　博弈树

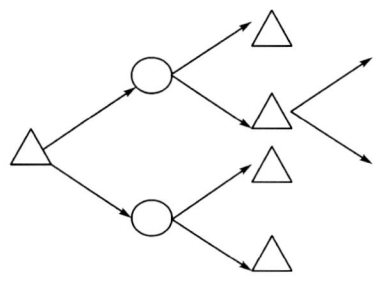

2. 子博弈

由博弈中某一個階段開始的，以後的博弈叫作一個子博弈。實際上，從一個博弈任何一個節點開始一直到博弈結束都可以看作一個子博弈。

3. 動態博弈的解

動態博弈的解通常可以由反推法來得到，即把博弈樹加上收益之後，計算每一個子博弈的收益，根據收益情況進行反推，在利益最大化的條件下最後求出均衡狀態的解。動態博弈比起靜態博弈來，更加符合現實經濟生活中的實際情況，但是隨著參與者的增加，複雜程度會以幾何級數增長。在一個由兩個寡頭組成的寡頭壟斷市場上，這兩個寡頭的競爭行為，往往可以用動態博弈的方法來描述。通常情況下，有一方會首先投石問路，看對方是否有合作的意願，並根據對方的反應來做出自己下一步的決策，對方也會根據另一方的反應做出反應，從而決策一直進行下去。在現實生活中，經常會聽說父母干預兒女的婚姻的事情，這實際上是兒女與父母之間在進行博弈。如圖 9-4 所示：

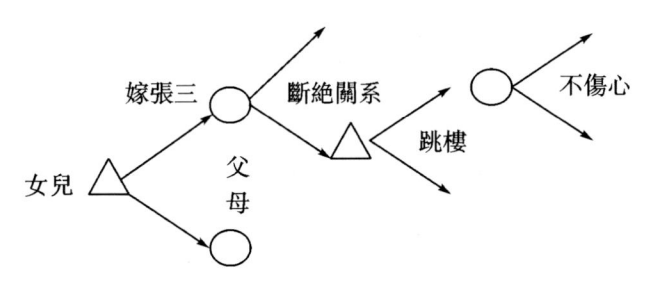

圖 9-4　婚姻博弈

女兒可以選擇嫁給張三或者不嫁給張三，父母則威脅女兒要是嫁給張三就不給嫁妝，並斷絕父女關係，另外一種可能當然是不斷絕父女關係。女兒則說如果斷絕父女關係就要跳樓，另一種選擇是不跳樓。父母則說如果你跳樓了，我們也

不會感到痛苦。雙方都是希望對方沿著有利於自己的博弈路徑進行決策，父母是想通過威脅斷絕父女關係來迫使女兒不嫁給張三，女兒則是想通過跳樓來迫使父母在自己嫁給張三後不斷絕父女關係。在這些所說的話沒有實現之前，都屬於空頭威脅。空頭威脅有可能改變對手的決策，也可能對對手的決策毫無影響。總體來說，動態博弈比靜態博弈來得更加複雜，決策起來所要考慮的信息要更多一些，所以駕馭信息的複雜程度也更大一些。

[案例9-14] **沃爾瑪的成功之道**

在大型連鎖折扣店中，沃爾瑪是一個相當著名的、經營成功的公司。沃爾瑪創立於1969年，到1976年它已擁有153家分店，1986年發展到1,009家，而到1993年又進一步發展到1,800家分店；其經營的利潤1986年達4.5億美元，1993年則已超過15億美元。沃爾瑪的成功固然有各方面的因素，但關鍵在於其採取了成功的市場進入策略。沃爾瑪的創業者山姆·華爾頓在這方面有著獨到的見解。大多數的經營者都認為，大型折扣店依靠較低的價格、較低的裝修與庫存成本經營，要賺錢就必須有足夠大的市場容量，因此，這類商店無法在一個10萬人口以下的城鎮經營並獲得利潤。但山姆·華爾頓並不相信這種說法，他從美國西南部的小鎮開始他的實踐，到1970年就開出了30家「小鎮上的折扣店」，並獲得了巨大的成功。一個10萬人口以下的小鎮所具有的市場容量並不太大，但卻足夠容納一個大型折扣店，並能讓它獲得一定的利潤。到20世紀70年代中期，當其他連鎖店的經營者認識到這一點時，沃爾瑪已經大量占領了這樣的市場。特別是，對這樣的小鎮來說，開出一家連鎖折扣店可以盈利，因為這家折扣店可以成為小鎮市場上的壟斷者；但如果開出兩家來，市場容量就不夠大，這兩家折扣店就必然要虧損。因此，對小鎮市場來說，連鎖折扣店的競爭就面臨一種市場進入的博弈。

[案例9-15] **歐盟在空中客車與波音公司的競爭中對空中客車公司的戰略性補貼**

歐盟為了打破美國波音公司對全球民航業的壟斷，曾放棄歐洲傳統的自由競爭精神而對與波音公司進行競爭的空中客車公司進行補貼。當雙方都未獲得政府的補貼時，兩個公司都開發新型飛機會因市場飽和而虧損，但若一家公司開發而另一家公司不開發時，則開發的那家公司會獲巨額利潤，見表9-6。

表 9-6　　　　　　　　　　未補貼時的博弈

	空中客車 開發	空中客車 不開發
波音 開發	-10, -10	100, 0
波音 不開發	0, 100	0, 0

此時有兩個納什均衡，即一家開發而另一家不開發。

下面，考慮歐盟對空中客車進行補貼 20 個單位的情況。此時，當兩家都開發時，空中客車仍然盈利 10 單位而不是虧損，博弈矩陣見表 9-7：

表 9-7　　　　　　　　　　有補貼時的博弈

	空中客車 開發	空中客車 不開發
波音 開發	-10, 10	100, 0
波音 不開發	0, 120	0, 0

這時只有一個納什均衡，即波音公司不開發和空中客車公司開發的均衡（不開發，開發），這有利於空中客車。在這裡，歐共體對空中客車的補貼就是使空中客車一定要開發（無論波音是否開發）的威脅變得可置信的一種「承諾行動」。

三、承諾

決定合作協議是否能夠被囚徒雙方執行的最關鍵的基本要素有兩個，即承諾與威脅。所謂承諾，在囚徒困境中就是囚徒向對方相互許諾，在下一次博弈時會採取讓對方有利的行為，也就是不坦白與對方合作；所謂威脅，就是某個囚徒告知對方如果下一次博弈時其採取招供策略而不合作，在下下一次博弈時就會採取不利於對方的策略即招供。

其實，在社會生活中，承諾與威脅是極常見的現象。比如女生告訴她男朋友，如果他敢結交其他的女生，只要被發現一次，就立刻分手，這是威脅；而她男朋友向她發誓自己絕對是個專一的情聖，絕不會背叛愛情，這就是承諾。再比如，在外交中，美國經常向中國承諾只承認一個中國的原則，中國政府向國際社會承諾中國強大也決不會採用霸權政策。大家常見的很多耳熟能詳的俗語都是承

諾與威脅，比如「人不犯我，我不犯人」「坦白從寬，抗拒從嚴」「以眼還眼，以牙還牙」等。

合作的關鍵是承諾與威脅的可信度有多大。因為承諾與威脅都是在博弈者進行策略選擇之前做出的，承諾與威脅對博弈者的約束力越小，合作的可能性就越小。假想一個可信度很小的承諾與威脅，比如參加考試的學生向監考老師承諾在沒有老師監考的時候絕不會作弊，不難想像考場中將會是什麼樣的一種景象，學生並不都是道德高尚、具有很強自制能力的人。即使在有老師監督考場並威脅如果有學生敢於頂風作案，必然嚴懲不貸，比如考卷直接判零分，仍有學生作弊。設想一下，如果這種威脅僅僅是威脅，在學生作弊後並未真的採取什麼嚴懲的行動，那麼學生作弊的風險非常小，考場紀律依然與沒有老師一樣。由此可見，監考老師在一定程度上不得不做一個專制者。

1. 定義

承諾是一種無法反悔的行為，會束縛承諾者自己的手腳，結果無法給自己留有選擇的餘地。兩個企業，一個生產白酒，一個生產啤酒。生產白酒的企業想要生產啤酒，但是不知道生產啤酒的企業會做出什麼反應。如果遇到強有力的反應，比如啤酒企業擴大產量到每年 50 萬噸，雙方都將虧損。如果啤酒企業沒有什麼反應，保持原有規模不變，白酒企業將擴大市場產生贏利，啤酒企業市場份額減小，利潤也減小，甚至有可能虧損。用三角形代表白酒企業，用圓圈代表啤酒企業。白酒企業有兩種選擇，上啤酒生產線或者不上。啤酒企業也有兩種選擇，擴大產量或者保持原有規模不變（圖 9-5）。

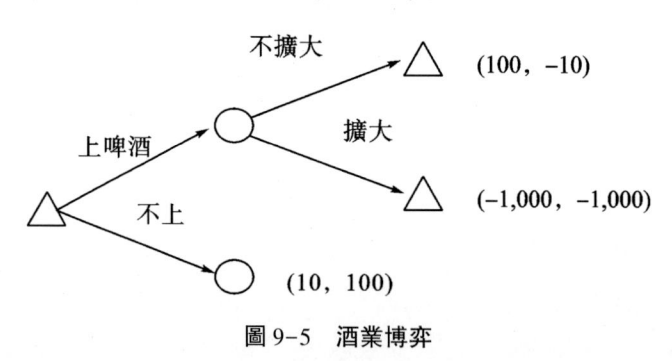

圖 9-5　酒業博弈

如果白酒企業上啤酒生產線，而啤酒企業不擴大產量的話，白酒企業將贏利 100，啤酒企業虧損 10。如果啤酒企業擴大產量，雙方都虧損 1,000。如果白酒企業不上啤酒生產線，贏利為 10，啤酒企業贏利為 100。啤酒企業可能進行空頭

威脅，比如通知白酒企業，如果白酒企業上啤酒生產線的話，他們將擴大產量。如果覺得空頭威脅無法達到預期的效果，啤酒企業也可能進行承諾，比如說購買了額外的生產設備，使擴大產量隨時可以進行，從而使白酒企業相信如果自己上啤酒生產線的話，啤酒企業將擴大產量。白酒企業經過收益分析，將不會冒險上啤酒生產線。所以現實生活中，企業通常要保守商業秘密，但是有時又要故意洩露商業秘密，這種故意洩露出來的商業秘密就可以看作是一種承諾。

2. 承諾的特點

（1）承諾不是空話，需要投資，花費代價。比如說上例中啤酒企業購買了新的生產設備。

（2）承諾無法反悔。承諾行為一旦做出，就無法挽回。

（3）承諾本質上是一種自殘行為。

（4）承諾可以達到默契同謀的目的。比如在 BERTREND MODLE 中，如果你降價，則我降價，結果會兩敗俱傷，所以有可能兩人都不會降價，最後形成同謀。

（5）承諾是動態博弈裡經常採用的手段。

第五節　信息不對稱及解決方法

博弈論作為經濟學研究的有力工具，真正大行其道是在 20 世紀 70 年代不對稱信息下經濟行為分析的興起。不對稱信息指一些局中人擁有別的局中人不擁有的「私人信息」，也就是說一些局中人知道別的局中人不知道的某些情況。下面用一些例子說明這種情形下的博弈行為。

一、信息不對稱

完全競爭的市場有一個重要的假定，即信息是完全的，不僅生產者對市場有關信息有著完全的瞭解，而且消費者對市場的各種信息也是完全瞭解的。這一假定是不符合現實的。在實踐中，生產者也好，消費者也好，他們對市場有關信息的瞭解通常都是不完全的。因為信息的收集是需要成本的，在很多情況下，過高的信息成本使得生產者或消費者無法獲取充分的信息，就只能在有限信息的條件下做出決策。

如果買者和賣者雙方對信息瞭解的不充分是對稱的，那麼這個假定的不現實

性還不至於對市場均衡造成重大影響。但問題是，在現實中還大量存在著信息不對稱的現象，通常是，賣者對其產品的瞭解程度要遠遠高於買者的瞭解程度，由此產生的結果是市場的失靈，即使得市場機制不能正常地發揮作用，使得社會資源的配置產生扭曲。

當一個消費者到商店裡購買化妝品的時候，他（更多的是她）根據什麼來判斷化妝品的質量呢？是根據其外包裝，還是根據那看起來細膩潔白的膏體？那些粉面霜、防皺霜真的如廣告所說的那麼有效嗎？那些減肥藥、減肥茶、減肥皂、減肥帶等等真的可以在若干天或若干個月之內讓你的體態變得那麼婀娜多姿嗎？顯然，這裡存在嚴重的信息不對稱，生產者完全明瞭其產品究竟有多高的有效率，但消費者卻往往只能根據廣告詞來瞭解產品的性能。

在保險市場上，當投保者投保人壽保險或醫療保險的時候，他們對自己身體健康狀況的瞭解程度比保險公司的業務員要高得多；在信貸市場上，企業向銀行貸款，企業對該貸款項目的盈利性和風險性較為瞭解，但銀行在這方面的信息則主要來自企業，其信息的充分性也是大打折扣的；在人才市場上，招聘人才的企業對應聘者又有多少瞭解呢？除了學歷和經歷，企業如何知道某個應聘者真正的工作能力、人際關係、道德水準等其他方面的素質呢？在所有這些市場上，信息的不對稱也是顯而易見的。

信息很重要

一農戶在殺雞前的晚上餵雞，不經意地說：「快吃吧，這是你最後一頓！」

第二日，見雞已躺倒並留遺書：「爺已吃老鼠藥，你們別想吃爺了，爺也不是好惹的。」

當對手知道了你的決定之後，就能做出對自己最有利的決定（納什均衡理論）。所以保密、信息安全很重要。

---

1. 事前不對稱：逆向選擇

在化妝品和減肥商品市場上，大量的消費者被欺騙，嚴重的甚至造成對身體不可彌補的損害，這種後果已經不光是生產過多和價格過高的問題；更一般地，經濟分析告訴我們，在信息不對稱的情況下，市場中還會出現所謂「劣品驅逐良品」的現象，從而將市場變成一個「檸檬」（Lemon，美俚「不中用的東西」）市場，即充斥著低質量商品的市場。

[案例 9-16] 舊車市場

如果你有一輛舊車，這是一輛質量相當不錯的舊車，你可能只用了一年，總共才行駛 5,000 千米。當然，你期望賣一個好價錢，但你的願望能夠實現嗎？最終結果常常令人失望。這種現象為何會出現呢？

假定在舊車市場上，所有的舊車可分成優質的和劣質的兩大類。再假定優質舊車的價值為 5 萬元，劣質舊車的價值僅為 2 萬元。但問題是，儘管賣者知道他們出售的舊車分別具有怎樣的質量，但購買的人卻對舊車質量不具有充分的信息。在這種情況下，理性的買者只能根據市場上舊車的平均質量來決定他願意出價多少來購買舊車。我們再假定在開始的時候，舊車市場上的優質車和劣質車各佔一半，而買者對此有大概的瞭解，那麼，買者願意出的最高價格只能是平均價格，即 3.5 萬元。

面對 3.5 萬元的價格，劣質舊車的所有者喜出望外，他會迫不及待地賣掉他的舊車，並因此獲得「超額利潤」1.5 萬元。但優質舊車的所有者卻非常失望，他無奈地賣出他的舊車，但因此「虧損」1.5 萬元。短期或許如此，但長期調整的結果是，市場上的優質舊車越來越少，因為沒有幾個人願意虧損；而市場上的劣質舊車越來越多，它們是不會退出市場的。於是，舊車的平均質量下降。當舊車市場上優質車只占 25%，而劣質車占到 75% 的時候，買者會發現這種變化，並降低他們的出價，此時買者願意出的最高價格將為 $0.25 \times 5 + 0.75 \times 2 = 2.75$ 萬元。

面對更低的價格，將有更多的優質舊車退出市場，於是市場上舊車的平均質量進一步下降。這一過程繼續下去，最終的結果不言而喻，所有的優質舊車都退出市場，留在市場上的就只有劣質舊車了。

[案例 9-17] 醫療保險案例

在醫療保險市場上，保險公司是如何制定保險價格的呢？唯一可靠的依據是投保者的平均健康狀況。一般而言，往往是健康狀況較差的人對醫療保險有更大的熱情，而身體健康的人則不怎麼願意投保。因此，不健康的人在投保人中的比例會比較高，從而迫使醫療保險的價格定得較高。但較高的醫療保險價格所產生的結果是，健康的人更不願意投保，而不健康的人則不會離開這個市場，這就使得不健康人的比例進一步提高。這一過程的延續所帶來的最終結果也是「劣品驅逐良品」，留在這個市場中的都是不健康的人。

當市場中交易的一方掌握著商品的某些特性，而交易的另一方則不掌握這些

特性，對這些特性的觀察或驗證又十分困難的時候，就存在著信息的不對稱。經濟學把這種信息不對稱的結構叫作「隱藏信息」。在信息不對稱的情況下，掌握私有信息的一方就完全可能利用其有利地位來為自己謀求利益，造成劣質產品冒充優質產品的現象。經濟學把這種以次充好、以假亂真的現象叫作「逆向選擇」。

2. 事後不對稱：道德風險

（1）經濟生活中的道德風險

在經濟活動中，經濟主體的有些行為是無法觀察的，或者說，即使能夠觀察，其成本也是非常高昂的。例如，一個操作工人、一個銷售人員、一個高層經理或部門經理是否在努力工作，在很多情況下是無法觀察的；一個醫生對病人的疾病診斷是否正確，病人往往是不知情的；一個球員是在認真踢球還是在踢假球，球迷未必真的瞭解；等等。那麼，當一個投保者投保之後，由於有了保險，他的行為就可能改變，而且這種改變了的行為也是隱藏行為，是無法觀察的。這種現象就叫作道德風險。例如，投了火災險的商店或工廠對防火不再重視；汽車保險的投保者駕駛汽車就不像未投保的人那麼小心。這些都是道德風險。

（2）保險市場上的道德風險

對保險市場來說，道德風險的存在將嚴重影響市場的正常運作。如果不存在道德風險，保險公司對保險賠率的估計建立在投保者的正常行為基礎之上，因而會是比較可靠的，由此確定的保險價格也會是比較合理的。但存在道德風險之後，原先的估計將完全無效。由於隱藏行為，我們無法觀察投保者的實際「努力程度」，但此時火災的概率可能大大上升，交通事故會大量出現，那麼，如果按照原先的估計來確定保險價格，保險公司就必定虧損。如果保險公司因此而提高保險價格，其後果就會如我們在一開始所說的，劣品驅逐良品，最終使得保險市場無法存在。

中國傳統體制下的公費醫療制度就是一個很典型的例子。實際上，這種制度就是一種完全的保險制度，所有職工都不需要為醫療支付任何費用，所有費用都由企業和工作單位支付，就相當於職工所在單位為職工投保，而國家就是一個最大的保險公司。在這種制度下，道德風險問題十分嚴重，小病大養，無病小養，有的人甚至為了一個漂亮的瓶子而去開咳嗽藥水，回家再把藥水倒掉。改革開放之後，儘管醫療保險制度已經有所改變，但這種現象仍延續至今。

二、信號顯示

信息不對稱是導致逆向選擇的根源。要減少逆向選擇，就必須解決信息不對稱問題。解決思路是委託人或「高質量」代理人通過信息決策，縮小委託人與代理人之間信息不對稱的程度。解決的途徑有兩個：其一是委託人通過制定一套策略或合同來獲取代理人的信息，這就是「信息甄別」；其二是「高質量」代理人利用信息優勢向委託人傳播自己的私人信息，這就是「信號顯示」。

[案例 9-18] 假定某種小家電市場上有兩家生產企業，企業 A 生產的是優質產品，企業 B 生產的是劣質產品。企業 A 為了防止劣質品冒充優質品，決定向消費者發出信號。對家電產品來說，發信號的一種有效手段即向消費者提供保修。但問題是，提供多少年保修才能達到信號顯示的目的呢？

信號顯示並不僅僅發生在家電市場，也不僅僅發生在物質產品市場。實際上，只要存在信息不對稱，優質品就有信號顯示的需要，當然成功的信號顯示必須滿足上述各個條件。

[案例 9-19] **人才市場上的信號顯示**

在人才市場上，信號顯示對高素質的人才十分重要，成功的信號顯示將有利於他們找到更好的職位。一些經濟學家用信號理論來解釋人們對教育程度的選擇，因為學歷就是這個市場中最為有效的信號。從理論上來說，如果把所有應聘者劃分為高素質和低素質兩類，可以假定這兩類人獲得高學歷的成本是不同的。一般來說，素質較低的人要獲得較高的學歷就需要花費更大的成本。於是，對任何人來說，對教育程度的選擇就是一種自我選擇。

實際上，對教育程度的選擇建立在對收益和成本進行比較的基礎之上。一般而言，可以假定高學歷的人將獲得較高的薪水，學歷較低則薪水也較低，那麼，教育的收益就可以在薪水的差異上反應出來，選擇較高的教育程度就是一種個人的投資行為。對素質較高的人來說，因為其獲得高學歷的成本較低，因此教育的收益將遠遠超過其獲得高學歷的成本，他們將選擇較高的教育程度；而對素質較低的人來說，獲得高學歷的成本過於高昂，以至於教育的收益不能補償其付出的成本，他們就將選擇較低的教育程度。

當然，實踐中教育程度並不僅僅是一種信號，教育更是傳授知識的基本途徑。比如，MBA 的價值絕不僅僅在於顯示他有獲得工商管理碩士學位的能力，更重要的是，他所學的知識是針對現代市場經濟中企業經營的各種問題的，是有

著廣闊的應用前景的。

[案例 9-20] 壟斷廠商的低價銷售：信號傳遞博弈

有許多壟斷廠商並未如人們所料想的那樣給商品定出一個很高的價格，而是以較低的價格長期銷售某種產品。譬如，發達國家的私營鐵路、航空、海運碼頭等的價格都遠低於按照其壟斷定價方法定出的價格。這是什麼原因呢？

由於壟斷廠商有更低的生產成本，所以，它能夠將產品價格降到比進入廠商的生產成本還要低的水平上，這就使得進入者或者高價格經營導致顧客流失，或者同樣也降價但價格低於成本，兩種情形進入者都會虧損，最後不得不退出行業。但是，這種「打鬥」行為雖然可以擊退進入者，但一段時間的降價經營可能對壟斷者帶來較大損失。壟斷者為了避免這種損失，可以向外宣布它是低成本的，別的廠商休想進來與它競爭。但僅憑口頭宣布人家是不會相信的，因為即使壟斷者不是低成本的廠商，它也會如此宣布。潛在的高成本進入者不敢進入，壟斷者得以保持長期的壟斷地位。

[案例 9-21] 為什麼有的商品廣告既無商品的價格信息又無售貨地點信息，只有明星的表演？

通常認為，商業廣告的功能是向消費者提供必要的購貨信息，如散布商品的價格、質量功能、出售地點等信息。再者，人們還認為有些廣告可能是為了引導消費，特別是新產品出現時，消費者還不知道、不熟悉它，商業廣告中通過一些電影明星使用新產品的圖像，利用公眾的「追星」心理打造市場。這種關於新產品市場引導的廣告在國外的電視廣告中特別常見，通常是一位當紅明星在電視上用新產品表演一番，既無價格介紹，也無售貨地點介紹，除了顯示一下商標外，完全沒有對產品性能的說明。不過，對於這類廣告，博弈論還有一種「信號傳遞」的解釋。

假設有一家企業（記為企業 A）開發出一種很有市場潛力的飲料，該產品飲後對人的健康確實有好處。但同時，另一家生產假冒偽劣產品的企業（記為企業 B）也準備向市場推出一種偽劣產品飲料。兩個企業都會向公眾宣布其產品是上乘的、如何如何好。但公眾是理性的，不會僅憑商業宣傳就相信它們。但是，如果產品真好，隨著時間的推移，消費者能夠識別出來。所以，生產好飲料的企業 A 對自己的市場有信心，它相信隨著時間的推移，企業 B 生產的偽劣產品終究會被消費者識破，顧客會跑到自己這裡來，從而自己的市場會不斷擴大，銷售收入及利潤會不斷增長，而企業 B 開始可以蒙騙一部分消費者，但時間一

長，產品的問題會暴露出來，市場會不斷縮小，收入及未來利潤都不會有企業 A 的大。這樣一來，企業 A 的未來預期收入遠大於企業 B。因此，如果企業 A 請一位當紅明星打廣告，由於是當紅明星，他們打廣告有很高的市場價格，就可以使企業 B 不敢模仿。譬如，假定企業 A 的預期收入為 3,000 萬元，企業 B 的預期收入為 1,000 萬元。當紅明星打廣告的市場價格為 2,000 萬元，那麼，企業 A 可以請明星打廣告但企業 B 就請不起。

消費者也明白這個道理，從而會在一開始就識別出不能請當紅明星打廣告的企業 B 是生產偽劣產品的。這樣，企業 B 一開始就沒有市場。當企業 A 請了當紅明星打廣告時，企業 B 發現這位明星的市場價格太高，自己難以模仿企業 A，開始就會放棄生產偽劣產品的計劃。所以，企業 A 通過請當紅明星打廣告而清除掉了潛在的市場模仿者，它向公眾傳遞自己是生產好產品的信號，這種信號的價值在於其所請來的當紅明星有著較高的出場價格，而不在乎明星在廣告節目中說了什麼，表演了什麼，當然更無所謂廣告節目是否介紹產品價格等信息了。企業 A 請當紅明星打廣告就為公眾傳遞了它是生產好產品的企業的一個信號。

三、信息甄別

信息甄別又稱機制設計，就是委託人事先制定一套策略或設計多種合同，根據代理人的不同選擇，儘管代理人的類型可能是隱藏的，別人觀察不到，但他們所做出的不同選擇卻是可以觀察到的。觀察者可以通過觀察不同人的選擇而反過來推演出他們的真實類型。從而減少信息不對稱。這是減少逆向選擇的又一種途徑。

[案例 9-22] 飛機、輪船公司為什麼設立頭等艙、二等艙、三等艙？

當飛機或輪船的艙位條件和價格完全一樣時，不同支付意願的人都會以最低價格買票，不會有人願支付比別人更多的錢去買相同的艙位的票。於是，航空公司或輪船公司將艙位分成頭等艙、二等艙等，價格稍有不同，當然服務也不同，這就將不同支付意願的顧客區分開了。

頭等艙比其他較低等級艙位的價格高許多並不主要是因為它的服務要比其他艙位的服務好多少（當然還是要好一些），而是因為那些坐頭等艙的人的支付能力比其他艙位的旅客的支付能力要強許多，說白了，就是坐頭等艙的人比坐其他艙位的人更有錢或更能花錢而已！但是，如果航空公司或輪船公司不對艙位做如此區分，即使是有錢人也不會願意坐同樣的艙位而支付比別人支付的更高的

價格。

這裡，支付能力對應於旅客的類型，選擇什麼樣的艙位等級是他們的自由。支付能力無法觀察，但買什麼艙位的票卻能夠觀察，航空公司或輪船公司因此而識別出可以支付更高價格的顧客而賺取更多利潤。

類似的還有，酒店的星級分類，五星級、四星級、三星級……酒店、賓館的不同品種與價格，影劇院的不同座位價格表等，都是實現信息甄別的機制設計。

[案例 9-23] 凍結價格戰的博弈機制

美國有兩家銷售音像商品的商店「瘋狂艾迪」(Crazy Eddie) 和紐馬克與露易斯 (Newmark & Lewis)，它們之間在市場上存在競爭。當它們進行合謀時，如何保證對方不會背叛而降價的一個前提就是如何能迅速查出對方的背叛行為並給予懲罰。

「瘋狂艾迪」已做出了承諾：「不可能有人賣得比我們更低，我們的價格最低廉，我們保證價格最低，而且是超級瘋狂地低。」而對手企業 Newmark & Lewis 也打出「只要買我們的東西，將得到終生低價保證」。它承諾：假如你能在別處買到更低的價格，我們將加倍退錢。

乍一看，這兩家企業在玩命競爭，根本不可能形成價格聯盟，即使形成也難以維持，因而它們之間似乎是在打價格戰。但是，一種潛在的偵察降低價格行為的機制阻止了價格戰的發生。若每臺錄像機的批發價為 150 美元，此時兩家企業正以每臺 300 美元的價格出售。「瘋狂艾迪」打算降為每臺 275 美元，從而將對手的顧客拉過來，如那些家住在對手售貨點附近或過去曾買過對手商品的顧客。

但是，對手的戰略鎖定了「瘋狂艾迪」的行為，因為「瘋狂艾迪」的這一計劃會有相反的效果。因為顧客會到對手那裡先以 300 美元買下錄像機，然後再獲退款 50 美元。這樣，對手自然將價格降到更低的價格每臺 250 美元，顧客反而是從「瘋狂艾迪」那裡流向對手而不是相反。

如果對手不想以 250 美元一臺出售錄像機，他也可以將價格降到 275 美元一臺，只要它發現有顧客來要求退款，就會發現對手的背叛行為，從而將價格降到 275 美元一臺。既不以太低價出售，又快速發現對手的背叛從而以降價予以報復，使對手降價也不能增大顧客量，從而蒙受損失。

這樣，「瘋狂艾迪」就沒有進行價格戰的意願了，自然形成價格聯盟。在美國，明目張膽的價格合盟是違法的，但這兩家企業卻以不違法的方式形成了價格合盟，顧客成了背叛行為的偵察者，這一戰略是十分巧妙的。

[案例 9-24] 所羅門斷案

《聖經》上所羅門王的故事是大家耳熟能詳的。兩個女人抱著一個男嬰來到所羅門王跟前，要求他評判到底誰是真的母親。所羅門王見她們爭執不下，便喝令侍衛拿一把劍來，要把孩子劈成兩半，一個母親一半。這時其中一個女人說：「大王，不要殺死孩子。把孩子給她吧，我不和她爭了。」所羅門王聽了卻說：「這個女人才是真的母親，把孩子給她。」

這個關於所羅門王的睿智的故事在流傳了兩千年後，有好吹毛求疵的經濟學家跳出來說，故事中的假母親是不夠聰明的，如果她和真母親說同樣的話，那所羅門王該怎麼辦呢？當然，僅僅會責問別人還不是好樣的，我們的經濟學家有備而來。機制設計（Mechanism Design）理論及其一個主要部分執行（Implementation）理論幾乎完美地回答了這個問題。

這可以通過一個類似競標的機制來解決。顯然，所羅門王不知道誰是真母親（計劃者不知道博弈者的個人信息，這是幾乎所有機制設計問題都堅持的一個假設，否則問題退化為一個簡單的優化問題，他可以強迫執行），但他知道真母親比假母親賦予孩子更高的價值，真假母親也都知道這點，並且這是一個普遍知識，即她們都知道每個人都知道這點，她們都知道每個人都知道每個人都知道這點，以至無窮。換言之，她們進行的是完全信息博弈。

所羅門王可以向其中任一母親（姑且稱其為安娜）提問孩子是不是她的。如果安娜說不是她的，那麼孩子給另一個女人（可稱其為貝莎），博弈結束。如果安娜說孩子是她的，那麼所羅門王可以接著問貝莎是否反對。如果貝莎不反對，則孩子歸安娜，博弈結束。如果貝莎反對，則所羅門就要她提出一個賭註，然後向安娜收取罰金。比較罰金和賭註，如果罰金高於賭註，則孩子給安娜，她只需交給所羅門王賭註那麼多錢，而貝莎要交給他罰金的錢；如果罰金比賭註低，則孩子給貝莎，她給所羅門王賭註的錢，安娜的罰金也歸他。大家可以很容易地推出，在安娜是真母親的情形下，她的策略是說孩子是她的，然後貝莎不反對。因為她反對的結果只會導致她要多交錢，因為安娜為了得到孩子並避免白白給出罰金，必然會真實地根據孩子對她的價值拿出罰金；在安娜是假母親的情形下，她的策略是承認孩子不是她的，因為如果她說孩子是她的，貝莎必然會反對，並且貝莎為了得到孩子並少付錢，一定會真實出價，而安娜只有出高出孩子對她的真正價值的錢才會得到孩子，可這就不合乎她的偏好了。

這個故事講的道理是，儘管所羅門王不知道兩位婦人中誰是嬰兒的母親，但

他知道嬰兒真正的母親是寧願失去孩子也不會讓孩子被劈成兩半的。所羅門王正是利用這一點，一下就識別出誰是嬰兒的真正的母親了。所羅門王的這種方法在博弈論中被稱為「機制設計」，即設計一套博弈的規則，令不同類型的人做出不同的選擇，儘管每個人的類型可能是隱藏的，別人觀察不到，但他們所做出的不同選擇卻是可以觀察到的。觀察者可以通過觀察不同人的選擇而反過來推演出他們的真實類型。

當然，在假母親具有妒忌型效用函數時，上述機制就無效了。她可以出很多錢得到一個並不物有所值的東西，只因為這樣損害了別人。這種損人不利己的行為，需要思考更完美的機制去約束。

四、風險共擔

在現實經濟生活中，由於信息和其他不可確定的原因，經濟主體的市場行為存在著大量的風險。對於大部分經濟主體來講，不喜歡風險的存在，就有出賣風險的需求，這就會產生專門買賣風險的機構——保險公司。保險公司通過集中這種出賣風險的需求，從而分散風險，並收取一定的費用，從中贏利。保險市場的行為就像垃圾收集行業。個人不喜歡垃圾，就會出現垃圾公司，專門收取費用來回收垃圾，並通過垃圾處理來獲利。

1. 兩個極端情況

（1）保險公司提供全額保險的後果

投保人會放鬆防範，產生敗德行為。

投保人會誇大損失。比如在發生火災或汽車碰撞時，投保人可能會誇大損失，以讓保險公司提供更多的補償。

（2）保險公司提供零保險（不提供保險）

沒有人投保，保險公司無法生存。

大量的風險規避者沒有轉嫁風險的渠道，同樣不利於市場經濟的運行。因為一方面市場中存在大量的風險，另一方面風險規避者需要把風險分散，所以保險市場應該存在。

2. 解決對策

（1）區別對待

對於情況不同的投保人收取不同的保費。例如：對於防火、滅火設施不完備的單位，讓其交納更多保費。在人壽保險中，讓抽菸者交納更高的保費。在汽車

保險中，一定時期內違反交通規則的人交納更高的保費，沒有違反過交通規則的人則交納較低的保費。

（2）風險共擔

保險公司不提供全額保險，事故發生以後，保險公司只對損失提供部分賠償，使投保人承擔一定的損失，即投保人要承擔部分風險。

【經典習題】

一、名詞解釋

1. 零和博弈
2. 道德風險
3. 逆向選擇

二、選擇題

1. 給定兩家制酒企業 A、B 的收益矩陣，如表 9-8 所示：

表 9-8　　　　　　　　　　　酒業博弈

		A 企業 白酒	A 企業 啤酒
B 企業	白酒	700, 600	900, 1,000
B 企業	啤酒	800, 900	600, 800

每組數字中前一個數字代表 B 企業的收益，後一個數字代表 A 企業的收益。則下面說法正確的是（　　）。

A. 存在一個納什均衡：（啤酒，白酒）

B. 存在一個納什均衡：（白酒，啤酒）

C. 存在兩個納什均衡：（啤酒，白酒）、（白酒，啤酒）

D. 不存在納什均衡

2. 考慮一個舊手錶市場，手錶的質量可能好也可能差（好手錶或差手錶）。賣主知道自己所出售的手錶的質量但買主不知道，好手錶所占的比例為 q。假設

賣主對好手錶和壞手錶的估價分別為 100 元和 50 元；而買主對好手錶和壞手錶的估價分別為 120 元和 60 元，如果舊手錶的市場價格為 90 元，那麼（　　）。

A. 好手錶和壞手錶都將被出售　　B. 好手錶和壞手錶都不發生交易
C. 只有壞手錶被出售　　D. 只有好手錶被出售

3. 假定甲、乙兩個企業同時選擇「合作」或「抗爭」的經營策略。若兩個企業都選擇「合作」的策略，則每個企業的收益均為 100；若兩個企業都選擇「抗爭」的策略，則兩個企業的收益都為零；若一個企業選擇「抗爭」的策略，另一個企業選擇「合作」的策略，則選擇「合作」策略的企業的收益為 S，選擇「抗爭」策略的企業的收益為 T。要使「抗爭」成為占優策略，S 和 T 必須滿足條件（　　）。

A. $S+T>200$　　B. $S<T$ 與 $T>100$
C. $S<0$ 與 $T>100$　　D. 以上都不是

三、簡答與論述

1. 用博弈矩陣來說明可信和不可信的威脅，並說明這種分析對研究經濟生活中的企業競爭問題有無借鑑作用。

2. 舉例說明無限重複博弈如何可能使囚犯兩難得到合作的均衡解。

3. 請用博弈理論分析卡特爾的合作與非合作。

4. 信息不完全和信息不對稱相同嗎？

5. 七個人出了事故流落荒島上，只能靠一袋米熬粥吃度過一星期，由此產生了分粥問題。有以下幾種分法：

（1）每天抽簽，抽到的人分；

（2）每天每人輪流分；

（3）大家推舉一個「公平」的人分；

（4）分的人最後拿粥。

請問以上分法，你覺得哪種最好？

一星期後船終於來了，將七個人解救了。那個想出了最佳分法的人非常興奮，說：「機制設計多麼好呀，我回去就競選總統，你們也可以當公務人員。我們可以用機制設計來讓我們的社會更加美好！」

請問島上的思考在岸上有什麼啟迪？你對機制設計有什麼看法？

6. 利用信息經濟學原理說明假冒偽劣商品對市場的影響。

7. 如果低生產率工人與高生產率工人獲取教育文憑的成本沒有系統性差異。如，任何人只要花錢就可購買到所需的文憑，文憑的信號作用會發生什麼變化？在短期內和長期內分別給勞動力市場帶來什麼影響？

8. 用博弈分析「承諾和威脅」。

9. 說明納什均衡與納什定理的基本概念。

10. 請用博弈論思想簡述中國為什麼要加入世界貿易組織。

11. 用博弈論分析項羽的「破釜沉舟」。

12. 海盜分金，是說5個海盜搶得100枚金幣，他們按抽籤的順序依次提方案：首先由1號提出分配方案，然後5人表決，超過半數同意方案才被通過，否則他將被扔入大海喂鯊魚，依此類推。

假定「每個海盜都是絕頂聰明且很理智」，那麼第一個海盜提出怎樣的分配方案才能夠使自己的收益最大化？

13. 很多觀眾會發現，大部分電視臺總是將最精彩的節目放在相同的時間段，甚至有些時候是在相同時間段播放類似的節目。電視臺為什麼也是這麼「相煎太急」？

14. 麥當勞和肯德基為什麼選址總是靠得很近？

15. 為什麼高檔產品的生產者不願在地攤上出售他們的產品？如果真正高價值、高質量的產品放在地攤上出賣會有怎樣的遭遇？

16. 有人認為，歧視是一種「偏好歧視」，即雇主或一般雇員不願與具有某種標示（如膚色）的人共事，這種「偏好」帶來的收入差距是建立在個人自由選擇的基礎上的。你如何評價這種看法？在完全競爭經濟中這種歧視能否長期存在？

17. 在囚徒困境中，如果兩個囚徒規定好總共合作3次，雙方會選擇什麼行動？如果要合作無數次呢？

四、計算與證明

1. 兩家計算機廠商 A 和 B 正計劃推出用於辦公室信息管理的網絡系統。各廠商都既可以開發一種高速、高質量的系統（H），也可以開發一種低速、低質量的系統（L）。市場研究表明各廠商在不同策略下相應的利潤由表 9-9 得益矩陣給出。

表 9-9　　　　　　　　　　　廠商博弈

　　　　　　　　　　　廠商 B
　　　　　　　　　H　　　　　L

廠商 A	H	30, 30	50, 35
	L	40, 60	20, 20

（1）如果兩廠商同時做決策且用極大化極小（低風險）策略，結果將是什麼？

（2）假設兩廠商都試圖最大化利潤，且 A 先開始計劃並實施，結果會怎麼樣？如果 B 先開始，結果又會如何？

2. 博弈的報酬矩陣如表 9-10 所示：

表 9-10　　　　　　　　　　甲乙博弈

		乙 左	乙 右
甲	上	a, b	c, d
甲	下	e, f	g, h

（1）如果（上，左）是占優策略的均衡，那麼 a、b、c、d、e、f、g、h 之間必然滿足哪些關係？（盡量把所有必要的關係式都寫出來）

（2）如果（上，左）是納什均衡，（1）中的關係式哪些必須滿足？

（3）如果（上，左）是占優策略均衡，那麼它是否必定是納什均衡？為什麼？

（4）什麼情況下純策略納什均衡不存在？

3. 性別之戰。一對戀人準備在週末晚上一起出去，男的喜歡聽音樂會，但女的比較喜歡看電影。當然，兩個人都不願意分開活動。不同的選擇給他們帶來的滿足表 9-11 所示。

表 9-11　　　　　　　　　　　性別博弈

		女	
		音樂會	電　影
男	音樂會	2, 1	0, 0
	電　影	0, 0	1, 2

問戀人的最優策略是什麼？

4. 企業 A 和企業 B 是某地區兩個競爭寡頭，都可以把產品價格定位 10 元或 15 元，收益矩陣如表 9-12 所示：

表 9-12　　　　　　　　　　　價格博弈

		企業 A	
		10 元	15 元
企業 B	10 元	100, 80	180, 30
	15 元	50, 170	150, 120

企業 A 和企業 B 的最優策略是什麼？

5. 日本和歐洲都可以制定自己的高清晰度電視的技術標準，也可以使用別人制定的標準，收益矩陣如表 9-13。問日本和歐洲的納什均衡是什麼？

表 9-13　　　　　　　高清晰度電視技術標準的爭奪

		歐洲企業	
		日本標準	歐洲標準
日本企業	日本標準	100, 80	180, 30
	歐洲標準	50, 170	150, 120

6. 某壟斷企業面對潛在進入者的競爭，進入者可以選擇進入也可以選擇不進入，壟斷者在競爭者進入後可以選擇商戰也可以選擇默許。收益矩陣如表 9-14 所示。

表 9-14　　　　　　　　　　進入博弈

　　　　　　　　　　　壟斷者
　　　　　　　　　商戰　　　　默許

潛在進入者　進入　　-200, 600　　900, 1,100
　　　　　　不進入　　0, 3,000　　　0, 3,000

那麼他們的納什均衡是什麼？

7. 甲有兩種策略 U 和 D，乙有三種策略 L、M 和 R。收益矩陣如表 9-15 所示：

表 9-15　　　　　　　　　策略博弈

　　　　　　　　　　　　乙
　　　　　　　L　　　　　M　　　　　R

甲　U　　1, 1　　　　4, 2　　　　1, 3
　　D　　2, 3　　　　1, 2　　　　2, 1

甲和乙分別會選擇什麼戰略？

【綜合案例】 為什麼醫生傾向於開過量的抗生素？

倘若病人抱怨耳朵或呼吸道感染，不少醫生都會開出抗生素類藥品。如果感染是細菌（而不是病毒）所致，抗生素治療應該能加速痊愈。可病人每一次吞服抗生素，細菌產生抗藥性的風險也隨之增加。因此，公共健康官員要求醫生只在病人嚴重感染時才開抗生素藥物。可為什麼還有那麼多醫生繼續給感染並不嚴重的病人開抗生素呢？

大多數醫生都明白，倘若抗生素過量使用，細菌很快就會出現抗藥性。例如，1947 年，青黴素剛大量投入使用的第 4 個年頭，人們就發現了一種能抵抗青黴素的葡萄球菌變體（金黃色葡萄球菌）。大多數醫生也知道，帶抗藥性的細菌變體，能導致更嚴重的問題。金黃色葡萄球菌出現以後，醫生們只好用另一種抗生素——甲氧苯青黴素來治療它。但這也只是個應急辦法。1961 年，英國發現了抗甲氧苯青黴素的細菌 MRSA 超級病菌，如今世界各地的醫院裡都能找到它的身影。1991 年，英國因敗血症而去世的病患，4% 是 MRSA 感染所致；到了

1999 年，這一比例已經上升至 37%。

跟海洋過度捕魚一樣，抗生素的過度使用，也是一起公用品悲劇。個別漁夫的捕魚量，本身並不足以對魚群數量造成重大影響；同理，個別醫生所開的抗生素，也不足以促成致命抗藥細菌的產生。然而，每當醫生開出抗生素，引起患者感染的細菌很可能會有一些得以幸存。該群體中的個體細菌跟從前全然不同，而更不幸的是，在抗生素治療過程中存活概率最大的，並不是原始細菌群中的隨機樣本。相反，它們的基因結構對藥物的抵抗性最大。倘若加大用藥劑量，這部分幸存細菌仍可能被殺死。但隨著時間的推移，變異也逐漸累積，最終，幸存細菌中的抗藥性越來越強。

醫生面臨的困境在於，患者相信，服用抗生素能加速自己的痊愈。一些醫生拒絕用這種方式治療不太嚴重的感染，但另一些醫生屈服於患者的壓力，因為他們知道，如果拿不到藥，患者可能會另請高明。美國疾病控制中心估計，在每年開出的 1.5 億份抗生素處方中，有 1/3 都是不必要的。

醫生同意病人的要求，可能是因為他們知道，單獨的一張處方，並不會導致抗藥細菌的出現。不幸的是，這種決定的累積效應，最終肯定會催生出更多帶抗藥性的有毒變異細菌。

看完案例，談談你認為能夠解決該問題的方法。

第十章 市場失靈與政府規制

【知識結構】

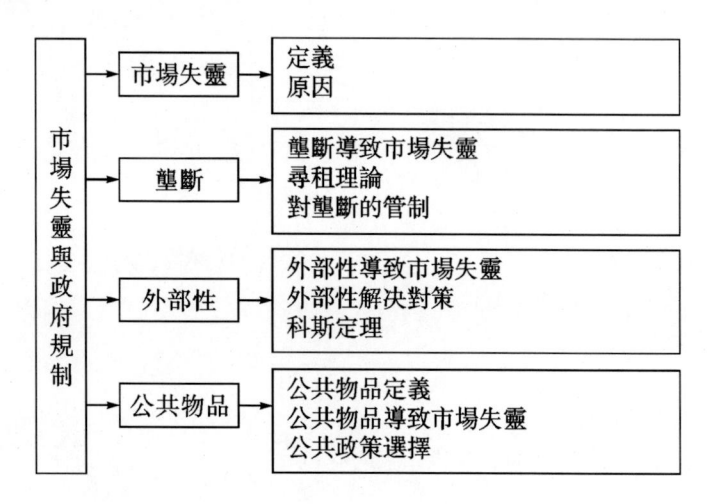

```
                ┌─ 市場失靈 ──┬─ 定義
                │            └─ 原因
                │
市               ├─ 壟斷 ─────┬─ 壟斷導致市場失靈
場               │            ├─ 尋租理論
失               │            └─ 對壟斷的管制
靈               │
與               ├─ 外部性 ───┬─ 外部性導致市場失靈
政               │            ├─ 外部性解決對策
府               │            └─ 科斯定理
規               │
制               └─ 公共物品 ─┬─ 公共物品定義
                              ├─ 公共物品導致市場失靈
                              └─ 公共政策選擇
```

【導入案例】 壟斷企業強大為何令人不安？

中國經濟在全球的地位正在與日俱增，《財富》500強就可謂是一個晴雨表。

2015年7月22日，《財富》世界500強最新排名發布，中國上榜企業數量再次刷新紀錄，106家企業榜上有名。中國石化、國家電網和中國石油保持前10名，中石油和國家電網位列第四位和第七位。

中國企業的快速攀升，卻無法讓人感到欣慰，反而為之惴惴不安。從上榜企業可以看出，大部分都是壟斷企業，這些企業有著特殊的國有背景，如石油、鋼鐵、電網、銀行、保險、通信等。壟斷企業的利潤，大多是通過壟斷性的定價權獲取，這些企業的利潤不斷增長，其背後的實質是擠占並獨享了太多的社會資源，這些行業普遍享受著超國民待遇。它們所實現的利潤，實質上是其他企業消費者和居民消費者的收入或者財富的一部分。

我們不得不面對這樣一個現實——舉全國之力捧出的企業，表面看上去無限風光，卻經不起陽光的暴曬。一旦壟斷機制不再，影響力將大打折扣。

壟斷企業強大不是一件好事嗎？它會對其他行業造成什麼樣的影響？

第一節　市場的效率

在現代市場經濟體系中，市場調節與政府干預、自由競爭與宏觀調控，是緊密相連、相互交織、缺一不可的重要組成部分。因為市場機制的完全有效性只有在嚴格的假說條件下才成立，而政府干預的完美無缺同樣也僅僅與「理想的政府」相聯繫。也就是說，市場調節與政府干預都不是萬能的，都有內在的缺陷和失靈、失敗的客觀可能，要害是尋求經濟及社會發展市場機制與政府調控的最佳結合點，使得政府干預在匡正和糾補市場失靈的同時，避免和克服政府失靈，這對中國社會主義市場經濟體制的建立和完善，無疑具有重大的理論意義和實踐意義。

一、效率評價：帕累托最優

帕累托最優（Pareto Optimality）是以提出這個概念的義大利經濟學家維弗雷多·帕雷托的名字命名的，維弗雷多·帕雷托在他關於經濟效率和收入分配的研究中使用了這個概念。帕累托最優，也稱為帕累托效率（Pareto Efficiency）。帕累托最優和帕累托改進（Pareto Improvement），在經濟學和社會科學中有著廣泛的應用。

帕累托最優是指資源分配的一種狀態，在不使任何人境況變壞的情況下，不可能再使某些人的處境變好。帕累托改進，是指一種變化，在沒有使任何人境況變壞的情況下，使得至少一個人變得更好。一方面，帕累托最優是指沒有進行帕累托改進餘地的狀態；另一方面，帕累托改進是達到帕累托最優的路徑和方法。帕累托最優是公平與效率的「理想王國」。

一般來說，達到帕累托最優時，會同時滿足以下3個條件：

（1）交換最優：即使再交易，個人也不能從中得到更大的利益。此時對任意兩個消費者，任意兩種商品的邊際替代率是相同的，且兩個消費者的效用同時得到最大化。

（2）生產最優：這個經濟體必須在自己的生產可能性邊界上。此時對任意兩個生產不同產品的生產者，需要投入的兩種生產要素的邊際技術替代率是相同的，且兩個生產者的產量同時得到最大化。

（3）產品混合最優：經濟體產出產品的組合必須反應消費者的偏好。此時

任意兩種商品之間的邊際替代率必須與任何生產者在這兩種商品之間的邊際產品轉換率相同。

如果一個經濟體不是帕累托最優，則存在一些人可以在不使其他人的境況變壞的情況下使自己的境況變好的情形。普遍認為這樣低效的產出的情況是需要避免的，因此帕累托最優是評價市場效率的非常重要的標準。

二、市場失靈

市場失靈（Market Failure）是指由於市場價格機制在某些領域、場合不能或不能完全有效發揮作用而導致社會資源無法得到最有效配置的情況。導致市場失靈的因素主要有四個，即公共物品、外部性、壟斷和信息不對稱。

市場萬能、市場決定一切（調節生產、分配和消費）早已不是什麼新鮮名詞，其根源可以上溯至英國古典經濟學家那裡，當時的市場決定論是很有市場的，可是，後來的經濟危機給了它當頭一棒。當經濟危機爆發之後，市場不再決定什麼了，而且首先是它發生了令人恐慌和束手無策的紊亂，人們眼睜睜看著一個個企業倒閉、破產，工人失業，流離失所，戰爭的火花也在這危機四伏並且似乎看不到任何希望的絕望境地中產生，只是在經歷一個痛苦的煉獄的過程之後，才又漸漸趨於恢復。可見，市場雖然孕育了資本主義，但是，隨著資本主義社會的發展，它同樣也會成為資本發展過程中的死穴，市場的繁榮外觀掩飾不了它內在的脆弱性、無序競爭。

1. 收入與財富分配不公

這是因為市場機制遵循的是資本與效率的原則。資本與效率的原則又存在著「馬太效應」。一方面，從市場機制自身作用看，這屬於正常的經濟現象，資本擁有越多在競爭中越有利，效率提高的可能性也越大，收入與財富向資本與效率也越集中；另一方面，資本家對其雇員的剝奪，使一些人更趨於貧困，造成了收入與財富分配的進一步拉大。這種拉大又會由於影響到消費水平而使市場相對縮小，進而影響到生產，制約社會經濟資源的充分利用，使社會經濟資源不能實現最大效用。

2. 外部負效應問題

外部負效應是指某一主體在生產和消費活動的過程中，對其他主體造成的損害。外部負效應實際上是生產和消費過程中的成本外部化，但生產或消費單位為追求更多利潤或利差，會放任外部負效應的產生與蔓延。如化工廠，它的內在動

因是賺錢，對企業來講，為了賺錢最好是讓工廠排出的廢水不加處理而進入下水道、河流、江湖等，這樣就可減少治污成本，增加企業利潤。從而對環境保護、其他企業的生產和居民的生活帶來危害。社會若要治理，就會增加負擔。

3. 競爭失敗和市場壟斷的形成

競爭是市場經濟中的動力機制。競爭是有條件的，一般來說競爭是在同一市場中的同類產品或可替代產品之間展開的。但一方面，由於分工的發展使產品之間的差異不斷拉大，資本規模擴大和交易成本的增加，阻礙了資本的自由轉移和自由競爭；另一方面，市場壟斷的出現，減弱了競爭的程度，使競爭的作用下降。造成市場壟斷的主要因素有：①技術進步；②市場擴大；③企業為獲得規模效應而進行的兼併。一當企業獲利依賴於壟斷地位，競爭與技術進步就會受到抑制。

4. 失業問題

失業是市場機制作用的主要後果。一方面，從微觀看，當資本為追求規模經營、提高生產效率時，勞動力被機器排斥；另一方面，從宏觀看，市場經濟運行的週期變化，對勞動力需求的不穩定性，也需要有產業後備軍的存在，以滿足生產高漲時對新增勞動力的需要。勞動者的失業從宏觀與微觀兩個方面滿足了市場機制運行的需要，但失業的存在不僅對社會與經濟的穩定不利，而且也不符合資本追求日益擴張的市場與消費的需要。

5. 區域經濟不協調問題

市場機制的作用只會擴大地區之間的不平衡現象，一些經濟條件優越、發展起點較高的地區，發展也越有利。隨著這些地區經濟的發展，勞動力素質、管理水平等也會相對較高，可以支付給被利用的資源要素的價格也高，也就越能吸引各種優質的資源，以發展當地經濟。那些落後地區也會因經濟發展所必需的優質要素資源的流失而越發落後，區域經濟差距會拉大。另外，因為不同地區有不同的利益，在不同地區使用自然資源過程中也會出現相互損害的問題，可以稱之為區域經濟發展中的負外部效應。比如，江河上游地區林木的過量開採，可能影響的是下游地區居民的安全和經濟的發展。這種現象造成了區域間經濟發展的不協調與危害。

6. 公共產品供給不足

公共產品是指消費過程中具有非排他性和非競爭性的產品。所謂非排他性，就是一旦這類產品被生產出來，生產者就不能排除別人不支付價格的消費。因為

這種排他，一方面在技術上做不到，另一方面即使技術上能做到，但排他成本高於排他收益。所謂非競爭性是因為對生產者來說，多一個消費者或少一個消費者不會影響生產成本，即邊際消費成本為零。而對正在消費的消費者來說，只要不產生擁擠也就不會影響自己的消費水平，這類產品包括國防、公安、航標燈、路燈、電視信號接收等。所以這類產品又叫非盈利產品。從本質上講，生產公共產品與市場機制的作用是矛盾的，生產者是不會主動生產公共產品的。而公共產品是全社會成員必須消費的產品，它的滿足狀況也反應了一個國家的福利水平。這樣一來公共產品生產的滯後與社會成員與經濟發展需要之間的矛盾就十分尖銳。

7. 公共資源的過度使用

有些生產主要依賴於公共資源，如漁民捕魚、牧民放牧。他們使用的就是以江湖河流這些公共資源為主要對象，這類資源既在技術上難以劃分歸屬，又在使用中不宜明晰歸屬。正因為這樣，由於生產者受市場機制追求最大化利潤的驅使，往往會對這些公共資源進行掠奪式使用，而不能給資源以休養生息。有時儘管使用者明白長遠利益的保障需要公共資源的合理使用，但因市場機制自身不能提供制度規範，又擔心其他使用者的過度使用，出現使用上的盲目競爭。

市場失靈使政府的積極干預成為必要。

西方發達國家及一批後發現代化國家市場經濟的實際歷程和政府職能的演化軌跡表明，市場調節這只「看不見的手」有其能，也有其不能。一方面，市場經濟是人類迄今為止最具效率和活力的經濟運行機制和資源配置手段，它具有任何其他機制和手段不可替代的功能優勢：一是經濟利益的刺激性。市場主體的利益驅動和自由競爭形成一種強勁的動力，它極大地調動人們的積極性和創造性，促進生產技術、生產組織和產品結構的不斷創新，提高資源配置的效率。二是市場決策的靈活性。在市場經濟中，生產者和消費者作為微觀經濟主體的分散決策結構，對供求的變化能及時做出靈活有效的反應，較快地實現供需平衡，減少資源的浪費，提高決策的效率。三是市場信息的有效性。高效率地分配資源要求充分利用經濟中的各種信息。而以價格體系為主要內容的信息結構能夠使每一個經濟活動參與者獲得簡單、明晰、高效的信息，並能充分有效地加以利用，從而有利於提高資源配置的合理性。此外，市場經濟的良性運行還有利於避免和減少直接行政控制下的低效和腐敗等。但是另一方面，市場經濟也有其局限性，其功能缺陷是固有的，光靠市場自身是難以克服的，完全摒棄政府干預的市場調節會使其缺陷大於優勢，導致市場失靈，因而必須借助凌駕於市場之上的力量——政府

這只「看得見的手」來糾補市場失靈。

第二節　壟斷及其管制

壟斷是市場不完善的表現，壟斷市場是一個產量較低而價格較高的市場。它的存在，不僅造成資源浪費和市場效率低下，而且使社會福利減少。

一、壟斷造成市場效率低下

在壟斷市場條件下，壟斷廠商為實現自身利益最大化，也會像競爭廠商一樣努力使生產定在邊際收益等於邊際成本的點上。但與競爭企業不同的是，壟斷市場的價格不是等於而是大於邊際收益，因此，他最終會選擇在價格大於邊際成本的點上組織生產。壟斷廠商不須被動地接受市場價格、降低成本，而可以在既定的成本水平之上加入壟斷利潤形成壟斷價格。所以，壟斷市場的價格比競爭市場高，產量比競爭市場低。

這樣，一方面，導致廠商喪失了降低成本、提高效率的動力；另一方面，抬高的壟斷定價成為市場價格，扭曲了正常的成本價格關係，對市場資源配置產生誤導，造成一種供不應求的假象，導致更多的資源流向該行業。

二、壟斷造成社會福利損失

壟斷對社會福利造成損失主要表現為使消費者剩餘大大減少。消費者剩餘是指消費者願意為某種商品或服務支付的最高價格與他實際支付的價格之差。如圖10-1所示：

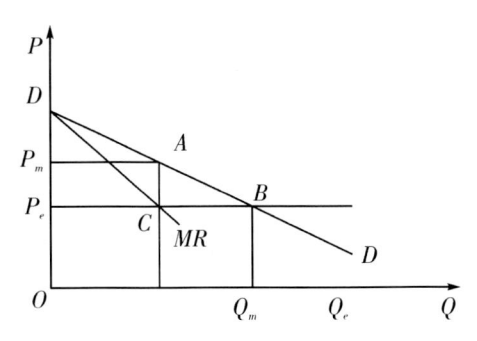

圖 10-1　壟斷造成社會福利損失

在圖 10-1 中，Q 代表產量，P 代表價格，D 是需求曲線，MR 是邊際收益曲線。在完全競爭條件下，高於均衡價格 P_e 的價格反應的效用水平就是消費者剩餘，即圖中 $\triangle DBP_e$ 部分。在壟斷條件下，高於壟斷價格 P_m 的價格反應的效用水平就是消費者剩餘，即圖中 $\triangle DAP_m$ 部分。顯然，前者大於後者，二者之差即 AP_mP_eB 部分，其中 ACP_eP_m 部分為壟斷利潤，$\triangle ABC$ 部分就是社會福利損失，即壟斷產量限制對社會造成的損失。

三、壟斷造成尋租

尋租，通常指那些通過公共權力參與市場經濟從而謀取非法收益的非生產性活動。在壟斷市場條件下，壟斷廠商為獲取壟斷利潤，就必須保持其壟斷地位，為此而付出的花費和開支就是尋租成本。如向政府遊說或賄賂立法者、採取合法手段規避政府的管制以及進行反壟斷調查等發生的費用都屬於尋租成本。由於尋租成本未用於生產性經營活動，因此會造成社會資源的浪費和社會福利水平的降低。

租，或者叫經濟租，指一種生產要素的所有者獲得的收入中，超過這種要素的機會成本的剩餘。經濟處於總體均衡狀態時，每種生產要素在各個產業部門中的使用和配置都達到了使其機會成本和要素收入相等。如果某個產業中要素收入高於其他產業的要素收入，這個產業中就存在著該要素的經濟租。在自由競爭的條件下，租的存在必然吸引該要素由其他產業流入有租存在的產業，增加該產業的供給，壓低產品價格。在規模經濟效益不遞增的前提下，要素的自由流動最終使要素在該產業中的收入和在其他產業中的收入一致起來，從而達到均衡。所以，只要市場是自由競爭的，要素流動在各產業之間不受阻礙，任何要素在任何產業中的超額收入（即租）都不可能長久穩定地存在。在一個動態的經濟結構中，某要素在一個產業中的經濟租既可以是個正量，也可以是個負量，這是社會經濟在動態發展過程中不斷調整、不斷適應的正常現象。

當一個企業家成功地開發了一項新技術或新產品，其企業就能享受高於其他企業的超額收入。這種活動可以稱為創租活動，或者可稱為尋利活動。當其他企業家看到應用這一新技術或生產這一新產品有（超額）利可圖，就會紛紛起而效之，湧入這一市場，從而使產品價格降低，超額利潤（租）漸漸消散。後者的行為，也屬尋利範疇。尋利活動是正常的市場競爭機制的表現，其作用是降低成本開發新產品。尋利活動的特徵是對於新增社會經濟利益的追求，因而會增進社會的福利。

但是，如果人們追求的是既得的社會經濟利益，其活動的性質就變成了尋租。從這個意義上說，偷盜搶劫作為對財產所有權的直接侵犯，可以算是最原始的尋求對社會的既得經濟利益實行再分配的尋租活動了。在現代社會中更為常見的，也是更為高級的尋租方式則是利用行政法律的手段來維護既得的經濟利益或是對既得利益進行再分配。這類尋租行為往往涉及採用阻礙生產要素在不同產業之間自由流動、自由競爭的辦法來維護或攫取既得利益。比方說，當一個企業家開拓了一個市場後，他可能尋求政府的干預來阻止其他企業加入競爭，以維護其獨家壟斷的地位，確保他創造的租不致擴散。這時，他的行為已不再能增進社會福利，反而阻止了社會從市場競爭中獲益。同時，阻止其他企業加入競爭的活動本身也消耗了社會的經濟資源。另一個尋租活動的例子是，一個企業或企業群體，明知另一些企業（比如其他地區的企業）擁有比它們更先進的管理和技術，不是下功夫去向後者學習，而是想方設法誘使政府採取保護政策，阻止那些先進企業加入競爭，以維護自身的既得利益。還有同樣糟糕的事例是，一部分企業施展種種手段使政府以特殊政策對它們優先照顧，通過稅收和補貼的辦法抽東補西，使社會的既得經濟利益在企業間作重新分配，讓這部分企業享受其他企業的「輸血」，從而獲得一種經濟租。

這幾種尋租活動的共同特點是：①它們造成了經濟資源配置的扭曲，阻止了更有效的生產方式的實施；②它們本身白白耗費了社會的經濟資源，使本來可以用於生產性活動的資源浪費在這些於社會無益的活動上；③這些活動還會導致其他層次的尋租活動或「避租」活動——如果政府官員在這些活動中享受了特殊利益，政府官員的行為會受到扭曲，因為這些特殊利益的存在會引發一輪追求行政權力的浪費性尋租競爭；同時，利益受到威脅的企業也會採取行動「避租」，與之抗衡，從而耗費更多社會經濟資源。

四、壟斷的管制

對一般性的壟斷，制定與實施遏制壟斷的反托拉斯政策，以避免或減少壟斷；反托拉斯政策試圖防止壟斷或各種反競爭行為，以激勵競爭，提高市場經濟的效率。反托拉斯法的基本框架主要由以下三個法律組成：①《謝爾曼法》（1890年）；②《克萊頓法》（1914年）；③《聯邦貿易委員會法》（1914年修正案）。

在自然壟斷行業，對新廠商進入行業所必須具備的條件、產品標準與價格等方面進行管制。

政府管制是指政府制定條例和設計市場激勵機制，控制廠商的價格、銷售與生產決策，以提高資源的配置效率。政府管制分經濟管制與社會管制兩類：經濟管制是指對產品價格、市場進入與退出條件、產品與服務標準等方面進行的管制；社會管制主要是為了保護環境、保證勞工和消費者的健康和安全。

政府對自然壟斷行業在價格方面的管制措施包括：

(1) $P=MC$。按此原則定價雖然有效率，但是行不通。因為壟斷廠商總是在平均成本遞減的區域中從事生產，有多餘的生產能力。平均成本遞減的原因是 $MC<AC$。如果 $P=MC$，則 $P<AC$，廠商虧損。除非政府給廠商一定的補貼，否則，在長期廠商必然退出行業。政府對廠商的補貼常常導致不公平，因為政府的補貼實際上是給了這種產品的消費者，其他不消費該產品的人沒有得到補貼。政府的補貼來源於稅收，而稅收是公民公平繳納的。

(2) $P=AC$。按此原則定價，減少了價格與邊際成本的差額，增加了產量，提高了效率，而且由於消除了壟斷利潤，也顯得比較公平。然而，其也有缺陷，主要表現在提高生產效率、降低成本方面，對企業的激勵往往是反向的，企業不僅沒有足夠的激勵去降低成本，而且還常常增加成本開支，獲取非經濟利潤。

(3) 價格創新：$\frac{\Delta P}{P}=$ 通脹率$-X$（政府規定的勞動生產率的增長率）。按此原則定價，在政府規定的勞動生產率的增長率比較合理的條件下，企業通過努力降低成本而多得到的收益都會轉化為利潤，因而這種價格創新，能有效地激勵企業提高勞動生產率、降低成本。按此原則定價的關鍵，是設定一個比較合理的勞動生產率的增長率。如果 X 的設定長期不正確，企業就會陷入巨額虧損（X 過高）或巨額利潤（X 過低）之中。

[案例10-1] AT&T 的分割

1984年1月，美國政府決定放開電話市場，公眾的普遍反應是並不樂意甚至抱怨不斷，指責政府非要將國民生活中少得可憐的幾種有用之物（這次輪到電話）搞垮而後快。在分割改革之後，AT&T（美國電報電話公司）壟斷著美國的電話通信服務，為所有人提供長短途電話服務，現在則改由一家地方電話公司（有時被稱為「嬰兒貝爾」的那家公司）承辦本地電話，而長途電話市場則出現包括 AT&T、MCI、Sprint 在內多家公司競爭的局面。從公眾的反應來看，多數人悲觀地認為現代通信業就此結束了。人們打電話也變得不方便，他們投訴說必須先撥一個長途代號，然後再撥要的電話號碼，並且要收到兩份話費單：一

份是短途的，還有一份是長途的。

然而，現實證明電話市場的分割與競爭正在逐步開始起作用，而且相當積極。是對政府的反壟斷政策給予公正評價的時候了。在這一政策實施五年後，租用電話的費用下降了50%，許多增設的電話服務種類，如撥號等待、電話信箱、自動重撥、話語轉達等都已經廣為人知，為人們帶來了極大的便利。電話卡同信用卡一樣廣泛進入日常生活，傳真設備也成為辦公室必備之一。固然，即使沒有這一項政策，隨著時間的推移，技術進步也會將傳真機這樣的新設備普及到公眾的生活中，但這一政策帶來的競爭壓力畢竟極大地推動了這一進程。

（資料來源：斯蒂格利茨：《經濟學小品和案例》，中國人民大學出版社，1998年11月）

第三節　外部經濟與解決對策

一、外部性

外部效應：當某個經濟主體的活動產生了額外的成本或額外的收益，而且這種額外的成本或收益並沒有得到市場承認的時候，我們說這種經濟活動存在外部性。

1. 外部不經濟

當經濟活動使其他經濟主體承擔額外成本的時候，這種外部效應被稱為外部負效應或外部不經濟。例如，工廠生產過程中產生的廢氣、排放的污水或產生的噪聲，對周圍地區居民的生活和身體健康造成損害。如，氟利昂的大量使用、過度的森林砍伐和漁業資源的捕撈會破壞生態環境，帶來全球氣候的惡化，造成厄爾尼諾現象和拉尼娜現象，從而帶來嚴重的自然災害；又如，燃油助動車給騎車人帶來了方便，但助動車排放的廢氣對大氣造成的污染比小轎車更嚴重，已經成為城市大氣污染的主要來源之一；還有，現代建築大量使用玻璃幕牆，在美化建築的同時，也給周圍居民或其他企業帶來光污染。

2. 外部經濟

當經濟活動使得其他經濟主體獲得額外收益的時候，這種外部效應就被稱為外部正效應或外部經濟。如，養蜂人在農田裡放蜂，農民的收成可能因此而增加；又如，居民在自己家裡種花，不僅使自己獲得享受，也對美化環境做出了貢獻；再如，如果一家企業出錢修建一條公路，那麼公路兩邊的其他企業和居民都

將由此獲得明顯的或不明顯的收益。

二、外部性導致市場失靈

1. 外部效應的存在將造成市場失靈

當經濟主體的活動產生了外部經濟或外部不經濟的時候，由於這種額外的收益或額外成本並不為市場所承認，該經濟主體並不為此獲得相應的收益或承擔相應的成本。那麼，從整個社會的角度來說，該項經濟活動的全部收益或全部成本沒有得到充分的體現，並由此帶來資源配置的扭曲。也就是說，在這種情況下，僅僅依靠市場機制將無法達成社會資源的有效配置。

2. 經濟活動的成本與收益

社會成本＝內部成本＋外部成本

社會收益＝內部收益＋外部收益

企業生產的邊際成本曲線為 MC。假定市場需求曲線為 D，則市場均衡點為 E，企業的產量將為 Q_0，相應地，該商品的市場均衡價格將為 P，但均衡點 E 是在未考慮外部不經濟的情況下達成的。當我們將外部不經濟納入分析範圍的時候，以社會角度來衡量的最優產量和最優價格應有所不同。假定企業生產的邊際外部成本由曲線 MEC 表示，那麼邊際社會成本 MSC 應該是內部的邊際成本與邊際外部成本之和，即 $MSC=MC+MEC$（如圖 10-2 所示）外部負效應的存在使得產生這種負效應的商品供給過多、價格過低，而市場機制無法解決這個問題，因為外部成本無法通過市場納入企業的成本計算之中。這使得污染的控制和環境保護始終是一個相當艱鉅的任務，使得我們正面臨著大自然的嚴厲懲罰和報復。在這種情況下，政府必須承擔起責任，必須通過有效的措施對存在外部負效應的商品的生產加以規制。

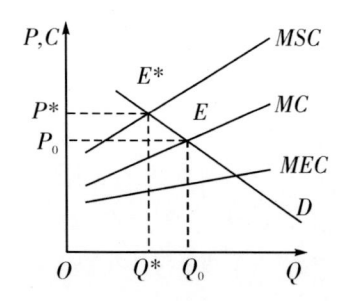

圖 10-2　外部不經濟情況下的市場失靈

當外部效應為正效應的時候，所謂資源配置的扭曲就表現為相關商品生產得過少，相應的價格則過高，此時同樣需要政府對市場進行某種干預。

三、解決外部性的對策

1. 徵稅和補償

政府對造成外部不經濟的家庭或廠商徵稅，對造成外部經濟的家庭或廠商進行補償，直至社會的利益＝私人的利益，或社會的成本＝私人的成本，從而使資源配置達到帕累托最優。

庇古稅：庇古認為當私人成本與社會成本不一致的場合下，政府應採取徵稅或補貼進行干預，以增進社會福利。對產生負外部性的廠商徵課稅金或罰款，使它向政府支付由污染等導致社會所增加的成本，把廠商造成的外在成本內部化，促使他們消滅或減少負外部性，從而得到最有效率的狀態。用稅收克服負外部效應的最大弱點在於政府很難確定邊際污染成本，因而無法設定恰當的污染稅率。但是，只要稅率不是太高而超過邊際污染成本，污染稅會使完全競爭企業的產量接近於社會最優產量，因而對改善市場效率是有積極意義的。

2. 企業合併

將具有外部經濟的企業和具有外部不經濟的企業合併，從而使外部性「內部化」，容易實現資源配置的帕累托最優。

3. 限量與配額

（1）排污標準

從整個社會角度來看，廠商應將污染物的排放量減少到這樣一點，使得污染成本和污染控制成本之和最小。實施排放標準的優勢在於它能夠使排污水平很確定，但排污成本很不確定，那些減污成本較高的廠商，不得不忍受較高的成本以達到排放標準。

（2）可轉讓的排污許可證

在該制度下，只有擁有許可證才可排放。每張許可證都規定了許可排放的數量，超過規定數量將會被處以巨額罰款。許可證的數量事先確定，以使排放總量達到有效水平。許可證在廠商之間分配，並且允許買賣。如果有足夠多的廠商和許可證，就可以形成一個競爭性的許可證市場，那些減污成本較高的廠商會從減污成本較低的廠商那裡購買許可證。在均衡水平，所有廠商減污的邊際成本都相等，都等於許可證的價格，這意味著整個行業把污染降至規定的理想數量時成本

最低。這樣，可交易的排污許可證制度，既吸收了排放標準制度能夠有效控制排放水平的優點，又吸收了排污收費制度減污成本低的優點，是一種具有很大吸引力的制度。

4. 明確產權

產權明確之後，可以使外部經濟通過市場交易來解決。這樣，通過產權交易，可以為實現資源配置的帕累托最優創造條件。

> 科斯定理：
> 科斯定理是經濟學家科斯提出的通過產權制度的調整，將商品有害外部性內部化，從而將有害外部性降低到最低限度的理論。科斯定理指出：在市場交換中，若交易費用為0，那麼產權對資源配置的效率就沒有影響；反之，若交易費用大於0，那麼產權的界定、轉讓及安排都將影響產出與資源配置的效率。科斯主張用產權明確化的辦法來解決外部性的問題。

[案例10-2] 為什麼黃牛沒有絕種

歷史上，許多動物都遭到了滅絕的威脅。即使現在，像大象這種動物也面臨著這樣的境況，偷獵者為了得到象牙而進行瘋狂捕殺。但並不是所有有價值的動物都面臨這種威脅。例如，黃牛作為人們的一種有價值的食物來源，卻沒有人擔心它會由於人們對牛肉的大量需求而絕種。

為什麼象牙的商業價值威脅到大象，而牛肉的商業價值卻成了黃牛的護身符呢？這就涉及產權的界定問題。因為野生大象沒有確定的產權，而黃牛屬於私人所有。任何人都可以捕殺大象獲取經濟利益，而且誰捕殺的越多，誰獲取的經濟利益越大。而黃牛生活在私人所有的牧場上，每個農場主都會盡最大努力來維持自己牧場上的牛群，因為他能從這種努力中得到收益。

政府試圖用兩種方法解決大象的問題。如肯尼亞、坦桑尼亞、烏干達等非洲國家把捕殺大象並出售象牙作為一種違法行為，但由於法律實施難度較大，收效甚微，大象種群仍在繼續減少。而同在非洲，納米比亞以及津巴布韋等國家則允許捕殺大象，但只能捕殺自己土地上作為自己財產的大象，結果大象開始增加了。由於私有產權和利潤動機在起作用，非洲大象或許會像黃牛一樣擺脫滅頂之災。

[案例10-3] 霧霾背後的經濟學

霧霾問題成為人們關注的一個焦點。雖然保護環境逐漸成為共識，但仍然存

在幾個廣泛爭論的問題：不少人把環保和中國的經濟增長對立起來，認為環境污染是中國經濟發展的必然結果，是必須付出的代價，尤其在中國經濟減速、人口紅利消失的時候，談環保是否太奢侈？強調環保後，工廠關門、工人失業怎麼辦？

　　在控制污染方面政府責無旁貸。老百姓有權要求污染企業賠償，法庭或仲裁員再要求污染企業按損失照價賠償，強迫企業在生產過程中必須把污染計入成本，要求企業為其造成的污染行為買單。為大嘴美人茱莉亞・羅伯茨贏得小金人的影片《永不妥協》說的就是這樣一個真實案例。美國加州電力公司PG&E因六價鉻重金屬離子污染城市供水、損害居民健康付出了3.33億美元的賠償，創造了美國歷史賠償金額的紀錄。但打官司有諸多困難之處：首先是錢，冗長的訴訟過程中產生的巨大交易成本讓一般老百姓望而卻步，在PG&E一案中，僅代理律師就將1.336億美元收入囊中，居民實際得到的補償大打折扣；另外一個難處是舉證，如何證明污染物是導致疾病的罪魁禍首，影片中PG&E的代表曾對指控嗤之以鼻，並反駁說營養缺乏、劣質基因和不良生活習慣都會導致居民遭遇的健康問題，影片中這一幕不外乎是現實的縮影。又如霧霾問題，在污染源眾多、受害方數量巨大、影響範圍極廣的情況下，要提起訴訟，幾乎是不可能的任務。

　　治理環境的政策方面，中國也存在需要改進的地方。根據發達國家的經驗，排放稅比單一的排放標準控制更符合經濟準則。排放稅制度下，政府規定排污稅率，企業可自由選擇排放量，多排多繳稅，少排少繳甚至不繳。企業會自己比較稅率和減排的邊際成本，只要減污的成本比排放稅率低，企業就會選擇減排。

　　可轉讓排放許可證是治理污染的一項創新政策，政府制定排放總量，然後按照一定標準分配給企業，企業依照獲得的許可證數量排放，配額用不完可以賣，不夠用可以買，環保機構如果對政府制定的總量不滿意，也可以參與購買，然後直接把買回來的許可證束之高閣，退出市場流通。

　　環保政策的選擇是政府監管與市場機制有機結合的藝術，排放稅和可轉讓許可證是較為市場化的政策，企業根據市場經濟價格機制自主決定排放，但稅率和許可證總量的決定權在政府手中。將市場機制融入政策設計的靈魂，嚴格制定標準，堅決懲治違規，有效落實賠償，污染控制和環境保護會跨過嚴冬，迎來春天。

[案例 10-4] 產權和政治穩定

孟子在《滕文公上》中說:「民之為道也,有恒產者有恒心,無恒產者無恒心,苟無恒心,放闢邪侈,無不為己。」

決策者可以加快經濟增長的另一個方法是保護產權,並促進政治穩定。市場經濟的價格機制發生作用的一個重要前提是經濟中廣泛尊重產權。簡單地說產權是指人們對自己擁有的資源行使權力的能力。如果一個生產煤炭的公司,預計煤炭會被偷走,他就不會努力開採煤礦。只有公司相信它將從煤炭的銷售中得到收益,它才會開採煤礦。由於這個原因法庭在市場經濟中所起的一個重要作用是:強化產權。在刑事案件中,法院直接禁止偷竊;在民事審判制度中,法庭保證買者與賣者履行他們的合約。

目前中國司法制度不能很好地運行,合約很難實現,詐欺往往得不到懲罰。在有些地區,政府有關部門,為了地方利益,不僅不能實施產權,而且實際上還侵犯產權。在一些地區,企業為了經營,需要賄賂有權的政府官員。這種腐敗阻礙了市場的協調能力。對產權的一個威脅是政治不穩定。當社會不穩定時,產權在未來能否得到尊重和保護是很值得懷疑的,這樣的後果是減少了即期居民儲蓄和投資。同時外國人也會減少對該國的投資激勵。其結果是降低了一國生活水平。因此,經濟繁榮部分取決於政治繁榮。

第四節 公共物品及供給

一、公共物品概述

(一) 公共物品的含義

公共物品(Public Goods)是指私人不願意或無能力生產而由政府提供的具有非排他性和非競爭性的物品。一國的國防、警務、公共衛生、道路、廣播電視等都屬於公共物品。一種物品要成為公共物品,必須具備以下特性:①非排他性。公共物品的非排他性是指無論是否付費,任何人都無法排除他人對該產品的消費。之所以會出現免費消費,是因為要麼技術上不允許,要麼由於收費的成本太大而放棄收費。②非競爭性。公共物品的非競爭性是指任何人對某一物品的消費,都不會給他人對該產品的消費造成影響。即人們無法排斥別人對同一物品的共同享用,也不會由於自己的加入而減少他人對該公共物品享用的質量與數量。

③不可分割性。公共物品的不可分割性是指公共物品的供給與消費不是面向哪一部分人或利益集團，而是面向所有人的；公共物品也不能分成細小的部分，只能作為一個整體被大家享用。

(二) 公共物品的分類

根據公共物品所具有的非排他性和非競爭性的不同程度，公共物品可以分成純公共物品和準公共物品兩類。

1. 純公共物品

純公共物品（Pure Public Goods）是指同時具有非排他性和非競爭性的產品。如國防、外交、天氣預報等。純公共物品必須以不擁擠為前提，否則隨著消費者數量的增加會影響他人的消費，從而影響公共物品的性質。如節日期間，免費的露天廣場就會由於擁擠而具有了競爭性。

2. 準公共物品

準公共物品（Quasi Public Goods）是指具有不完全排他性和競爭性的產品。準公共物品又分為兩類：一類是具有非競爭性和排他性的物品，稱為俱樂部物品，如有線電視、社區綠化等；一類是具有非排他性和競爭性的物品，稱為公共資源，如公海中的魚類資源、擁擠的免費道路等。

與公共物品相對的物品是私人物品（Private Goods），它是指既具有排他性又具有競爭性的產品，如家具、自行車等。由此，我們可以將物品的分類用表 10-1 來表示：

表 10-1　　　　　　　　　　　物品的分類

	非排他性	排他性
競爭性	公共資源	私人物品
非競爭性	純公共物品	俱樂部物品

[案例 10-5]「搭便車者」一詞的由來

「搭便車者」一詞的英文是「Free Rider」，它來源於美國西部城市道奇城的一個故事。當時，美國西部到處是牧場，大多數人以放牧為生。在牧場露天圈養的大量馬匹對一部分人產生了誘惑，於是出現了以偷盜馬匹為業的盜馬賊。在道奇城這個城市，盜馬賊十分猖獗。為避免自己的馬匹被盜，牧場主就聯合組織了一支護馬隊伍，每個牧場主都必須派人參加護馬隊伍並支付一定的費用。但是，

不久就有一部分牧場主退出了護馬隊，因為他們發現，即使自己不參加，只要護馬隊存在，他就可以免費享受別的牧場主給他帶來的好處。這種個別退出的人就成了「Free Rider」（自由騎手）。後來，幾乎所有人都想通過自己退出護馬隊伍來占集體的便宜。於是，護馬隊解散了，盜馬賊又猖獗起來。後來，人們把這種為得到一種收益但避開為此支付成本的行為稱為「搭便車」，這樣的人稱為「搭便車者」。

二、「搭便車」與市場失靈

公共物品的市場失靈表現為：公共商品將沒有人提供，或者說這種商品的市場根本就不存在。原因是：公共物品具有的特性所帶來的「搭便車」的現象。「搭便車」不支付任何成本而獲得某種收益或享受某種好處。公共物品的特性為「搭便車」提供了可能。

既然無法排除消費者的消費，那麼，一旦商品生產出來，消費者就可能「搭便車」，而試圖「搭便車」的人也不會為消費這種商品而支付任何成本。事實上，生產這種商品的人是無法向「搭便車」的人收取費用的，後者完全可以否認他消費了這種商品，或者說他根本不需要這種商品。因此，政府不可能以國防稅的形式來向每個消費者收取國防費用。

在有些小範圍的市場中，這種現象也會出現。例如，居民住宅的公用路燈是一種公共物品，路燈安裝之後，每個居民都可以使用而不可能被排除在外，而且為多向一個居民照亮樓道的邊際成本為零。在很多居民樓中，公共路燈是「聾子的耳朵——擺設」，因為沒有人願意花錢來點亮路燈。一旦安裝了路燈，你無法排除其他人使用，但又無法向其他人收取費用。這就是市場機制無法解決的問題，在這種情況下，路燈這種商品的供給量為零。

那麼，從社會角度來看，或者從效率角度來看，公共物品的產出是否應該為零？答案是否定的。國防是每個國家都必需的，燈塔對於航海者是必不可少的，而居民樓道裡的路燈不僅將方便出入樓房，而且還對治安有重要作用。

因為公共物品生產出來之後，多向一個消費者提供這種物品的邊際成本為零，那麼，按照完全競爭條件下利潤最大化的原則，價格應等於邊際成本，也就是說，公共物品的價格應該等於零。由此產生一個悖論，公共物品應該生產，但生產成本是無法收回的，不僅因為存在「搭便車」的現象，也因為有效率的價格應該是零。

由於公共物品的生產是無法獲利的，而企業在市場經濟中生存與發展的基本動力是利潤，因此，企業是不會生產公共物品的。也就是說，在這種情況下，公共物品的市場供給為零。

三、解決途徑：政府為公共物品的生產做出安排

政府的安排可以有各種形式。像國防那樣的公共物品，由於其特殊的重要性，必須由政府自己來「生產」。政府通過稅收獲得資金，國防開支在政府支出中必須佔有足夠的比例，以此組織軍隊，構建起國防體系。稅收儘管不是絕對平均的，但卻絕對是強制性的，至少就國防開支部分來說可以這樣來理解。

對於那些公共道路的建設，政府通常也是直接的投資者。但某些地方道路則不一定由政府投資，有時也採取集資建設的方法。關鍵是，道路這種公共物品很容易改變其非排他的性質，只要設立一個收費站，就可以收取費用，因此其成本的回收並不是遙遙無期的。特別是，在某些情況下，道路建設甚至已經成為生財之道。這種高價索取「買路錢」的做法，實際上已經演變為壟斷定價，從而成為如我們所分析過的因壟斷而產生的市場失靈。對於這種壟斷定價，政府當然應該加以嚴格規制。

對於居民樓的路燈這種公共物品，通常應該由居民委員會或其他管理機構統一進行安裝和維護，當然，相關的成本應該由居民分攤。在這裡，社會公德是一種主要的約束。政府的作用有時也是十分重要的，如上海市政府在1998年推出的「亮燈工程」，就是一種較有成效的做法。

第五節　信息不對稱與市場失靈

信息不對稱指的就是市場交易雙方掌握的信息狀況不對等，掌握信息多的一方被稱為信息優勢方，掌握信息少的一方被稱為信息劣勢方。由於交易雙方的信息不對稱，價格不再是引導資源流動的明確信號，消費者可能以較高的價格購買到質量很差的商品；生產者可能生產出市場並不需要的產品。這樣一些潛在的、對雙方都有利的交易可能無法達成，或是即便達成，效率也不高。信息不對稱導致的均衡結果對社會來講將是一種無效率的狀況。信息不對稱可分為事前不對稱和事後不對稱。

Lemon（檸檬）在英語俚語中是「次品」的意思，當產品的賣方對產品質量

比買方有更多信息時，檸檬市場就會出現，低質量產品會不斷驅逐高質量產品。檸檬市場也稱次品市場，即在市場中，產品的賣方對產品的質量擁有比買方更多的信息。在極端情況下，市場會止步萎縮直至不存在，這就是信息經濟學中的逆向選擇。檸檬市場效應則是指在信息不對稱的情況下，往往好的商品遭到淘汰，而劣等品會逐漸佔領市場，從而取代好的商品，導致市場中都是劣等品。

在現實的經濟生活中，存在著一些和常規不一致的現象。本來按常規，降低商品的價格，該商品的需求量就會增加；提高商品的價格，該商品的供給量就會增加。但是，由於信息的不完全性和機會主義行為，有時候，降低商品的價格，消費者也不會做出增加購買的選擇，提高價格，生產者也不會增加供給的現象，所以，叫「逆向選擇」。

以二手車市場為例。在二手車市場，顯然賣家比買家擁有更多的信息，兩者之間的信息是非對稱的。買者肯定不會相信賣者的話，即使賣家說得天花亂墜。買者唯一的辦法就是壓低價格以避免信息不對稱帶來的風險損失。買者過低的價格也使得賣者不願意提供高質量的產品，從而低質品充斥市場。

「劣幣驅逐良幣」是檸檬市場的一個重要應用，也是經濟學中的一個著名定律。該定律是這樣一種歷史現象的歸納：在鑄幣時代，當那些低於法定重量或者成色的鑄幣——「劣幣」進入流通領域之後，人們就傾向於將那些足值貨幣——「良幣」收藏起來。最後，良幣將被驅逐，市場上流通的就只剩下劣幣了。當事人的信息不對稱是「劣幣驅逐良幣」現象存在的基礎。優質品被逐出市場，最後導致二手車市場萎縮。

道德風險是代理人簽訂合約後採用的隱藏行為，由於代理人和委託人信息不對稱，給委託人帶來損失。保險市場上的道德風險是指投保人在投保後，降低對所投保標的的預防措施，從而使損失發生的概率上升，給保險公司帶來損失的同時降低了保險市場的效率。

第六節　政府干預與政府失靈

一、政府干預

針對壟斷原因導致的市場失靈，政府干預的方式主要有：
1. 制定反壟斷法

例如，美國在 1890—1950 年，曾先後制定並頒布實施了《謝爾曼法

（1890年）、《克萊頓法》（1914年）、《聯邦貿易委員會法》（1914年）、《羅賓遜—帕特曼法》（1936年）、《惠特—李法》（1938年）、《塞勒—凱弗維爾法》（1950年）等反托拉斯法。這些法律可以起到削弱或分解壟斷企業、防止壟斷產生的目的。

2. 公共管制

政府對壟斷的管制主要是指政府對壟斷價格進行管制並進而影響到價格。價格管制就是使管制之下的壟斷廠商制定的價格等於邊際成本。這樣可以將壟斷造成的社會福利損失減少到最低限度，以實現資源的優化配置。

針對信息不對稱原因導致的市場失靈，政府干預的方式主要有：

1. 解決逆向選擇問題的措施

解決逆向選擇問題的措施一是由政府規定企業對自己出售的產品提供質量保證；二是由政府引導企業對自己出售的產品提供不同的產品包修年限；三是政府鼓勵企業對自己的產品樹立品牌，通過「聲譽」來分辨優質產品與劣質產品；四是政府鼓勵企業通過廣告等宣傳方式來區分優質產品與劣質產品；五是政府鼓勵企業實現產品標準化。

2. 解決道德風險問題的措施

解決道德風險問題的措施主要是一些制度安排：一是預付保證金；二是訂立合同；三是樹立品牌聲譽；四是實施效率工資。

二、政府失靈

1. 政府干預必須適度、有效

市場失靈為政府干預提供了基本依據，但是，政府干預也非萬能，同樣存在著「政府失靈」（Government Failure）的可能性。政府失靈一方面表現為政府的無效干預，即政府宏觀調控的範圍和力度不足或方式選擇失當，不能夠彌補「市場失靈」維持市場機制正常運行的合理需要。比如對生態環境的保護不力，缺乏保護公平競爭的法律法規和措施，對基礎設施、公共產品投資不足，政策工具選擇失當，不能正確運用行政指令性手段等，結果也就不能彌補和糾正市場失靈；另一方面，則表現為政府的過度干預，即政府干預的範圍和力度超過了彌補「市場失靈」和維持市場機制正常運行的合理需要，或干預的方向不對路，形式選擇失當，比如不合理的限制性規章制度過多過細，公共產品生產的比重過大，公共設施超前過度，對各種政策工具選擇及搭配不適當，過多地運用行政指令性

手段干預市場內部運行秩序，結果非但不能糾正市場失靈，反而抑制了市場機制的正常運作。

2. 導致政府失靈的根源

（1）政府的偏好。政府同個體一樣，也有自己的偏好和利益目標。當下級政府的目標與上級政府的政策出現矛盾時，它會做出與政策相悖的選擇，從而導致政府失靈。同時，政府在制定政策時，其偏好也起著重要作用，稍有不慎，出現失誤也會導致「政府失靈」。

（2）官員的素質。通常，官員的素質較經濟學家、科學家要低。因此，他們在制定和執行政策時往往存在不當之處；同時，有些官員把公共權力當作私人權力來滿足個人偏好，權錢交易、權權交易現象普遍，致使政府干預失效。

（3）利益集團的尋租行為。當政府制定政策時，利益集團的遊說活動、個體的尋租活動都會使得政府的決策偏離社會最優選擇，推出的政策往往只代表利益集團的利益而不是全社會的利益。當政府執行政策時，尋租活動會使得政策的執行效率或執行過程偏離政策本身。

（4）信息不對稱。當信息不對稱現象普遍存在時，政府不可能全面把握遇到的問題，這會使其政策自制定時就存在偏差，出現政府失靈。同時，信息不對稱還會影響政府對其各部門和代理人的監督，並會引起政策在傳遞過程中的耗散，從而導致政策在執行階段出現「政府失靈」。

（5）政府干預的成本與收益。由於意識形態等方面的影響，很難對政府干預的作用進行實證的評價。

（6）政府實行干預的法令、規章等都具有剛性，不能及時適應經濟的具體情況變化，從而導致政府對經濟干預的盲目性。

（7）政府某些干預行為的效率較低。與市場機制不同，政府干預首先具有不以直接盈利為目的的公共性。政府為彌補市場失靈而直接干預的領域往往是那些投資大、收益慢且少的公共產品，其供給一般是以非價格為特徵的，即政府不能通過明確價格的交換從供給對象那裡直接收取費用，而主要是依靠財政支出維持其生產和經營，很難計算其成本，因此缺乏降低成本、提高效益的直接利益驅動。其次，政府干預還具有壟斷性。政府所處的「某些迫切需要的公共產品（例如國防、警察、消防、公路）的壟斷供給者的地位」決定著只有政府才擁有從外部對市場的整體運行進行干預或調控的職能和權力。這種沒有競爭的壟斷極易使政府喪失對效率、效益的追求。最後，政府干預還需要具有高度的協調性。

政府實施調控的組織體系是由政府眾多機構或部門構成的，這些機構、部門間的職權劃分、協調配合、部門觀點，都影響著調控體系的運轉效率。

（8）政府干預易引發政府規模的膨脹。政府要承擔對市場經濟活動的干預職能，包括組織公共產品的供給、維持社會經濟秩序等，自然需要履行這一職能的相應機構和人員。柏林大學教授阿道夫·瓦格納早在19世紀就提出：政府就其本性而言，有一種天然的擴張傾向，特別是其干預社會經濟活動的公共部門在數量上和重要性上都具有一種內在的擴大趨勢，它被西方經濟學界稱為「公共活動遞增的瓦格納定律」。政府的這種內在擴張性與社會對公共產品日益增長的需求更契合，極易導致政府干預職能擴展和強化及其機構和人員的增長，由此而造成越來越大的預算規模和財政赤字，成為政府干預的昂貴成本。

三、公共政策的選擇

公共物品的提供影響到幾乎所有居民的生活，政府必須對公共物品的建立做出選擇，簡稱為公共選擇。公共選擇有兩個基本特點：①它建立在對消費者偏好充分瞭解的基礎上；②關於提供公共物品是集中做出的。其中，「多數票機制」是西方國家使用最廣泛的公共投票選擇的原則。

【經典習題】

一、名詞解釋

1. 公共物品
2. 私人成本和社會成本

二、選擇題

1. 如果某個產品市場存在外部正效應，那麼可以斷定（　　）。
    A. 邊際社會成本超過邊際私人成本
    B. 邊際私人成本超過邊際社會成本
    C. 邊際社會收益超過邊際私人收益
    D. 邊際私人收益超過邊際社會收益
2. 下面情況，（　　）具有正面的外部性。

A. 鋼鐵廠的爐渣，賣給水泥廠做原料，使水泥廠的成本降低

B. 企業培養工人，提高了他們的技能，幾年後，工人跳槽，新雇主受益

C. 世界石油增產，汽油降價，導致飛機票價格下降

D. 吸菸

3. 下列物品，（　　）是公共品。

　　A. 郵政服務　　B. 公共交通　　C. 公路建設　　D. 供應煤氣

4. 具有非排他性和競爭性的物品是（　　）。

　　A. 公共資源　　B. 私人物品　　C. 純公共物品

5. 周圍人吸菸會給你帶來危害屬於（　　）。

　　A. 生產正外部性　　　　B. 消費正外部性

　　C. 消費負外部性

6. 針對壟斷原因導致的市場失靈，政府干預的方式主要有（　　）。

　　A. 制定反壟斷法　　　　B. 實行「內部化」政策

　　C. 界定產權

三、簡答與論述

1. 為什麼在經濟調控中，光用市場或者政府手段都不行，要將二者有機結合起來？

2. 人們為了獲取象牙而捕殺大象，導致大象物種危機。為此許多國家通過禁止捕殺大象的法令，來保護這一物種；然而，人類每天都在大量地屠宰黃牛，卻不存在黃牛的物種危機。請用你所學的經濟學知識解釋這一現象。

3. 什麼是尋租？尋租有哪些特點？

4. 作圖並說明壟斷廠商對社會的福利損失。

5. 解釋「搭便車」的含義。它對公共產品生產有什麼影響？對於社會上的「搭便車」現象你怎麼看？提出你的解決建議。

6. 引起市場失靈的因素有哪些？請給出其原因和對策。

四、計算與證明

某企業的生產邊際成本為 $MC=3q$，其中 q 是該企業的產量。但該企業的生產所產生的污染給社會帶來的邊際成本為 $2q$，市場對該企業的產品的需求曲線為 $p=420-q$。

（1）如果該企業是個壟斷者，那麼企業的均衡產量是多少？價格是多少？

（2）考慮到污染成本，社會的最優產量應該是多少？

（3）現在，政府決定對每單位產品徵收污染稅，那麼稅率應該是多少才能夠使企業的產量與社會的最優產量相一致？

五、案例分析

污染問題

污染，由定義而論幾乎就是不受歡迎的。有許許多多的方法能減少或避免污染。可以通過法律禁止使污染物排放進入空氣和水的生產工序，或指定最低空氣質量水準，或公布所允許的最大污染限量。於是廠家將負責開發技術並為滿足此類標準而支付價錢。或者法律規定必須使用特定種類的生產技術和安裝特定種類的減少污染的設備，才能進行合法的生產。最後，可以向那些減少污染排放物的廠家予以補貼，或者向那些涉及污染排放的廠家課以特定的稅收。

無論使用何種方法減少污染，問題還是會出現。例如，設立允許排放的污染的物理限量，會使得廠家沒有積極性去開發能把污染降到這一限量之下的新技術。補貼降低污染水準廠家的方法，似乎會使人們感到對納稅人美元使用的異常和失當。對於空氣污染的最新「解決方案」——出售污染權利看起來似乎更加奇怪。然而，這一方法現正在大多數州中實施。有些人，像加利福尼亞州里士滿的斯圖爾特·魯普——一家環境諮詢公司的合夥人，他成為幫助各個公司交易排放污染的權利的經紀人。

要明白這種情形是如何出現的，我們就必須瞭解《聯邦清潔空氣法案》。這一法案是在1963年通過的，旨在強制減少污染，尤其是在美國的都市區域。通過環境保護署（EPA）的法規和規章，該清潔空氣法案向各個地區公布了指定的允許污染水準。這些所謂「聯邦空氣質量標準」必須在大多數主要都市地區達到。然而，在許多上述的這些地區，空氣質量已經很差。所以，一家希望在此類地區建立一家工廠的公司，從理論上說，是不能夠這樣做的，因為它對空氣質量具有有害的影響。如果指導方針得到嚴格的遵守，就意味著在許多城市地區不會再有進一步的工業增長。

環境保護署批准了一個抵消政策來繞過這一難題。一家想建新廠的公司被要求設法相應地減少某個現有廠家的污染。例如，當大眾汽車公司想在賓夕法尼亞州的新斯坦頓建立一家分廠時，賓夕法尼亞州同意了大眾在其鋪設高速公路的工

作中減少污染物的方案。這一污染的減少將抵消這家大眾汽車廠的污染。

抵消政策的一個主要難題涉及尋找抵消合作人的困難。換句話說，每當一個廠家要在已經被污染的地區建立一家新廠，它就必須獨自尋找一個同意減少污染（通常是在該搜尋公司對其進行支付補償之後）的抵消合作者。這便是進行污染權利經紀的概念得以實行的原因，也是斯圖爾特·魯普這類人得以工作效勞的原因。

一家關閉一個工廠或安裝改進了的污染控制設備的公司，可以因它淨化努力而獲得「排放額度」，該額度可以被另一廠家收買，由本行業商議其價格。例如，時代鏡業公司在它購買了排放額度（由此每年可向大氣環境中增加150噸碳氫化合物的額外排放）之後，得以在俄勒岡的波特蘭附近完成一項投資為1.2億美元的造紙廠擴建工程。一家木質面料廠和一家干洗公司關閉停業，他們以5萬美元的價格把所需的污染額度分出售給了時代鏡業公司。雇用一個中間商去尋找擁有排放額度並願將其出售的廠家，並不能解決抵消政策所帶來的所有問題。威斯康星州正在建立一種電腦系統以查詢跟蹤用於全國性交易體系的可獲得的額度。在伊利諾伊州，商會與州環境辦公室建立了一家清算所，來處理污染權利交易的市場事務。更多的此類中心肯定會迅速出現，因為有45個州已經接受了該規章，或者公布了允許某種形式空氣污染抵消的許可。

污染權利「銀行」的利益之一，如同它過去那樣，是為將污染水準降低到法律所許可的標準之下增加了激勵。一個相信它能以較為低廉的代價，進一步減少污染的廠家，會發現在某一點，另一廠家會對此類污染的減少支付代價，以便建立一家新廠。大概此類污染權利交易的市場會鼓勵對減少污染技術的進一步研究與開發。今天許多標準是建立在絕對的物理限量的基礎上，沒有給公司提供把污染降低到空氣質量標準以下的激勵。

(1) 買賣污染權利是否意味著我們正在允許我們的環境遭受更多的毀壞？

(2) 如果建立一家污染「銀行」，並且污染權利被出售給出價最高的競爭者，意味著誰將擁有空氣產權？

【綜合案例】電力公司的未來

許多年來，在美國提供電力的公司一直被認為是受管制的壟斷者。以下的文章描述了情況的變動：最後一個大壟斷者的結束。

正當美國人厭倦了電話公司的推銷計劃時，另一個行業進入晚餐電話促銷、一攬子折扣率和折扣券的競爭經營。電力公司親自登臺表演了。

自從愛迪生的第一個電燈泡問世以來，人們對電力供給實際上並沒有選擇的自由。但是在主要製造商這類大客戶的強烈要求之下，許多州已經開始取消對電力公司的限制，以希望競爭的激烈將達到政府管制者所未能顧及的方面——降低價格和改善服務。

在包括加州、紐約州和德克薩斯州的至少41個州中，已經採取或正在考慮在大多數情況下結束電力公司的壟斷、鼓勵建立公司和促進競爭的計劃。聯邦政府已經下令各公司向競爭的電力供給者開放線路，以便它們可以把低成本的電力輸送到各州……

是什麼促使美國這個最大的也是最後一個壟斷者全面解體呢？一般認為這個百年老產業的壟斷是理所當然的，因為只有少數幾家公司可以籌集到建立發電廠和輸電線路所需的資本。大公司一直在吞並小公司，提供許多經濟學家所認為的更有效率的服務。

但近幾年來，較低的燃料成本和新技術大大降低了建立和經營發電廠的成本，使新開創的小規模公司能比舊電力公司更廉價地提供電力。而且，精明的買者認識到了這種發展，也開始要求得到向獨立的供給者購買電力的許可。

雖然這種要求受到許多電力公司的抵制，但電力的高成本已成為一些地區的政治熱點問題——特別是東北部和加利福尼亞，以致立法機構和政府部門都熱衷於放鬆該行業的管制。

「電力也許將更便宜，」哈佛大學肯尼迪政府學院的威廉·W. 霍根（William W. Hogan）教授說，「但是，仍然有許多令人眼花繚亂的推銷手法，以至於人們將忘卻什麼是只有一家供給者的情景。」

正如大多數管制者設想的新制度一樣，現有的主要高壓輸電網仍然保持基本不變，由州政府機構或受管制的公司經營。要求這些公司應該向競爭的供給者開放它們的體系，這正與地方電話公司允許長途電話經營者以某種價格使用它們線路的方法一樣。

取消管制的地方將使該行業在這個系列的兩端出現新面貌。現在，電力公司控制了從頭到尾的電力供給，即建立發電廠，經營輸電線路，以及每家的電表服務。根據許多州的計劃，這個過程將分為包括三個不同公司系統的層次。

在一端將是發電公司，它們將在現貨市場上競爭地銷售電力，這就像商品交

換一樣。在另一端，零售供給者將批量地購買電力，並銷售給家庭和企業。在這兩者之間是線路公司，它將對使用它們線路的批發者與零售者收取費用。也許除了在那些不能吸引競爭的地區，批發與零售價格將由市場力量確定，而不由政府管制者決定。自由市場支持者說，競爭將使電力公司放棄或更新無效率的發電廠，並降低每個人的價格……

有一件事情看來是確定的：取消管制將經歷一場顧客爭奪戰，就像AT & T公司解散後通信行業所出現的情況一樣。

新罕布什爾州提供了未來的走勢。在這個州，有24家公司參與一項向少量企業和家庭出售電力的計劃。

到現在為止，結果可能只是資本家一頭熱。各公司用廣告、電話誘惑和禮品來「轟炸」潛在的買者。一家公司只要看到一個競爭者提供50美元的預訂金就提供了25美元的回扣支票。供給者提供免費的噴頭、樅樹以及年曆——甚至對拒絕它們業務的人也給禮品。幾家公司正推銷由水電廠生產的環境「清潔」型電力。而一家公司正計劃推出有信用卡和長途電話服務的一攬子電力服務。

（1）電力公司這樣做更好嗎？
（2）預測我們電力公司的未來。

第十一章 開放經濟中的管理經濟

【知識結構】

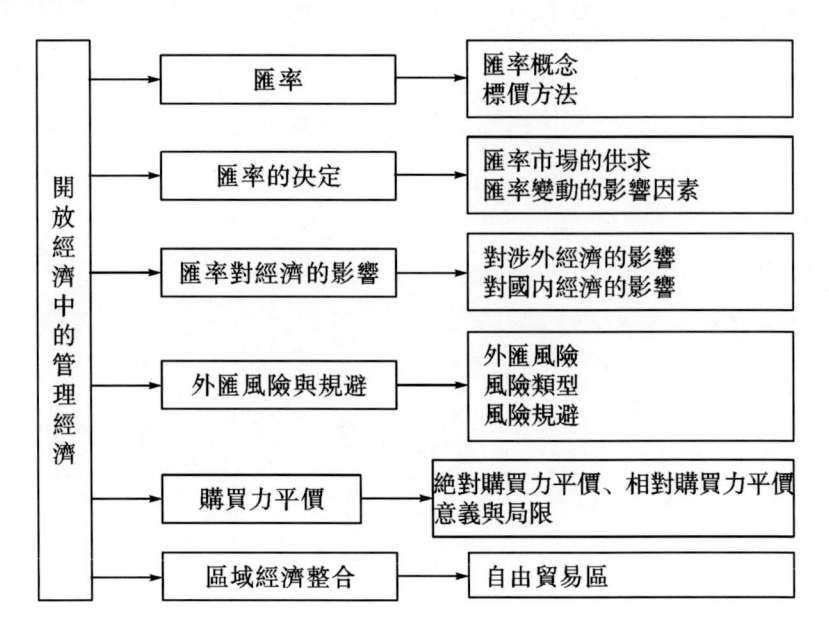

```
                    ┌─→ 匯率 ─────────────→  匯率概念
                    │                        標價方法
                    │
                    ├─→ 匯率的決定 ────────→ 匯率市場的供求
                    │                        匯率變動的影響因素
開
放                  ├─→ 匯率對經濟的影響 ──→ 對涉外經濟的影響
經                  │                        對國內經濟的影響
濟
中                  ├─→ 外匯風險與規避 ────→ 外匯風險
的                  │                        風險類型
管                  │                        風險規避
理
經                  ├─→ 購買力平價 ────────→ 絕對購買力平價、相對購買力平價
濟                  │                        意義與局限
                    │
                    └─→ 區域經濟整合 ──────→ 自由貿易區
```

【導入案例】 人民幣升值，外貿企業叫苦

人民幣升值對企業進口商品或者個人去海外消費是個利好，但卻讓從事出口的外貿企業叫苦不迭。

某服裝有限公司的總經理表示，自己公司大多數產品出口，與貿易夥伴一直以美元結算，一般與國外客戶提前一兩個月簽訂單，產品價格是按當時匯率定的，現在人民幣升值美元就貶值，這意味著最終入帳的錢按照現在的匯率換成人民幣後，收益明顯下降。「人民幣漲多少我就虧多少。」總經理無奈地說。

人民幣升值必然造成外貿企業出口困難，對擴大外需不利。一方面，人民幣升值將提高中國出口商品的外幣價格，直接削弱中國出口的價格競爭優勢。另一方面，外貿企業出口利潤空間進一步縮小，使得「有單不敢接」的現象較為突出。

第一節　匯率

一、匯率的概念

匯率（Exchange Rate）指一個國家或地區的貨幣用另一個國家或地區的貨幣所表示的價格，也就是用一個國家或地區的貨幣兌換成另一個國家或地區的貨幣時買進、賣出的價格。換句話說，匯率就是兩種不同貨幣之間的交換比率或比價，故又稱為「匯價」「兌換率」。

從匯率的定義可以看到，匯率是一個「價格」的概念，它跟一般商品的價格有許多類似之處，不過它是各國或地區特殊商品——貨幣的價格，因而這種「價格」也具有一些特殊之處。首先，匯率作為兩國或地區貨幣之間的交換比例，客觀上使一國或地區貨幣等於若干量的其他國家或地區貨幣，從而使一國或地區貨幣的價值（或所代表的價值）通過另一國或地區貨幣表現出來。而在一國或地區範圍內，貨幣是沒有價格的，因為價格無非是價值的貨幣表現，貨幣不能通過自身來表現自己的價值。其次，匯率作為一種特殊價格指標，通過對其他價格變量的作用而對一國經濟社會具有特殊的影響力。作為貨幣的特殊價格，作為本國或地區貨幣與外國或地區貨幣之間價值聯繫的橋樑，匯率在本國或地區物價和外國或地區物價之間起著一種紐帶作用，它首先會對國際貿易產生重要影響，同時也對本國或地區的生產結構產生影響，因為匯率的高低會影響資源在出口部門和其他部門之間的分配。除此之外，匯率也會在貨幣領域引起反應。匯率這種既能影響經濟社會的實體部門，同時又能影響貨幣部門的特殊影響力，是其他各種價格指標所不具備的。

二、匯率的標價方法

匯率的標價方法即匯率的表示方法。因為匯率是兩國或地區貨幣之間的交換比率，在具體表示時就牽涉以哪種貨幣作為標準的問題，由於所選擇的標準不同，便產生了三種不同的匯率標價方法。

（一）直接標價法（Direct Quotation）

這種標價法是以一定的外國或地區貨幣為標準，折算為一定數額的本國或地區貨幣來表示匯率，或者說，以一定單位的外國或地區貨幣為基準計算應付多少

本幣，所以又稱應付標價法（Giving Quotation）。在這種標價法下，外國或地區貨幣數額固定不變，總是為一定單位（一、百、萬等），匯率漲跌都以相對的本國或地區貨幣數額的變化來表示。一定單位外國或地區貨幣折算的本國或地區貨幣越多，說明外國或地區貨幣匯率上漲，即外匯升值；反之，一定單位外國或地區貨幣折算的本國或地區貨幣越少，說明外匯貶值，本幣升值。也就是說，在直接標價法下，匯率數值的變化與外匯價值的變化是同方向的，因此以直接標價法來表示匯率有利於本國投資者直接明瞭地瞭解外匯行情變化，它成為目前國際上絕大多數國家採用的標價方法。中國亦不例外，直接標價法的形式如表 11-1：

表 11-1　　　　　　　　　　人民幣外匯牌價　　　　　　　單位：人民幣元

貨幣	買入價（現匯）	買入價（現鈔）	賣出價
百美元（USD 或 US $）	638.32	633.20	640.88
百歐元（EUR）	728.11	705.61	735.43
百英鎊（GBP 或 £）	999.32	968.48	1,006.30
百港幣（HKD）	82.33	81.67	82.64
百瑞士法郎（CHF）	674.90	654.06	680.32
百日元（JPY 或 J¥）	5.257,9	5.095,7	5.294,9
百加拿大元（CAD 或 C $）	481.48	466.61	485.34
百澳大利亞元（AUD）	460.94	466.70	465.58

資料來源：中國銀行 2015/08/24 公布

（二）間接標價法（Indirect Quotation）

這種標價法是以一定單位的本國或地區貨幣為標準，折算為一定數額的外國或地區貨幣來表示其匯率。或者說，以本國或地區貨幣為標準來計算應收多少外國或地區貨幣，所以，它又稱應收標價法（Receiving Quotation）。在間接標價法下，本幣金額總是為一定單位而不變，匯率的漲跌都是以相對的外國或地區貨幣數額的變化來表示，一定單位本幣折算的外國或地區貨幣越多，說明本幣升值，外匯貶值；反之，一定單位本幣折算的外幣越少，說明本幣貶值，外匯升值。與直接標價法相反，在間接標價法下，匯率數值的變化與外匯價值的變化呈反方向。

目前在世界各國中主要是英國和美國採用間接標價法。英國採用間接標價法，一是因為英國資本主義發展比較早，當時倫敦是國際貿易和金融的中心，英鎊因而是國際貿易計價結算的標準，相應地，外匯市場主要交易貨幣是英鎊，在

間接標價法下，匯率數值變化與外匯價值變化成反方向關係，相反與本幣價值變化則呈同方向關係，因而英國採用間接標價法能使國際外匯市場的投資者直接明瞭英鎊的行情；二是因為英鎊的計價單位大，用 1 英鎊等於若干外國貨幣，在計算上比較方便；三是因為英國的貨幣單位在 1971 年以前一直沒有採取十進位制，而是二十進位制，用直接標價法表達匯率不直觀，計算起來十分不便，這樣由於長期以來的習慣，英國直至今日在外匯市場上仍然襲用間接標價法。美國過去採用直接標價法，後來由於美元在國際貿易上作為計價標準的交易增多，紐約外匯市場從 1978 年 9 月 1 日起改為間接標價法（僅對英鎊、澳大利亞元匯率仍沿用直接標價法），以便與國際上美元交易的做法一致。間接標價法的具體形式見表 11-2：

表 11-2　　2015 年 8 月 24 日紐約外匯市場行情表（1 美元合外幣）

貨幣	買入價	賣出價
挪威克朗	8.818,7	8.207,1
韓元	1,197.700,0	1,198.300,0
日元	121.090,0	121.130,0
瑞士法郎	0.942,0	0.943,2
土耳其里拉	2.956,9	2.959,3
港幣	7.753,3	7.754,2
墨西哥比索	17.088,0	17.109,0
加拿大元	1.324,0	1.324,6

(三) 美元標價法

美元標價法是以一定單位的美元為標準來計算應兌換多少其他各國或地區貨幣的匯率表示法。其特點是：美元的單位始終不變，匯率的變化通過其他國家貨幣量的變化來表現出來。這種標價方法主要是隨著國際金融市場之間外匯交易量的猛增，為了便於進行國際交易，而在銀行之間報價時通常採用的一種匯率表示方法。目前已普遍使用於世界各大國際金融中心，這種現象某種程度上反應了在當前的國際經濟中美元仍然是最重要的國際貨幣。美元標價法僅僅表現世界其他各國或地區貨幣對美元的比價，非美元貨幣之間的匯率則通過各自對美元的匯率進行套算。美元標價法的基本形式如表 11-2。

第二節　匯率的決定

匯率是一個國家特殊商品——貨幣的價格，其變動的基本特點與一般商品的價格變動一樣，以兩國貨幣之間的價值比率為基礎，隨著供求波動而相應升降，因此，認識匯率變動原因關鍵在於把握影響供求關係背後的因素，這些因素通過影響外匯市場的供求關係來影響一國的貨幣匯率。在具體分析這些因素之前，先瞭解一下外匯市場供求關係決定匯價的過程。

一、外匯市場供求關係決定匯率

外匯市場決定匯率的過程是這樣的：市場匯率是外匯需求等於供給時的均衡水平，當外匯的需求增加而供給不變時，外匯匯率上升；當外匯需求不變而供給增加時，外匯匯率下跌。

現在假定，外匯市場上只有一種外幣——美元。外匯的需求主要取決於進口商品和對外投資者對美元的需求。外匯的供給則取決於出口商和在本國投資的外國人對美元的供應。這種供求關係對匯率的影響過程可由圖11-1來表示。圖中縱軸 P 表示在直接標價法下外匯（美元）的匯率，橫軸 Q 表示一國所有國際經濟交易的外匯收入總額和外匯支出總額，即外幣美元的數量。曲線 S 是外匯美元的供給曲線，表示在外匯市場上，每一時期外匯持有人在各種可能的匯價上要用外匯購買本幣的數量，外匯供給曲線斜率為正，反應了外匯匯率越高，本國商品的國際競爭力越強，外國資本在本國的競爭力也越強，從而在外匯市場上的外匯供應就越多；曲線 D 是外匯美元的需求曲線，表示在外匯市場上，每一時期本幣持有人在各種可能的匯價上要用本幣購買外幣的數量，外匯需求曲線斜率為負，反應了外匯匯率越高，外匯需求就越少。

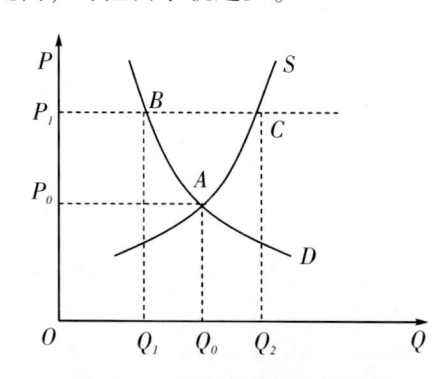

圖 11-1　外匯市場的供求均衡

現設均衡匯率為 P_0，均衡數量為 Q_0，均衡點為 A 點。若現在匯價偏離 P_0，而在 P_1 點，超過 P_0，於是外匯市場外匯需求量就下降為 Q_1，外匯供給量將增加到 Q_2，這樣就形成外匯供過於求，於是就出現數量為（Q_2-Q_1）的順差，但這只是暫時的現象，需求少，供給多，必然導致匯率下降，一直降到均衡點 A，匯價為 P_0 時，供給量和需求量相等，從而達到了市場均衡，同樣當匯價偏離 P_0 而較低時，也會因市場的作用回到均衡水平。

假若在某個時期某個因素發生變化使得外匯供給曲線和外匯需求曲線發生了偏移，如圖 11-2：

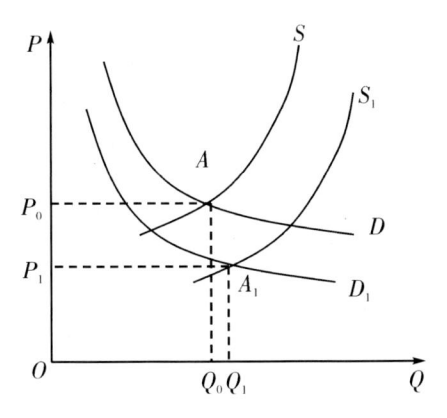

圖 11-2　外匯市場的供求變動

供給曲線往右下方移動，需求曲線往左下方移動，這樣原來均衡的匯率水平在新的外匯供求關係中已不適用，於是均衡匯率也會重新產生，如圖中 P_1。可見，在圖中影響匯率變動的因素就是通過移動外匯供給曲線和外匯需求曲線來體現的。

二、匯率變動的影響因素

一國外匯供求的變動要受到許多因素的影響，這些因素既有經濟的，也有非經濟的，而各個因素之間又有相互聯繫、相互制約甚至相互抵消的關係，匯率變動的原因極其錯綜複雜，主要影響因素有以下幾個方面：

（一）經濟因素

1. 國際收支狀況

國際收支是一國對外經濟活動的綜合反應，它對一國貨幣匯率的變動有著直接的影響。而且，從外匯市場的交易來看，國際商品和勞務的貿易構成外匯交易

第十一章　開放經濟中的管理經濟

的基礎,因此它們也決定了匯率的基本走勢。例如自20世紀80年代中後期開始,美元在國際經濟市場上長期處於下降的狀況,而日元正好相反,一直不斷升值,其主要原因就是美國長期以來出現國際收支逆差,而日本持續出現巨額順差。僅以國際收支經常項目的貿易部分來看,當一國進口增加而產生逆差時,該國對外國貨幣產生額外的需求,這時,在外匯市場就會引起外匯升值,本幣貶值;反之,當一國的經常項目出現順差時,就會引起外國對該國貨幣需求的增加與外匯供給的增長,本幣匯率就會上升。

2. 通貨膨脹率的差異

通貨膨脹是影響匯率變動的一個長期、主要而又有規律性的因素。在紙幣流通條件下,兩國貨幣之間的比率,從根本上說是根據其所代表的價值量的對比關係來決定的。因此,在一國發生通貨膨脹的情況下,該國貨幣所代表的價值量就會減少,其實際購買力也就下降,於是其對外比價也會下跌。當然如果對方國家也發生了通貨膨脹,並且幅度恰好一致,兩者就會相互抵消,兩國貨幣間的名義匯率可以不受影響,然而這種情況畢竟少見。一般來說,兩國通貨膨脹率是不一樣的,通貨膨脹率高的國家貨幣匯率下跌,通貨膨脹率低的國家貨幣匯率上升。特別值得注意的是通貨膨脹對匯率的影響一般要經過一段時間才能顯現出來,因為它的影響往往要通過一些經濟機制體現出來。

(1) 商品勞務貿易機制

一國發生通貨膨脹,該國出口商品勞務的國內成本提高,必然提高其商品、勞務的國際價格,從而削弱該國商品、勞務在國際上的競爭能力,影響出口和外匯收入。相反,在進口方面,假設匯率不發生變化,通貨膨脹會使進口商品的利潤增加,刺激進口和外匯支出的增加,從而不利於該國經常項目狀況。

(2) 國際資本流動渠道

一國發生通貨膨脹,必然使該國實際利息率(即名義利息率減去通貨膨脹率)降低,這樣,用該國貨幣所表示的各種金融資產的實際收益下降,導致各國投資者把資本移向國外,不利於該國的資本項目狀況。

(3) 心理預期渠道

一國持續發生通貨膨脹,會影響市場上對匯率走勢的預期心理,繼而有可能產生外匯市場參加者有匯惜售,待價而沽,無匯搶購的現象,進而對外匯匯率產生影響。據估計,通貨膨脹對匯率的影響往往需要經歷半年以上的時間才顯現出來,然而其延續時間卻較長,一般在幾年以上。

3. 經濟增長率的差異

在其他條件不變的情況下，一國實際經濟增長率相對別國來說上升較快，其國民收入增加也較快，會使該國增加對外國商品和勞務的需求，結果會使該國對外匯的需求相對於其可得到的外匯供給來說趨於增加，導致該國貨幣匯率下跌。不過在這裡注意兩種特殊情形：一是對於出口導向型國家來說，經濟增長是由出口增加推動的，那麼經濟較快增長伴隨著出口的高速增長，此時出口增加往往超過進口增加，其匯率不跌反而上升；二是如果國內外投資者把該國經濟增長率較高看成是經濟前景看好、資本收益率提高的反應，那麼就可能擴大對該國的投資，從而抵銷經常項目的赤字，這時，該國匯率亦可能不是下跌而是上升。中國就同時存在著這兩種情況，近年來尤其是 2003 年中國一直面臨著人民幣升值的巨大壓力。

4. 利率差異

利率高低，會影響一國金融資產的吸引力。一國利率的上升，會使該國的金融資產對本國和外國的投資者來說更有吸引力，從而導致資本內流，匯率升值。當然這裡也要考慮一國利率與別國利率的相對差異。如果一國利率上升，但別國也同幅度上升，則匯率一般不會受到影響；如果一國利率雖有上升，但別國利率上升更快，則該國利率相對來說反而下降了，其匯率也會趨於下跌。另外，利率的變化對資本在國家間流動的影響還要考慮到匯率預期變動的因素，只有當外國利率加匯率的預期變動率之和大於本國利率時，把資金移往外國才會有利可圖，也就是常說的「利率平價理論」。

一國利率變化對匯率的影響還可通過貿易項目發生作用。當該國利率提高時，意味著國內居民消費的機會成本提高，導致消費需求下降，同時也意味資金利用成本上升，國內投資需求下降。這樣，國內有效需求總水平下降會使出口擴大，進口縮減，從而增加該國的外匯供給，減少其外匯需求，使其貨幣匯率升值。不過在這裡需要重點強調的是，利率因素對匯率的影響是短期的，一國僅靠高利率來維持匯率堅挺，其效果是有限的，因為這很容易引起匯率的高估，而匯率高估一旦被市場投資者（投機者）所認識，很可能產生更嚴重的本國貨幣貶值風潮。例如，20 世紀 80 年代初期，里根入主白宮以後，為了緩和通貨膨脹，促進經濟復甦，採取了緊縮性的貨幣政策，大幅度提高利率，其結果使美元在 20 世紀 80 年代上半期持續上揚，但是 1985 年，伴隨美國經濟的不景氣，美元高估的現象已經非常明顯，從而引發了 1985 年秋天美元開始大幅度貶值的風潮。

5. 財政收支狀況

政府的財政收支狀況常常也被作為該國貨幣匯率預測的主要指標，當一國出現財政赤字，其貨幣匯率是升還是降主要取決於該國政府所選擇的彌補財政赤字的措施。一般來說，為彌補財政赤字一國政府可採取 4 種措施：一是通過提高稅率來增加財政收入，如果這樣，會降低個人的可支配收入水平，從而個人消費需求減少，同時稅率提高會降低企業投資利潤率而導致投資積極性下降，投資需求減少，導致資本品、消費品進口減少，出口增加，進而導致匯率升值；二是減少政府公共支出，這樣會通過乘數效應使該國國民收入減少，減少進口需求，促使匯率升值；三是增發貨幣，這樣將引發通貨膨脹，由前所述，將導致該國貨幣匯率貶值；四是發行國債，從長期看這將導致更大幅度的物價上漲，也會引起該國貨幣匯率下降。在這 4 種措施中，各國政府有可能選擇的是後兩種，尤其是最後一種，因為發行國債最不容易在本國居民中帶來對抗情緒，相反由於國債素有「金邊債券」之稱，收益高，風險低，為投資者提供了一種較好的投資機會，深受各國人民的歡迎，因此在各國財政出現赤字時，其貨幣匯率往往是看貶的。

6. 外匯儲備的高低

一國中央銀行所持外匯儲備充足與否反應了該國干預外匯市場和維持匯價穩定的能力大小，因而外匯儲備的高低對該國貨幣穩定起主要作用。外匯儲備太少，往往會影響外匯市場對該國貨幣穩定的信心，從而引發貶值；相反，外匯儲備充足，往往該國貨幣匯率也較堅挺。例如：1995 年 3 月至 4 月中旬國際外匯市場爆發美元危機，很重要的原因就是當時克林頓政府為緩和墨西哥金融危機動用了 200 億美元的總統外匯平準基金，動搖了外匯市場對美國政府干預外匯市場能力的信心。

(二) 心理預期因素

在外匯市場上，人們買進還是賣出某種貨幣，同交易者對今後情況的看法有很大關係。當交易者預期某種貨幣的匯率在今後可能下跌時，他們為了避免損失或獲取額外的好處，便會大量拋出這種貨幣，而當他們預料某種貨幣今後可能上漲時，則會大量地買進這種貨幣。國際上一些外匯專家甚至認為，外匯交易者對某種貨幣的預期心理現在已是決定這種貨幣市場匯率變動的最主要因素，因為在這種預期心理的支配下，轉瞬之間就會誘發資金的大規模運動。由於外匯交易者預期心理的形成大體上取決於一國的經濟增長率、貨幣供應量、利率、國際收支和外匯儲備的狀況、政府經濟改革、國際政治形勢及一些突發事件等很複雜的因

素。因此，預期心理不但對匯率的變動有很大影響，而且還帶有捉摸不定、十分易變的特點。

（三）信息因素

現代外匯市場由於通信設施高度發達，各國金融市場的緊密連接和交易技術日益完善，已逐漸發展成為一個高效率的市場，因此，市場上出現的任何微小的盈利機會，都會立刻引起資金大規模國際移動，因而會迅速使這種盈利機會歸於消失。在這種情況下，誰最先獲得有關能影響外匯市場供求關係和預期心理的「新聞」或信息，誰就有可能趁其他市場參加者尚未瞭解實情之前立即做出反應從而獲得盈利。同時要特別注意的是在預期心理對匯率具有很大影響的情況下，外匯市場對政府所公布的「新聞」的反應，也不僅取決於這些「新聞」本身是「好消息」還是「壞消息」，更主要取決於它是否在預料之中，或者是「好於」還是「壞於」所預料的情況。總之，信息因素在外匯市場日趨發達的情況下，對匯率變動已具有相當微妙而強烈的影響。

（四）政府干預因素

匯率波動對一國經濟會產生重要影響，目前各國政府（央行）為穩定外匯市場，維護經濟的健康發展，經常對外匯市場進行干預。干預的途徑主要有四種：①直接在外匯市場上買進或賣出外匯；②調整國內貨幣政策和財政政策；③在國際上發表表態性言論以影響市場心理；④與其他國家聯合，進行直接干預或通過政策協調進行間接干預等。這種干預有時規模和聲勢很大，往往幾天內就有可能向市場投入數十億美元的資金，當然相比目前交易規模超過1.2萬億的外匯市場來說，這無疑是杯水車薪，但在某種程度上，政府干預尤其是國際聯合干預可影響整個市場的心理預期，進而使匯率走勢發生逆轉。因此，它雖然不能從根本上改變匯率的長期趨勢，但在不少情況下，它對匯率的短期波動有很大影響。

按在干預匯市時是否同時採取其他金融政策，央行的干預一般被劃分為衝銷式干預和非衝銷式干預。非衝銷式干預就是指中央銀行在干預外匯市場時不採取其他金融政策與之配合，即不改變因外匯干預而出現的貨幣供應量的變化；反之，衝銷式干預就是指中央銀行在干預外匯市場的同時，採取其他金融政策工具與之配合，例如在公開市場上進行逆向操作，以改變因外匯干預而出現的貨幣供應量的變化。一般來說，由於非衝銷式干預直接改變了貨幣供應量，從而有可能改變利率以及其他經濟變量，所以它對匯率的影響是比較持久的，但會導致國內

其他經濟變量的變動，干擾國內金融政策目標的實現；衝銷式干預由於基本上不改變貨幣供應量，從而也很難引起利率的變化，所以它對匯率的影響是比較小的，但它不會干擾國內金融的其他政策目標的實現，不會犧牲宏觀經濟的穩定性。表 11-3 列出了僅考慮以公開市場操作為政策工具與外匯干預相搭配的八種類型。

表 11-3　　　　　外匯市場操作和公開市場操作的搭配

類型	外匯操作	公開市場操作
緊—緊	賣出外匯	賣出債券
松—松	買入外匯	買入債券
緊—松	賣出外匯	買入債券
松—緊	買入外匯	賣出外匯
緊—0	賣出外匯	不變
松—0	買入外匯	不變
0—緊	不變	賣出債券
0—松	不變	買入債券

第三節　匯率變動對經濟的影響

匯率變動從根本上說取決於一國國際收支和經濟發展的狀況，但實際上，匯率的變動在很大程度上受到該國匯率政策的影響，即出於一定的目的，該國政府有意識地促使本國貨幣貶值或升值，因為貨幣匯率的變動對一國經濟會產生廣泛的影響，有有利的方面，也有不利的方面，而該國決策層往往為了某些方面的目標，而促使匯率朝有利的方向移動，因此有必要對匯率變動的經濟效應作些具體的分析。匯率變動大致有兩個方向，即升值或貶值，二者的影響如水中倒影正好相反。本節以貶值為例進行分析。

一、匯率貶值對一國涉外經濟的影響

1. 匯率貶值將鼓勵出口，限制進口，從而在一段時期之後可能改善該國的貿易收支

一國貨幣匯率下跌，一方面可降低該國出口商品的外幣價格，提高出口商品的價格競爭力，擴大國外市場對該國出口產品的需求；另一方面對出口商來說，

出口產品外幣價格適當下降不僅不會降低其本幣利潤，相反，會提高其本幣利潤，因而刺激出口商出口的積極性，這樣，出口規模就可擴大。相反，對於進口來說，會導致進口商品的本幣價格上升，減少進口商品在國內市場的競爭能力，抑制本幣貶值國對這些進口商品的需求，從而進口減少。所以貶值有利於一國擴大出口，限制進口，這是貶值最重要的影響，也是一國貨幣當局降低本幣對外匯率經常考慮的方面。

2. 貶值可以促進本國旅遊事業和勞務出口的發展

貶值以後，外國貨幣的購買力相對提高，貶值國的商品、勞務、交通、導遊和住宿等費用，按外幣來表示，就變得便宜了，這對外國遊客來說增加了吸引力，因此能促進貶值國的旅遊和有關行業收入的增加。但同樣有一個彈性問題，匯率下跌，一方面有可能增加外來旅遊人數，另一方面每個旅遊者所花費的外幣卻會減少，因而匯率下跌對旅遊外匯收入的影響效果要視彈性大小而定。貶值對勞務及其他無形貿易收支的影響也大致如此。

3. 貶值將可能減少單方面轉移項目的外匯收入

一國貨幣匯率貶值後，如果該國的國內物價不變，單位外幣所能換到的本國貨幣增加，即同樣數量的本國貨幣現在只需要較少的外幣就可以了。因此，僑民匯回的贍家費用和贈款，如以外幣來計算就有可能減少。當然，實際上決定僑匯數量的多少，主要還在於雙方的關係及匯款人的經濟能力。

4. 貶值將會鼓勵長期資本流入，從而改善一國資本項目的收支狀況

一國匯率下跌可使同量的外幣投資購得比以前更多的勞務和生產原料，所以可能吸引更多的國外資本內流，不過，在既定利潤條件下，匯率下跌也會使外商匯回國內的利潤減少，因而外商會有不願追加投資或抽回投資的可能。由此可見，在其他條件不變的情況下，一國匯率下跌最終是否有利於吸引外資，主要取決於外商的投資結構，或者說取決於匯率下跌前後外商獲利大小的比較。

5. 匯率貶值可能導致短期資本外逃，從而惡化一國的國際收支狀況

匯率下跌以後，以貶值國貨幣計值的金融資產的相對價值就下跌，為了躲避貨幣貶值的損失，便會發生「資本抽逃」現象，使大量的資金移往國外。同時，由於貶值會造成一種通貨膨脹預期，即人們預計該國貨幣會進一步下跌，從而造成投機性資本的外流。例如，1994年年底爆發的墨西哥金融危機主要的原因就是墨西哥貨幣比索法定貶值後引發了大規模的短期資本外逃。

綜合以上五個方面的分析，可以得出一個一般性的結論：一國貨幣貶值有利

於該國從事涉外經濟活動，從而有利於改善國際收支狀況。事實上，許多國家在國際收支出現逆差的情況下，往往採用促使其貨幣匯率貶值的方式來調節。

二、匯率貶值對一國國內經濟的影響

貶值在一國涉外經濟活動產生重大影響的同時，對其國內經濟也會產生重大的影響，這種影響一般通過國內物價、貨幣供求狀況和收入變動等渠道發生。通過這種影響，貶值不可避免地會影響到一國的國內經濟結構、資源配置和收入分配等，從而對其整個國內經濟狀況產生深遠的影響。

1. 貨幣匯率貶值會給一國通貨膨脹帶來壓力，引起物價上漲

（1）從進口的角度來看，匯率貶值會導致進口商品本幣價格的提高，若進口的是原材料、中間產品，則會導致國內用這些原材料、中間產品進行生產的商品成本提高，進而使這些商品的價格上升，引發成本推進型通貨膨脹。若進口的是消費品等製成品，一方面本身會帶來消費市場物價上漲，另一方面會對國內相同的產品帶來示範效應，提高銷售價格。

（2）從出口角度來看，匯率貶值帶動出口增加，而一國生產的擴大在短期內有一定的困難，因而會加劇國內市場的供求矛盾，從而引起出口商品國內價格的飛漲，尤其是當出口的產品本來就是國內短缺的初級產品，那將會對國內製成品以至相關產品的物價上漲產生壓力。

（3）從貨幣發行量來看，匯率貶值可增加一國外匯收入，改善外匯收支狀況，從而該國的外匯儲備也會有一定程度的增加，而外匯儲備增加的另一面是一國中央銀行增加發行相同價值的本幣，因而匯率貶值會擴大一國貨幣的發行量。這顯然也會給通貨膨脹帶來壓力。例如，1994年中國貨幣供應量超常增長，其主要原因就是1994年年初的人民幣匯率並軌，外匯收入劇增，進而外匯儲備高速增長。

2. 匯率貶值會對國內利率水平產生影響

匯率貶值對國內利率水平的影響具有雙重性：一方面，從貨幣供應量的角度，本幣貶值會鼓勵出口、增加外匯收入、本幣投放增加；減少進口，外匯支出減少，貨幣回籠也會減少。因此，匯率貶值會擴大貨幣供應量，促使利率水平下降。另一方面，從國內居民對現金的需求來看，由於在貶值的情況下，物價普遍上漲，因而人們手中所持現金的實際價值下跌，因此就需要增加現金持有額才能維持原先的實際需要水平。這樣整個社會的儲蓄水平就會下降，同時一些人會把

原先擁有的金融資產換成現金，導致金融資產的價格下降，這樣國內利率水平會由此趨於上升。因此匯率貶值究竟是提高還是降低一國的利率水平，要看各國的具體情況而定。不過，一般來說，後面一種趨勢要比前面一種強，即對於一般的國家來說，匯率貶值隨之而來的總是利率上升。

3. 匯率貶值可以加快一國經濟的增長，擴大就業水平

只要一國匯率下跌能夠起到增加出口的作用，就會帶動國民經濟的增長和勞動就業的增加。出口所增加的國民收入中有一部分用於購買本國產品，出口就會對國民收入和就業的增加起連鎖的推動作用。同樣，只要一國匯率下跌，進口價格上漲，一些消費者把原要購買進口商品的支出轉移到購買本國生產的商品上，這樣就會產生與出口增加同樣的作用，增加國民收入。

但是，匯率貶值鼓勵出口，限制進口，從而帶動國民收入的倍增是有條件的：其一，匯率下跌前，國內有閒置生產資料，有剩餘勞動力。只有這樣，出口增加或進口減少形成的國內商品需求的增加可以使閒置的資源得到利用，從而對經濟增長和勞動就業的增加起到推進作用。其二，該國不能是嚴重依賴進口或資源稀缺，否則進口對生產能力的提高變得至關重要，如果匯率貶值削減了進口，就會構成對經濟增長的巨大限制，同時進口生產資料價格上漲，使生產成本上升，企業利潤減少，結果導致經濟增長速度下降，這時進口減少不是促進經濟的增長，而是阻礙經濟的增長。

4. 匯率貶值會實現一國資源的重新配置，從而促使其生產結構升級

匯率貶值之所以會影響一國的資源配置，關鍵在於匯率貶值對一國不同行業會產生不同的影響，具體表現如下：

第一類，出口行業，即生產出口產品的行業。由於匯率貶值可以鼓勵出口，提高出口企業的本幣利潤，因而貶值對該行業是非常有利的。

第二類，進口替代行業，即生產進口替代產品的行業。貨幣匯率貶值可以提高進口產品的本幣價格，限制進口，進口替代產品在國內市場的價格就顯得較低，消費者傾向於購買更多的替代產品，這樣就可提高進口替代行業的利潤。

第三類，以貿易產品為原材料、中間產品的生產行業。由於匯率貶值會提高貿易產品的本幣價格，因而這些行業的生產成本會因此而提高，這樣一來就會使該行業的利潤下降。

第四類，內向型企業，即與國際市場基本上無聯繫的行業，比如建築業、農業等。由於這些行業從投入到產出都與國際市場聯繫較少，因而匯率貶值對其利

潤影響不大。

綜合以上情況，在一國貨幣匯率貶值後，投資者為了追求高額利潤，首先會把資本從後兩類行業轉移出來投資於前兩類行業，接著勞動力也會實現類似的轉移，當然勞動力的轉移很大部分也是為了追求高工資，但還有一部分是因為屬於後兩類的一些企業的倒閉而遊離出來被迫轉移，從而實現了一國資源的重新配置。產業結構也因此而發生變化。根據各國的情況，一般來說，前兩類行業屬於資本技術密集型企業，是屬於較高級行業，而後兩類行業大都屬於勞動密集型行業，因而匯率貶值對產業結構的影響是使其不斷升級、優化。

5. 貶值可以實現一國國民收入的重新再分配

貶值對一國國民收入重新再分配的影響可從兩個方面來考慮：首先，考慮行業之間收入再分配。在一國貨幣貶值後，該國生產資源會重新配置，生產結構會調整，其中就出現擴張性的部門（或行業）和收縮性部門（或行業）之分。在擴張性部門密集使用的生產要素如資本可以得到更多的利益；在收縮性部門密集使用的生產要素（如勞動）相應地就會有所損失。這樣，資本的所有者（資本家）會因此而獲利，而勞動的所有者（勞動工人）則會受損。其次，擴張性部門內部會出現收入再分配，在貶值後，由於出口產品、進口替代產品的國內價格上漲，所以生產這些商品的企業的利潤會有所增加。但在這一過程中，工人的工資不可能立即跟著增加，而出現一部分收入從工人轉移到資本家手中的情況。總之，匯率貶值對一國國民收入分配的影響會加劇富者越富、窮者越窮的兩極分化。

匯率變動對不同的國家或對同一國家的不同時期而言，產生的經濟影響的相對重要性可能很不一樣。在有的國家，一段時間內可能以某些影響為主，而在另一段時間內可能是以另一些影響為主。而在別的國家則可能與此大不相同，甚至完全相反。也可能匯率變動的某些經濟影響在一些國家中非常強烈，在別的國家則很弱，甚至根本沒有。例如，在某些發達國家，匯率變動會極大影響國內金融資產吸引力，促使公眾改變手中所持國內金融資產和外國金融資產的結構；而在大部分發展中國家，由於國內沒有證券市場或者證券市場不完善，公眾不能自由地購買外國的證券或其他投資工具，因而匯率變動的這方面影響非常小。

第四節　外匯風險與規避

一、外匯風險

外匯風險（Foreign Exchange Risk）指兩國貨幣匯率的變動給交易雙方中任何一方可能帶來的損失或收益。通常將承受外匯風險的外匯金額稱為「受險部分」或「暴露」（Exposure）。也就是說，如果做定量分析的話，可通過分析外匯的暴露程度來判斷外匯風險的大小。例如，如果某跨國公司資金部的一位負責人稱他們在歐元方面有 100 萬美元的正暴露，那就是說，歐元若升值 10%，該公司將受益 10 萬美元；歐元若貶值 10%，該公司將會損失 10 萬美元，因此，暴露的這部分外匯，就處於風險狀態。從這裡我們也可以看出外匯交易之所以會產生風險是因為有一部分外匯頭寸處於暴露狀態，即因為有外匯暴露才產生了外匯風險，同時，外匯暴露程度是確定的，而外匯風險程度是不確定的。

需要注意的是，在我們日常實際活動中，對外匯風險的理解習慣於從風險的主體出發，也就是說從主體損失的可能性來進行分析和研究。因此，當我們在表述外匯風險時，主要是指在一定時期內，在持有或運用外匯的場合，因匯率變動而給有關主體帶來損失的可能性。

外匯風險的構成要素有三：一是本幣，因為本幣是衡量一筆國際經濟交易效果的共同指標，外幣的收付均以本幣進行結算，並考核其經營成果；二是外幣，因為任何一筆國際經濟交易必然涉及外幣的收付；三是時間，這是因為，國際經濟交易中，應收款的實際收進、應付款的實際付出、借貸本息的最後償付，都有期限，即時間因素。在確定的期限內，外幣與本幣的折算匯率可能會發生變化，從而產生外匯風險。

二、外匯風險的類型

1. 外匯買賣風險

外匯買賣風險是指由於外匯交易而產生的匯率風險。這種風險是以一度買進或賣出外匯，將來又必須賣出或買進外匯為前提而存在的。例如，把 1 歐元 = 1.208,2 美元的匯率買進的歐元以 1 歐元 = 1.207,1 美元賣出，1 個歐元的交易就會發生 0.001,1 美元的買賣虧損，蒙受這種損失的可能性在當初進行外匯交易時

就產生了，這就是外匯買賣風險。

銀行的外匯風險主要是外匯買賣風險，因為外匯銀行的交易幾乎都是外匯買賣，即外幣現金債權的買賣。銀行以外的企業有時也面臨外匯買賣風險，它主要存在於以外幣進行借貸款或伴隨外幣借貸而進行外幣交易的情況之中。

2. 交易結算風險（Transaction Risks）

交易結算風險是指以外幣計價或成交的交易，由於外幣與本幣的比值發生變化而引起虧損的風險，即在以外幣計價成交的交易中，因為交易過程中外匯匯率的變化使得實際支付的本幣現金流量變化而產生的虧損。這種外匯風險主要是伴隨著商品及勞務買賣的外匯交易而發生的，並主要由進行貿易和非貿易業務的一般企業承擔。具體來說，可將這些交易分成兩大類：一類是企業資產負債表中所有未結算的應收應付款所涉及的交易活動和以外幣計價的國際投資和信貸活動；另一類是表外項目所涉及的、具有未來收付現金的交易，如遠期外匯合約、期貨買賣及研究開發等。

在國際經濟貿易中，貿易商無論是以即期支付還是延期支付都要經歷一段時間，在此期間匯率的變化會給交易者帶來損失，從而產生交易結算風險。

［案例11-1］中國出口商輸出價值為10萬美元的商品，在簽訂合同時匯率為US＄1＝RMB￥8.30，出口商可收83萬元人民幣貨款，而進口商應付10萬美元。若三個月後才付款，此時匯率為US＄1＝RMB￥8.20，則中國出口商結匯時的10萬美元只能換回82萬元人民幣，出口商因美元下跌損失了1萬元人民幣。相反，結匯時若以人民幣計價，則進口商支付83萬元人民幣，需支付10.12萬美元。

交易結算風險還有可能產生於外幣計價的國際投資和國際借貸活動。比如投資者以本國貨幣投資於某種外幣資產，如果投資本息收入的外幣匯率下跌，投資實際收益就會下降，使投資者蒙受損失。再比如，從國際資本借貸中的借款者來看，借入一種外幣需換成另一種外幣使用，或償債資金的來源是另一種貨幣，則借款人就要承擔借入貨幣與使用貨幣或還款來源之間匯率變動的風險，若借入貨幣的匯率上升，就增加借款成本而有受損之可能。

3. 會計風險（Accounting Risks）

會計風險又稱外匯評價風險或折算風險，它是指企業進行外幣債權、債務結算和財務報表的會計處理時，對於必須換算成本幣的各種外匯計價項目進行評議所產生的風險。企業會計通常是以本國貨幣表示一定時期的營業狀況和財務內容

的，這樣，企業的外幣資產、負債、收益和支出，都需按一定的會計準則換算成本國貨幣來表示，在換算過程會因所涉及的匯率水平不同、資產負債的評價各異，損益狀況也不一樣，因而就會產生一種外匯評價風險。

[案例11-2] 日本一家跨國公司在美國的子公司於2004年年初購得一筆價值為10萬美元的資產，按當時匯率 US＄1＝J￥110.00，這筆美元價值為1,100萬日元，到2004年年底，日元匯率上升到 US＄1＝J￥100.00，於是在2004年年底給跨國公司的財務報表上，這筆美元資產的價值僅為1,000萬日元，比開始時的資產價值減少了100萬日元。可見，折算風險的產生是由於折算時使用的匯率與當初入帳時使用的匯率不同，從而導致外界評價過大或過小。

4. 經濟風險（Economic Risks）

經濟風險是指由於未預料的匯率變化導致企業未來的純收益發生變化的外匯風險。風險的大小取決於匯率變化對企業產品的未來價格、銷售量以及成本的影響程度。一般而言，企業未來的純收益由未來稅後現金流量的現值來衡量，這樣，經濟風險的受險部分就是長期現金流量，其實際國內貨幣值受匯率變動的影響而具有不確定性。比如，當一國貨幣貶值時，出口商可能因出口商品的外幣價格下降而刺激出口，從而使出口額增加而獲得收益。但另一方面，如果出口商在生產中所使用的主要原材料是進口品，因本國貨幣貶值會提高以本幣表示的進口品的價格，出口品的生產成本又會增加，其結果有可能使出口商在將來的純收益下降，這種未來純收益受損的潛在風險即屬於經濟風險。

經濟風險的分析是一種概率分析，是企業從整體上進行預測、規劃和進行經濟分析的一個具體過程，其中必然帶有主觀成分。因此，經濟風險不是出自會計程序，而是來源於經濟分析。潛在的經濟風險直接關係到海外企業經營的效果或銀行在海外的投資收益，因此對於一個企業來說經濟風險較之其他外匯風險更為重要。分析經濟風險主要取決於預測能力，預測是否準確直接影響生產、銷售和融資等方面的戰略決策。

5. 儲備風險（Reserve Risks）

外匯業務活動交易者不論是國家政府、外匯銀行還是企業，為彌補國際收支和應付國際支付的需要，都需要有一定的儲備，其中相當大的部分是外匯儲備。在外匯儲備持有期間，若儲備貨幣匯率變動引起外匯儲備價值發生損失就稱之為儲備風險。在一般情況下，外匯儲備中貨幣品種適當分散，保持多元化，根據匯率變動和支付需要，隨時調整結構，使風險減小到最低限度。

管理實踐 11-1　外匯風險的規避

外匯風險規避方法又大致可以分為兩大類：事前和事後。事前稱為外匯風險的防範，主要是通過改善企業內部經營來實現；事後稱為外匯風險的轉嫁，主要是利用外匯市場金融資產的交易來實現。

（一）事前外匯風險的防範措施

1. 準確預測匯率變動的長期趨勢

做好匯率預測工作，掌握匯率變動趨勢，便於在國際收付中正確選擇和使用收付貨幣。

2. 正確選用收付貨幣

在對外經濟交易中，計價貨幣選擇不當往往會造成損失。正確選擇計價收款貨幣對於國際經濟業務相當重要。一般的原則是：①計價收付貨幣必須是可兌換貨幣。自由兌換貨幣可隨時兌換成其他貨幣，既便於資金的應用和調撥，又可在匯率發生變動時，便於開展風險轉嫁業務，從而達到避免轉移匯率風險的目的。②收硬付軟原則，即在出口貿易中，力爭選擇硬貨幣來計價結算，而在進口貿易中，力爭選擇軟貨幣計價結算。但是在實際業務中，貨幣選擇並不是一廂情願的事，因為交易雙方都想選擇對自己有利的貨幣，從而將匯率的風險轉嫁給對方。因此，交易雙方在計價貨幣的選擇上往往產生爭論，甚至出現僵局。為打開僵局，促使成交，使用「收硬付軟」原則要靈活多樣。比如說可通過調整商品價格的方法，把匯率變動的風險計進商品的價格中，同時還可採取軟硬對半策略等。③要綜合考慮匯率變動趨勢和利率變動趨勢。這主要是指在國際市場上籌集資金時，低利率債務不一定就是低成本債務，高利率債務也不一定就是高成本債務。

[**案例 11-3**] 有 A、B 兩筆債務，A 債務以美元計價，年利率為 12%，B 債務以日元計價，年利率為 8%，而美元匯率將貶值 4%，日元匯率將升值 4%，這樣 A 債務的實際利率是 8%，而 B 債務的實際利率為 12%，因而，實際上 B 債務的成本比 A 債務的成本高。

3. 國際經營多樣化

國際經營多樣化是防範外匯風險中經濟風險的一種基本策略，它是企業在國際範圍內將其原料來源、產品生產及其銷售採取分散化的策略。當匯率變動時，企業就能通過其在某些市場競爭優勢的增強來抵消在另一些市場的競爭劣勢，從

而消除經濟風險。例如，對原材料的需求不是僅依賴於一至兩個國家或市場，而是擁有多個原材料的供應渠道，即使由於某個國家貨幣匯率變化而使得原材料價格上漲，也不至於使生產成本全面提高而降低產品在國際市場的競爭力。企業產品的分散銷售還可以在匯率變動時，使得不同市場上產品的價格差異帶來的風險相互抵消。

4. 籌資分散化或多樣化

籌資分散化也是防範外匯風險中經濟風險的一種基本策略，它是指企業從多個資本市場以多種貨幣形式獲得借貸資金。通過這種多渠道、多貨幣的籌資，可分散匯率、利率變化的風險，比如以日元一種貨幣籌資，籌資者就承受了日元匯率變動的全部風險，如果日元升值，其還本付息的負擔就會加重，籌資成本提高，如果以美元、日元、德國馬克等多種貨幣籌資，由於這些貨幣比價互有升降，就可以減少或抵消匯率變動帶來的風險。

(二) 事後外匯風險的轉嫁措施

1. 提前或推遲外匯收付

提前或推遲外匯收付是根據對匯率的預測，對在未來一段時期內必須支付和收回的外匯款項採取提前或推遲結算的方式以減少交易風險。

提前是在規定時間之前結清債務或收回債權；滯後是在規定時間已到時，盡可能推遲結清或收回債權。一般而言，如果預計計價結算貨幣的匯率趨跌，那麼出口商或債權人就應設法提前收匯，以避免應收款項的貶值損失，而進口商或債務人則應設法推遲付匯。反之，如果預計計價結算貨幣的匯率趨升，出口商或債權人則應盡量推遲收匯，進口商或債務人則應盡量設法提前付匯。

不過值得注意的是：提前或推遲收付所依據的是進出口商對匯率的預測。預測準確不僅能避免外匯風險，而且能額外獲益；若預測失誤，將受到損失，因此帶有投機性質。另外，在實際收付過程中，進出口商單方面提前或推遲收付外匯並非易事，因為要受到合同約束、外匯管制、國內信用規定等方面的限制。

2. 資產負債表保值

資產負債表保值是避免會計風險的主要措施，它是通過調整短期資產負債結構，從而避免或減少外匯風險的方法。

資產負債表保值的基本原則是：如果預測某種貨幣將要升值，則增加以此種貨幣持有的短期資產，即增加以此種貨幣持有的現金、短期投資、應收款、存貨等等，或者減少以此種貨幣表示的短期負債，或者兩者並舉。反之，若預測某種

貨幣將要貶值，則減少以此種貨幣持有的資產，或增加以此種貨幣表示的負債，或兩者並舉。

3. 債務淨額支付

債務淨額支付是指跨國公司在清償其內部交易所產生的債權債務關係時，對各子公司之間、子公司與母公司之間的應付款項和應收款項進行劃轉與衝銷，僅定期對淨額部分進行支付，以此來減少風險性的現金流動，這種方法又稱軋差或沖抵。它具體包括雙邊債務淨額支付和多邊債務淨額支付兩種情形。前者是指在跨國公司體系兩個經營單位之間定期支付債務淨額的辦法，後者是指在三個或三個以上經營單位之間定期支付債務淨額的方法。

[案例 11-4] 在某跨國公司的淨額支付期間，法國子公司欠英國子公司等值於 500 萬美元的英鎊，英國子公司欠義大利子公司等值於 300 萬美元的義大利里拉，義大利子公司欠法國子公司等值於 300 萬美元的法國法郎，則三個子公司之間的債權債務關係經過彼此沖抵後，只要求法國子公司向英國子公司支付相當於 200 萬美元的、某種預先商定的貨幣資金即可結清。在此期間，資金的總流量是 1,100 萬美元，資金的淨流量為 200 萬美元，彼此沖抵的資金流量為 900 萬美元。可見，多邊債務淨額支付使支付數額和次數大為減少，達到了降低風險的目的。

4. 在金融市場上借款

這是一種對現存的外匯暴露，通過在國際金融市場上借款，以期限相同的外幣債權、債務與之相對應，以消除外匯風險的做法。這種方法主要適用於交易結算風險的轉嫁。

利用在金融市場上借款來避免外匯風險的一般做法是：對出（進）口商而言，首先，在簽訂貿易合同後立即在金融市場上借入所需外（本）幣；其次，賣出（買入）即期外幣，取得本（外）幣資金；再次，利用金融市場有效地運用所取得的本（外）幣資金；最後，執行貿易合同，出口商以出口貨款償還借款本息，進口商一方面以外幣支付貨款，另一方面以本幣歸還本幣借款本息。

[案例 11-5] 一日本公司和一美國公司簽訂了價值 100 萬美元的出口合同，三個月後收到貨款。這三個月期間，該日本公司出現了 100 萬美元的外匯暴露，一旦美元貶值，他得到的日元就會減少。為了避免或減少外匯風險，日本公司在國外金融市場以年利率 12% 借入 100 萬美元，期限三個月，若當時的即期匯率為 US＄1＝J￥100，將 100 萬美元賣出可取得 1 億日元。日本公司在金融市場上運用

這筆資金，投資於三個月的有價證券，年利率為8%。通過這一系列的操作，在簽訂合同到收款這段時間，無論匯率發生什麼變化，都與該公司無關。

5. 在外匯市場和期貨市場上進行套期保值

套期保值是指在已經發生一筆即期或遠期交易的基礎上，為了防止匯率變動可能造成的損失而再做一筆方向相反的交易，其中如果原來一筆交易受損，則後來做的套期保值交易就必得益，以資彌補；或者正好相反，後者交易受損而前者得益。運用這個原理轉嫁匯率風險的具體方式主要有遠期外匯業務、外匯期貨業務、外匯期權業務、貨幣互換、利率互換和遠期利率協議等。

6. 掉期保值

掉期保值與套期保值在交易方式上是有區別的，前者是購現售遠或購遠售現（也可以是購近售遠或購遠售近），兩筆相反方向的交易同時進行，而後者是在一筆交易基礎上所做的反方向交易。前者掉期交易的兩筆金額通常相等而後者套期保值則不一定。掉期交易方式最常用於短期投資或短期借貸的業務中防範匯率風險。

7. 利用貨幣保值條款保值

貨幣保值條款（Exchange Rate Proviso Clause）是指在合同中規定一種（或一組）保值貨幣與本國貨幣之間的比價，如支付時匯價變動超過一定幅度，則按原定匯率調整，以達到保值的目的。由於貨幣保值條款中使用的是指數，因此把它稱作貨幣指數化。其主要有兩種形式：

（1）簡單指數形式。目前常用的是一攬子貨幣保值。在運用這種方法時，首先確定一攬子貨幣的構成，然後確定每種貨幣的權數，先定好支付貨幣與每種保值貨幣的匯價，計算出每種保值貨幣在支付總額中的金額比例，到期支付時再按付款時的匯率把各種保值貨幣的支付金額折算回支付貨幣進行支付。由於一攬子貨幣中的各種保值貨幣與支付貨幣匯價有升有降，匯價風險分散，可有效地避免或減輕外匯風險。

[案例11-6] 某出口企業有價值為90萬美元的合同，以歐元、英鎊、日元三種貨幣保值，它們所占的權數均為1/3，和美元的匯率定為：US＄1＝EUR0.82、US＄1＝£0.6、US＄1＝J￥110，則以此三種貨幣計算的價值各為30萬美元，相當於24.6萬歐元、18萬英鎊、3,300萬日元。若到期結算時這三種貨幣與美元之間的匯率變為：US＄1＝EUR0.80、US＄1＝£0.5、US＄1＝J￥112，則按這些匯率將以歐元、英鎊、日元計價的部分重新折算回美元，付款時中國出

口企業可收回 96.21 萬美元的貨款。

（2）複合指數形式。它是在簡單指數基礎上把商品價格變動的因素也考慮進去，使價格也指數化，以確定複合指數，達到避免外匯匯率和商品價格變動風險的目的。

使用貨幣指數時，一般對各種保值貨幣的匯價變動規定有調整幅度。如調整幅度定為 0.8%，如果匯率變動不超過 0.8%，則按原定匯價結算；若超過 0.8%，則按當時匯率調整。

8. 外匯風險保險

目前不少國家開設了外匯保險機構，承保外匯匯率風險。國際經濟交易者就可以利用這類保險服務避免外匯風險。如英國的出口信貸保證部（U.K. Export Credits Guarantee Department，ECGD）、荷蘭的信貸保險有限公司（Netherlands Credit Insurance Company Limited）、美國的進出口銀行（Export Import Bank，Eximbank）等。

第五節 購買力平價

一、購買力平價

與市場匯率不同，購買力平價是另一種匯率決定的理論。人們對外國貨幣的需求是由於用它可以購買外國的商品和勞務，外國人需要其本國貨幣也是因為用它可以購買其國內的商品和勞務。因此，本國貨幣與外國貨幣相交換，就等於本國與外國購買力的交換。所以，用本國貨幣表示的外國貨幣的價格也就是匯率，決定於兩種貨幣的購買力比率。由於購買力實際上是一般物價水平的倒數，因此兩國之間的貨幣匯率可由兩國物價水平之比表示。這就是購買力平價說（Purchasing Power Parity，PPP）。

[案例 11-7] 購買力平價讓發展中國家的 GDP 虛胖？

《經濟學人》雜誌發明的巨無霸指數對比世界各國的麥當勞出售的巨無霸漢堡的價格。數據顯示，一個巨無霸在中國平均賣 16.6 元人民幣，在美國賣 4.62 美元，那麼 1 美元＝3.59 元人民幣，而實際匯率 1 美元＝6.26 元人民幣，人民幣被嚴重低估。除此以外，還有中杯鮮奶咖啡指數、可口可樂指數等。

通過市場匯率與購買力平價得到的各國 GDP 排名，是完全不一樣的。2012

年的印度 GDP，以實際匯率計算為 1.87 萬億美元，而用 PPP 則為 4.79 萬億美元，較前者多出 156%。印度是發展中國家，其貨幣的國際競爭力相對弱勢，貨幣被低估的可能性更高。幾乎所有的發展中國家，尤其是人口大國，其實際匯率都存在被低估的現象。

從表現形式來看，購買力平價說有兩種定義，即絕對購買力平價（Absolute PPP）和相對購買力平價（Relative PPP）。

1. 絕對購買力平價

絕對購買力平價是指本國貨幣與外國貨幣之間的均衡匯率等於本國與外國貨幣購買力或物價水平之間的比率。絕對購買力平價理論認為：一國貨幣的價值及對它的需求是由單位貨幣在國內所能買到的商品和勞務的量決定的，即由它的購買力決定的，因此兩國貨幣之間的匯率可以表示為兩國貨幣的購買力之比。而購買力的大小是通過物價水平體現出來的。

絕對購買力平價，是指在一定的時點上，兩國貨幣匯率決定於兩國貨幣的購買力之比。如果用一般物價指數的倒數來表示各自的貨幣購買力的話，則兩國貨幣匯率決定於兩國一般物價水平之比。用表示直接標價法下的匯率——P_a 和 P_b 分別表示本國和外國一般物價的絕對水平，則絕對購買力平價公式為：

$R_a = P_a / P_b$ 或 $P_b = P_a / R_a$

R_a：代表本國貨幣兌換外國貨幣的購買力平價

P_a：代表本國物價指數

P_b：代表外國物價指數

它說明的是在某一時點上匯率的決定，決定的主要因素即為貨幣購買力或物價水平。

2. 相對購買力平價

相對購買力平價是指不同國家的貨幣購買力之間的相對變化，是匯率變動的決定因素，認為匯率變動的主要因素是不同國家之間貨幣購買力或物價的相對變化；同匯率處於均衡的時期相比，當兩國購買力比率發生變化，則兩國貨幣之間的匯率就必須調整。

相對購買力平價表示一段時期內匯率的變動，並考慮到了通貨膨脹因素。匯率應該反應兩國物價水平的相對變化，原因在於通貨膨脹會在不同程度上降低各國貨幣的購買力。因此，當兩種貨幣都發生通貨膨脹時，它們的名義匯率等於其過去的匯率乘以兩國通貨膨脹率之商。

本國貨幣新匯率＝本國貨幣舊匯率×外國貨幣購買力變化率

二、購買力評價的意義

購買力平價理論產生以來，無論在理論上還是實踐上都具有廣泛的國際影響。這使它成為現在最重要的匯率理論之一。

1. 購買力平價理論較為合理

兩國貨幣的購買力可以決定兩國貨幣匯率，這實際上是從貨幣所代表的價值這個層次上去分析匯率決定的。這抓住了匯率決定的主要方向，因而其方向是正確的。在紙幣流通的情況下，如果商品價值量既定，則兩國紙幣購買力的差異實際上代表了兩國貨幣所體現的價值量的差異。兩國貨幣購買力之比，就是兩國貨幣價值量之比。因而兩國貨幣兌換的匯率在某種程度上可以由兩國貨幣購買力之比表現出來。

2. 購買力平價有助於判斷長期趨勢

不考慮短期內影響匯率波動的各種短期因素，從長期來看，匯率的走勢與購買力平價的趨勢基本上是一致的。因此，購買力平價為長期匯率走勢的預測提供了一個較好的方法。購買力平價把物價指數與匯率水平聯繫起來，而且研究思路相對簡單明瞭，對指導投資有一定意義。

3. 便於比較不同國家之間的生活水平

例如，如果人民幣相對於美元貶值一半，那麼以美元為單位的國內生產總值也將減半。可是，這並不表明中國人變窮了。如果以人民幣為單位的收入和價格水平保持不變，而且進口貨物在對國人的生活水平並不重要（因為這樣進口貨物的價格將會翻倍），那麼貨幣貶值並不會帶來國人的生活質量的明顯惡化。

三、購買力平價的局限

購買力平價建立在貨幣數量論基礎之上，但貨幣數量論與貨幣的基本職能是不符合的。把匯率的變動完全歸之於購買力的變化，忽視了其他因素，如國民收入、國際資本流動、生產成本、貿易條件、政治經濟局勢等對匯率變動的影響，也忽視了匯率變動對購買力的反作用。

另外在計算具體匯率時，存在許多困難。這主要表現在物價指數的選擇上是以參加國際交換的貿易商品物價為指標，還是以國內全部商品的價格即一般物價為指標，很難確定。絕對購買力平價方面的「一價定律」失去意義，因為諸如運費、關稅、商品不完全流動、產業結構變動以及技術進步等會引起國內價格的

變化從而使一價定律與現實狀況不符。

第六節　區域經濟整合

一、廣義的自由貿易區

自由貿易區，一般被分解為廣狹二義。廣義的自由貿易區是指兩個或兩個以上的國家或地區通過簽署協定，在 WTO 最惠國待遇基礎上，相互進一步開放市場，分階段取消絕大部分貨物的關稅和非關稅壁壘，在服務業領域改善市場准入條件，實現貿易和投資的自由化，從而形成涵蓋所有成員全部關稅領土的「大區」，著名的自由貿易區如表 11-4 所示：

表 11-4　　　　　　　　　　廣義的自貿區

自貿區名稱	自貿區功能
北美自由貿易區	1992 年 8 月 12 日，美國、加拿大和墨西哥三國就《北美自由貿易協定》達成一致意見，並於同年 12 月 17 日由三國領導人分別在各自國家正式簽署。1994 年 1 月 1 日，協定正式生效，北美自由貿易區（NAFTA）宣布成立。三個會員國彼此必須遵守協定規定的原則和規則，如國民待遇、最惠國待遇及程序上的透明化等來實現其宗旨，借以消除貿易障礙。自由貿易區內的國家貨物可以互相流通並減免關稅，而貿易區以外的國家則仍然維持原關稅及壁壘。北美自由貿易區已發展成為囊括了 4.2 億人口和 11.4 萬億美元的國民生產總值、世界上最大的自由貿易區。
歐盟	歐洲聯盟（EU）是世界三大自由貿易區之一，其實質是一個集政治實體和經濟實體於一身、在世界上具有舉足輕重的巨大影響力的區域一體化組織。歐盟的誕生使歐洲的商品、勞務、人員、資本自由流通，使歐洲的經濟增長速度快速提高。歐盟的經濟實力已經超過美國，居世界第一。隨著歐盟的擴大，歐盟的經濟實力將進一步加強，尤其重要的是，歐盟不僅因為新加入國家正處於經濟起飛階段而擁有更大的市場規模與市場容量，而且，作為世界上最大的資本輸出的國家集團和商品與服務出口的國家集團，再加上歐盟相對寬容的對外技術交流與發展合作政策，對世界其他地區的經濟發展，特別是包括中國在內的發展中國家至關重要。

表11-4(續)

自貿區名稱	自貿區功能
中國—東盟 自由貿易區	中國—東盟自由貿易區（CAFTA），是中國與東盟10國組建的自由貿易區。2010年1月1日，貿易區正式全面啓動。自貿區建成後，東盟和中國的貿易占到世界貿易的13%，成為一個涵蓋11個國家、19億人口、GDP達6萬億美元的巨大經濟體。按人口算，是世界上最大的自由貿易區；從經濟規模上看，是僅次於歐盟和北美自由貿易區的全球第三大自由貿易區，由中國和東盟10國共創的世界第三大自由貿易區，是發展中國家組成的最大的自由貿易區。
歐盟與墨西哥 自由貿易區	1999年11月24日，歐盟與墨西哥正式簽署了建立雙邊自由貿易區的協定。歐盟希望加強與墨西哥空貿合作的願望始於1994年墨西哥加入北美自由貿易區。歐盟的主要目的是通過與墨西哥建立自由貿易區，與美、加爭奪墨西哥市場，扭轉北美自由貿易區的建立使歐盟對墨出口大幅下降的局面，並通過墨西哥進入美國和加拿大市場。

二、狹義的自由貿易區

狹義的自由貿易區是指一個國家或單獨關稅區內設立的用柵欄隔離、置於海關管轄之外的特殊經濟區域，區內允許外國船舶自由進出，外國貨物免稅進口，取消對進口貨物的配額管制，狹義的自貿區如表11-5所示：

表11-5　　　　　　　　　　　狹義的自貿區

自貿區名稱	自貿區功能
上海自由 貿易區	是中國大陸境內第一個自由貿易區，是中國經濟新的試驗田，力爭建設成為具有國際水準的投資貿易便利、貨幣兌換自由、監管高效便捷、法制環境規範的自由貿易試驗區。上海自貿區的政策與經驗強調複製性和推廣性。
香港	1841年6月7日，英國政府代表查理·義律（Charles Elliot）宣布香港成為自由貿易港。1872年以來，香港自由貿易港的內涵和功能逐步擴展，成為全世界最自由、最開放也最多功能的自由港，是全球最大的貿易、金融和航運中心之一。
巴拿馬科隆 自由貿易區	成立於1948年，位於巴拿馬運河大西洋入海口處，是西半球最大的自由貿易區，是僅次於香港的世界第二大自由貿易區，是拉美貿易的集散地、轉口中心。
美國紐約港 自由貿易區	美國紐約港自由貿易區又稱紐約港第49號對外貿易區，於1979年由美國國會批准設立，是全美自貿區中面積最大的自貿區之一，主要功能是貨物中轉、自由貿易。區外還設有若干分區，發展製造業、加工服務業。

【經典習題】

一、名詞解釋

1. 匯率
2. 直接標價法
3. 間接標價法
4. 購買力平價
5. 外匯風險
6. 掉期保值

二、選擇題

1. 一家企業在美國擁有水果工廠。假設美元貶值，換算成人民幣的價值會（　　）。
   A. 增加　　　　B. 減少　　　　C. 沒有影響　　D. 視情況而定
2. 對出口商來說，下列哪種情況對其最有利？（　　）。
   A. 貨源不穩定　B. 人民幣升值　C. 人民幣貶值　D. 以上都不對
3. 當外匯需求大於對該外匯的供給時，外匯匯率（　　）。
   A. 上升　　　　B. 下降　　　　C. 沒有影響　　D. 視情況而定
4. 影響匯率的因素包括（　　）。
   A. 貨幣供給量　B. 政治　　　　C. 股價的預期　D. 以上都是
5. 通貨膨脹會導致什麼樣的情況發生？（　　）。
   A. 貨幣貶值　　B. 貨幣升值　　C. 視情況而定　D. 以上都不對

三、簡答與論述

1. 簡述影響匯率變動的經濟因素有哪些，並具體分析各自的影響機制。
2. 簡述匯率變動對一國涉外經濟活動的影響。
3. 簡述匯率變動對一國國內經濟的影響。
4. 試述外匯風險的概念及其主要類型。
5. 試分析企業如何對外匯風險進行管理。

【綜合案例】人民幣匯率貶值影響幾何？

人民幣匯改蹚入深水區。2015年8月11日，央行調整人民幣匯率中間價報價制度，受此影響，人民幣兌美元匯率中間價暴跌逾千基點，創歷史最大降幅，未來還有進一步下跌空間。一國貨幣匯率水平對外貿、居民旅遊、留學等行為密切相關，此次人民幣匯率貶值將對企業、居民旅遊和股市等方面造成不同程度的影響。

一、勞動密集型企業將獲益

在2015年上半年企業出口疲軟的背景下，央行此次宣布的匯率改革將會對企業之後的進出口造成何種影響？商務部國際貿易經濟合作研究院國際市場研究部副主任白明指出，中國GDP很大部分是靠民營出口的勞動密集型企業拉動，目前中國實體經濟低迷，人民幣貶值能助推目前處於下坡階段的、以出口為主的勞動密集型企業發展，其中，以東南沿海的衣服、玩具等企業為主，貶值能減低以出口為主的勞動密集型企業的成本，提高它們的競爭力，帶動業績。

大宗貨物出口行業方面，中國期貨研究院原油研究員暴玲玲認為，鋼材「走出去」是增厚鋼企利潤的一個有效途徑，人民幣貶值無疑令相關鋼企的競爭力得到提升，同時，人民幣貶值刺激行業的出口，也可以給集裝箱航運帶來一定的利好，帶動干散貨運輸市場，能促進航運業的發展。

具體到進口領域，暴玲玲指出，人民幣貶值短期而言對國家原油進口是利空，因為同樣的油會用更多的錢才能購買，此次貶值還是會增加中國從國際上購買原油的成本。但白明認為，由於國際市場低迷，儘管貶值會使成本增加，但還是趕不上國際市場大宗商品價格的降幅，長期看影響並不大。

此外，中國生豬預警網首席分析師馮永輝指出，儘管受人民幣貶值影響成本有所抬升，但由於目前國內外肉價價差為70%~80%，並不會影響豬肉進口。

二、出入境遊短期影響有限

隨著人民幣匯率的下降，出入境遊都將受到影響，但短期內影響有限。北京旅遊學會副秘書長劉思敏指出，若人民幣匯率持續下降，其影響則會進一步顯現。

一位計劃9月前往美國的黃先生表示，人民幣匯率下降之後自己出遊的成本將會增加，但對於自身已經計劃好了的出國旅遊，自己並不會因為匯率的下降而改變行程。「對那些正在計劃出國旅遊的人影響會多一點。」黃先生說。

有業內人士指出，匯率下降之後，旅遊產品的成本或將增加，對一向有海外購物需求的遊客來說，影響更為明顯。不過劉思敏分析稱：「國內出境遊客都有海外購物的需求，匯率下降2%對現在中國的富裕階層來說，是可以忽略不計的，且國外產品的優惠幅度較大，仍會吸引遊客購物。」劉思敏同時指出，雖然短期內人民幣匯率下降對出境遊影響不大，但若下降趨勢持續，影響會逐步加深。另有旅遊業內人士表示，近幾年中國出境遊一直呈現爆發式增長，去年出境遊人數首次破億，國內旅遊企業紛紛瞄準出境遊這塊蛋糕，短期內的匯率下降一時間也難以觸動當前出境遊的行情，未來出境遊需求仍會持續上升。

在入境遊方面，一直呈現下降趨勢的入境遊或因此受益。「人民幣匯率下降近2%，也就意味著國內產品價格較之前下降近2%，這對入境遊客來說是利好的。」劉思敏說道。

對於匯率的變動對留學整體環境會不會造成太大改變，金東方美國留學部總監張偉用表示，人民幣的此次貶值不會對留學帶來太大衝擊。「美國大學的學費近年來其實一直在漲，留學支出也隨之水漲船高，此次貶值所增加的比例對於動輒幾十萬、上百萬的留學費用而言只是一筆小錢。」

而在嘉華世達美國部資深顧問劉元媛看來，「國內的家庭在選擇留學國家的時候，往往更看重的是該國的教育水平和教學質量，以及未來能否移民，或者是否有便利的留學生就業政策，留學成本對這一類群體來說反而是次要的，因此他們並不會因為費用的高低退而求其次選擇其他國家。」

三、股市仍將按自身規律運行

人民幣匯率的下降除了會對人們的出國遊玩產生一定的改變，對股市也產生了一定影響，黃金股受到利好刺激全面漲停，但投資者卻因擔心人民幣進入貶值週期而拋售其他股票，引發股指期貨和股票指數雙雙走低。

其實人民幣匯率下降對股市的影響並沒有投資者擔心的那樣大。徽商期貨北京營業部分析師王盾表示，前一日因人民幣突然貶值，股指期貨帶動股指出現調整的走勢，股指期貨基差較週一開始加大，表明投資者對於人民幣意外貶值感到擔憂，但從客觀事實講，人民幣適度貶值對股市利好作用大於利空作用。

王盾認為：縱觀國際，委內瑞拉貨幣大幅貶值，股市因為用當地貨幣標價上漲30%以上；俄羅斯貨幣大幅貶值，股市跌幅也僅有不足20%。人民幣僅僅貶值2%不到，對於A股市場影響十分有限，貨幣貶值只要是可控的，不僅對股市沒有不利影響，還有提高產品競爭力的作用。當前A股的問題主要是估值太高，

|第十一章| 開放經濟中的管理經濟

如果人民幣貶值能夠帶動公司利潤提升，對於長期牛市還是有益處的。

外匯投資研究院院長譚雅玲表示，人民幣中間價的定價並非由央行決定，而是由做市商決定的，央行發布中間價下調的消息只是反應市場的變化，是市場的正常調整，並非「央行出手」。這也從一方面說明，人民幣貶值正是依據市場的變化雙向波動，股市也是依據市場狀況雙向波動，兩者都是根據市場變化而變化，故股市並不會對人民幣貶值產生過多影響。

王盾還表示，人民幣匯率的變化，必然會對不同的股票產生不同的影響，但反應到股票指數上，其影響程度遠遠弱於股市資金面、技術面對股市的影響，股市仍將按照自己的運行規律波動。

（資料來源：北京商報，2015-08-12）

試分析：

（1）企業為什麼要關注匯率變化；

（2）匯率變動會給企業造成哪些方面的影響。

國家圖書館出版品預行編目(CIP)資料

管理經濟學 / 張曉東 主編. -- 第三版.
-- 臺北市：財經錢線文化出版：崧博發行，2018.10
　面；　公分

ISBN 978-957-680-232-4(平裝)

1.管理經濟學

494.016　　107017780

書　名：管理經濟學
作　者：張曉東 著
發行人：黃振庭
出版者：財經錢線文化事業有限公司
發行者：崧博出版事業有限公司
E-mail：sonbookservice@gmail.com
粉絲頁　　　　　　網　址：
地　址：台北市中正區延平南路六十一號五樓一室
8F.-815, No.61, Sec. 1, Chongqing S. Rd., Zhongzheng Dist., Taipei City 100, Taiwan (R.O.C.)
電　話：(02)2370-3310　傳　真：(02) 2370-3210
總經銷：紅螞蟻圖書有限公司
地　址：台北市內湖區舊宗路二段 121 巷 19 號
電　話：02-2795-3656　傳真：02-2795-4100　網址：
印　刷：京峯彩色印刷有限公司（京峰數位）

　　本書版權為西南財經大學出版社所有授權崧博出版事業有限公司獨家發行電子書及繁體書繁體版。若有其他相關權利及授權需求請與本公司聯繫。

定價：650元

發行日期：2018 年 10 月第三版

◎ 本書以POD印製發行